생명전쟁

생명전쟁

생명 연구의 최전선에서는 무슨 일이 벌어지는가

윌리엄 F. 루미스 지음 | 조은경 옮김

글항아리

일러두기

1. 이 책은 William F. Loomis, *Life as It Is: Biology for the Public Sphere*(Univ. of California Press, 2008)를 우리말로 옮긴 것이다.

2. 본문에서 ( )는 원저자가 보충한 것이고, [ ]는 옮긴이가 보충한 것이다.

책머리에

아주 오래전부터 인간은 생명의 특징에 대해 논해왔다. 생명을 특별하게 만드는 것은 무엇일까? 다음 세대로 생명을 전달하는 방법은 무엇이며 생명이 끝날 때는 어떤 일이 벌어지는가? 최근 들어 생명의 세포 단위의 토대, 유전형질을 결정하는 DNA 서열의 역할, 그리고 의식에 대한 생물학적 토대 등을 이해할 수 있는 방법이 엄청나게 증가했다. 또한 게놈을 조작하는 방법도 이전보다 훨씬 발전했다. 이 책을 집필하기 시작했을 때 나는 유산, 안락사, 배아줄기세포(일명 ES 세포) 확립 기술에 관한 정치적인 논쟁이 이미 생물학적 사실과는 동떨어져 있는 듯한 느낌을 받았다. 이런 정치적인 논쟁은 인간 진화의 사회적인 문제나 인구 증가 문제를 더욱 혼란스럽게 만들고 있다. 이런 것들은 감정에 관련된 문제이므로 반드시 인간의 언어로 풀어야 한다. 종교계와 정부도 독선적인 태도는 피하면서 의견을 통합해나가야 한다. 확실히 도덕적인 문제에 대한 의문이 제기되지만 그 해답은 정황에 따라 혹은 개인의 가치에 따라 달라진다. 나는 개인이 각자 내릴 수 있는 결론에 도달할 방법을 이용해 이런 문제들을 제기하려고 노력했다.

세포생물학자의 견지에서 보면 생명은 그다지 값어치가 없다. 적절한 영양분만 주어지면 세포는 급속도로 성장하며 이런 세포에 관심을 갖는 것도 과학자에 국한된다. 실험실에서 배양하는 인간의 세포는 생쥐의 세포와 크게 다른 점이 없고 특별히 관심을 끌지도 못한다. 이와 마찬가지로 어떤 종種의 난자든 간에 수정이 되면 바로 분열하기 시작해 수백 개의 세포로 이루어진 배반포胚盤胞[수정 5~6일 후부터 14일까지 태반이 될 영양 막과 개체로 자랄 내부 세포덩어리로 구분되는 후기 배아 단계]를 만들어낸다. 그런데 수정된 난자가 인간의 것일 때는 존엄성이라는 문제가 제기된다. 수정란이 개체로 발생할 잠재성은 분명히 있다. 하지만 그 시점은 언제일까? 이에 대한 해답을 두고 여러 사회가 혼란스럽다는 반응을 나타낸다. 어느 사회에서도 인구 조사를 할 때 임신한 여성을 두 명으로 간주하지는 않는다. 태아는 출산된 후라야만 비로소 권리를 가진 시민으로 인정된다. 그러나 임신부의 생명이 위험한 지경에 이르렀을 경우에도 임신 후반기 낙태를 제한하는 사회가 여전히 많다. 또한 태아가 희생된다는 이유 때문에 배아줄기세포 확립 기술을 허용하지 않는 사회도 많다. 그런 까닭에 세포의 값어치가 별로 없다고 말하는 것은 누군가를 격분시킬 수 있는데, 그 이유는 야만인의 우두머리가 생명을 아무것도 아닌 싸구려 취급했다는 옛날이야기와 비슷하게 받아들여지기 때문이다. 칭기즈칸은 수십만 명을 죽여 세계를 지배할 수 있다면 그 정도 대가는 별것 아니라고 느꼈을지도 모른다. 하지만 지금 우리는 그보다는 훨씬 문명화되었다. 우리는 우리의 동지인 다른 인간에 대한 연민을 한낱 세포를 바라보는 시선과 혼동해서는 안 된다. 세상에서 가장 소중한 존재인 양육된 인간만이 연민의 대상이어야 한다.

이 주장의 정당함을 입증하려면 먼저 살아 있는 모든 생물이 공통으로 지니고 있는 면을 파악하고 그중 인간이 얼마나 특별한 존재인지를 밝히는 데 주력해야 할 것이다. 이를 위해 인간의 개성, 감정, 그리고 인간만의 사회적 행동에 대해 고찰해보겠다. 나는 핵심 의식, 인식, 주의력, 그리고 확장 의식에 대해 논하면서 단계적인 척도를 사용했다. 의사 결정을 하고 계획을 세우는 데 사용되는 내적 담화를 만들어내는 언어는 오직 인간에게만 있는 능력이다. 생물학은 개인, 부족, 문명 간의 상호반응에 대한 의문에 분명한 답을 줄 수 없으며 다만 보편적이고 그럴듯한 설명을 할 뿐이다. 하지만 이런 의문은 우리 모두에게 영향을 미칠 수 있는 사회적 결정의 토대를 형성한다.

진화는 이 책의 전편에 걸쳐 계속해서 언급될 것이다. 저명한 유전학자 테오도시우스 도브잔스키Theodosius Dobzhansky[우크라이나 태생의 미국 유전학자·진화생물학자]가 말했듯 "진화의 개념을 통하지 않고서는 생물학의 그 어떤 것도 의미가 없기" 때문이다. 지금은 사람들이 유전형질의 우연과 필연의 작업을 잘 이해하고 있다. 우리 인간은 DNA 배열에서 일어난 무작위적인 변화의 소산이며, 자연선택의 결과로 생활 방식에 이로운 변화가 일어났다는 것을 깨달았다.

그런 것이 우리를 초라하게 만들 수도 있지만, 그것이 DNA가 하는
일이다. 진화를 이용해 우리 주변에 살아 있는 모든 생물을 설명할
수 있다는 주장에 설득력을 더하기 위해 나는 지구상에 존재하는 생
물의 역사에서 가장 이해하기 어려운 단계인 생명의 근원에 대한 논
의도 끄집어냈다. 생성된 지 얼마 되지 않은 지구라는 행성에 존재
하는 간단한 세포가 어떻게 스스로 생명을 유지할 수 있는 유기체로
진화했는지를 우리는 완전하게 이해하지 못할 수도 있다. 하지만 그
것이 믿기지 않는 이야기라고 생각할 이유는 없다. 물론 불가사의한
변화나 수백만 년 동안 셀 수 없이 많은 시행착오가 있었다는 증거
는 어디에서도 찾아볼 수 없다. 일단 생명이 시작되자 그것을 멈추
게 할 수 있는 것은 아무것도 없었고 여러 가지 놀라운 생명체가 발
생했다. 그러다 어느 정도 시간이 지나자 대부분 사라져버렸지만 다
른 많은 것들이 계속해서 살아서 진화해, 영장류를 거쳐 유인원, 그
리고 최종적으로 인간이 되었다. 해마다 세계 곳곳에서 새로운 화석
이 발견되고 있고 비교 유전체학comparative genomics이 점점 발전하면
서 현재 이 주제는 해가 갈수록 더욱 복잡해지고 있다.

우리 인간이 특별한 이유는 다른 어떤 종보다 우리가 살고 있는
주변 환경을 훨씬 많이 조절할 수 있는 방법을 배웠기 때문이다. 인
간은 댐을 건설하고, 사막에 관개灌漑시설을 건설해 물을 대고, 먹을
것을 필요량 이상으로 재배하기도 한다. 또 석탄이나 철과 같은 자
원을 개발해 강철로 도시를 건설하고 선박을 건조해 세계 곳곳으로
농산물을 운반하기도 한다. 하지만 그러면서 어느덧 지구가 지탱하
기 버거울 정도로 늘어난 인구로 인해 자원이 고갈되어가는 지경에

이르렀다. 북미와 유럽의 부유한 나라들은 필요량보다 훨씬 많은 양의 자원을 소비하며 이산화탄소와 같은 온실가스를 배출해 지구온난화를 야기하고 있다. 2005년에 채택된 교토의정서는 이 협약에 참여하는 선진국들이 2012년까지 자국의 온실가스 배출량을 1990년 수준 이하로 줄일 것을 요구하고 있다. 하지만 온실가스를 가장 많이 배출하는 미국은 이 조약의 비준을 하지 않고 있는데, 온실가스 배출량이 세계 2위인 중국이 개발도상국으로 분류되어 있어 의정서의 제한 규정으로부터 면제되어 있는 상태라는 것을 부분적인 이유로 들고 있다.

정치와 경제 면에서의 경쟁도 온실가스를 줄이려는 노력을 방해하고 있다. 온도가 몇 도씩 상승해 기후 패턴을 교란시키고 해수면이 급격하게 상승하기 전에 온실가스를 줄여야 한다. 그러지 않으면 수백만의 사람들이 집을 잃을 것이고 세계 정치의 안정성도 위협을 받을 것이다. 그런 급격한 변화는 상업을 와해시키고 결국에는 물자가 턱없이 모자라는 상황을 몰고 올 것이다. 그리고 가까운 미래에 세계 인구는 급속도로 줄어들 것이 자명하다. 문제는 인구 감소가 어떤 식으로 일어날 것인가이다. 나는 세계 인구를 급격하게 줄이기 위해 우리가 할 수 있는 방법은 다음 몇 세대 동안은 아이를 적게 낳도록 유도하는 것이라고 강조하고 싶다. 일단 세계 인구가 100년 전 수준으로 돌아가면 그때부터 출산율이 서서히 상승하도록 조정해 인구수가 새롭고 안정적인 상태에 접어들게 할 수 있을 것이다. 이를 위해 최선의 노력을 다하겠다는 다짐을 해야만 성공할 가능성이 있다. 그 밖의 다른 대안들은 다소 터무니가 없다.

하지만 모든 것이 다 암울하고 어려운 것은 아니다. 인간은 무엇이든지 대체할 만한 능력을 갖고 있고 자원 활용도 잘하며 놀라울 만큼 책임감이 강하다. 생물학과 사회학 연구의 결과가 일반 대중에게 알려짐으로써 사람들은 미래에 대비해 여러 가지 문제를 해결하고 계획을 세울 수 있게 됐다. 현재 환경이 통제·조절되는 실험실에서 여러 가지 세포를 배양하고 있다. 그 세포를 유전적으로 규명해내 거기서 생겨날 수 있는 특정 질병의 발전 경로를 따라간다면 치명적인 질병을 이해하고 이를 경감시킬 만한 능력이 엄청나게 향상될 것이다. 그리고 건강한 배아줄기세포의 분화를 유도해 특정 세포를 만드는 방법을 배우면 치료가 불가능하다고 여겨왔던 환자의 퇴화하는 조직을 대체하는 데 사용할 수 있다. 또 새로운 생물학을 이용해 출산율을 낮춰 앞으로 올 세대에는 건강하고 지속 가능한 인구를 기대할 수도 있을 것이다. 아픈 사람을 치료하면서 다른 한편으로 세계 인구수를 줄이는 것은 결코 모순된 행위가 아니다. 얼마든지 생명을 양육하는 일을 도우면서 지구의 자원이 고갈되는 것을 피할 수 있다.

유전학과 유전체학을 더 잘 이해해서 얻게 된 새로운 관점 덕분에 개인의 존엄성이 손상되지 않으며, 오히려 우리의 가능성과 한계를 인식하게 도와준다. 우리가 하는 수많은 무의식적인 행동은 초기 포유류 시기부터 시작된 긴 진화의 과정에서 생존을 위해 선택된 정신적인 단위체에 의해 결정된다. 하지만 우리는 우리의 행동과 결정이 자유의지에서 비롯되었다는 전제하에 그에 대한 책임을 받아들인다. 인간 고유의 기술인 언어를 이용해 마음속에서 내적 대화를 이

어간다. 최근에는 통신기술의 발전으로 전화, 인터넷을 이용해 세계 곳곳의 사람들과 지속적으로 교류하는 게 가능해졌고, 비행기를 타면 하루 만에 세계 어느 곳에든 갈 수 있게 되었다. 인간은 상호 의존적이며 이 작은 행성을 공유한다는 것이 확실하다.

이 책에서 다루는 많은 주제는 논란을 불러일으키겠지만 그에 대해 견문을 넓힐 수 있는 토론을 통해 유익한 메시지를 얻을 것이라 확신한다. 나는 평생 동안 진화 유도directed evolution, 이기심, 도덕성, 인구 조절과 그 밖에 우리에게 영향을 미치는 주제들에 대해 관심을 가져왔다. 그리고 다양한 분야에서 중요한 생물학적 변화와 개입으로 인해 도출되는 사회적인 결과에 대한 생각을 명확하게 밝히는 과정을 계속해서 지켜봤다. 그러면서 생물학적인 관점에서 그런 의문을 고찰하는 것이 합리적인 답을 얻는 데 도움이 되었다는 것을 깨달았다. 새로운 결과는 언제나 향후 고려해야 할 사항에 반드시 영향을 미치는 통찰력을 이끌어낸다. 하지만 오늘날의 세계는 앞으로 올 세대에 영향을 끼칠 어려운 문제에 직면해 있다. 이런 문제에 대해 가능한 한 빨리 의견 일치를 봐 결정을 내려야 한다. 과학은 빠른 속도로 발전하므로 결정을 내리는 것을 훗날로 미뤄서는 안 된다. 가능한 한 모든 정보를 이용해 공개적으로 이 문제에 접근하는 것이 최선일 것이다.

나는 거의 평생을 단순한 토양 아메바의 발생과 진화를 분자 수준에서 연구하는 일에 천착해왔으며, 다른 분야에서 활동하는 뛰어난 진문가들과 지속적으로 교류하면서 유익한 도움 을 많이 받았다. 너무 많아 전부 거명하기는 어렵지만 모든 분들이 내 기억 속에 남아

있다. 나는 친구이자 동료로 몇 해 전 컬럼비아 대학의 철학부로 자
리를 옮긴 필립 키처Philip Kitcher와 대화를 나누며 많은 것을 얻었다.
필립은 과학철학의 복잡성을 나에게 소개해줬다. 내 아내인 마가리
타 베렌스Margarita Behrens는 내게 신경생물학의 미묘한 특성에 대해
인내심을 갖고 설명해주었고, 내가 이를 심리학적인 상황에 적용시
키려 노력할 때 많은 격려를 해줬다. 파스퇴르 연구소 연구원인 헨
리 콘Henri Korn의 도움으로 이 책의 내용이 더욱 풍부해졌다. 초고를
읽어준 친구들과 가족들에게도 감사의 말을 전한다. 그리고 이 책이
출간되기까지 애써준 캘리포니아대학 출판부의 편집자 척 크럼리
Chuck Crumly에게도 사의를 표한다.

　이 책은 각 장이 모두 독립적으로 구성되어 있다. 차례에 상관없
이 읽을 수 있게끔 쓰려고 노력했지만 그래도 처음부터 읽어나가는
것이 좋다. 책 전반에 걸친 기본적인 자료와 좀더 깊이 생각해볼 관
점을 제시하는 최근 책과 논문들도 언급했다. 그에 대한 정보와 이
견에 대해 관심 있는 독자는 권말의 참고문헌에 밝혀놓은 해당 자료
를 찾아 읽어보면 좋을 것이다. 생물학에 대해 잘 모르는 일반 독자
들을 염두에 두고 이 책을 썼지만 그렇다고 전문가들 눈에 명백한
오류로 지적되는 부분은 없기를 바란다.

                                                                              윌리엄 F. 루미스

차례

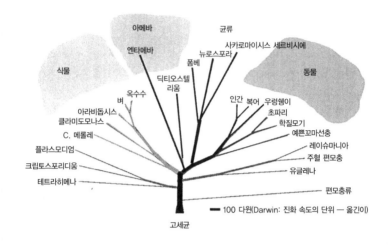

뻗어나가는 진핵생물. 이 계통수의 뿌리는 고세균古細菌 집단에서 시작된다. 단세포 원생생물은 식물과 동물이 나눠지기 전에 분기되어 나왔다. 분기점의 위치와 가지의 길이는 유전체 비교를 통해 양적으로 결정되었다.

지난 100년간 우리는 지구상에서 벌어지는 가장 놀라운 쇼인 현대 생명과학의 탄생과 눈부신 발전을 맨 앞줄에 앉아 지켜봤다. 세포와 유기체의 작용에서 특정 거대 분자가 하는 역할을 이해하는 데 필요한 식견과 기술을 갖춘 덕분에 생물학은 설명적인 학문에서 예언적인 학문으로 탈바꿈했다. 지난 수년간 수많은 보편 규칙들이 제안·고려되었고 반려된 것도 있으며, 수정을 거쳐 받아들여지기도 했다. 배胚가 발생할 때 각각의 세포에 색을 입혀두면 나중에 세포가 벌이는 복잡하고 기이한 활동을 낱낱이 관찰할 수 있다. 배발생 Embryogenesis은 더 이상 우리가 물고기, 새, 포유류를 관찰할 때 발견하게 되는, 각기 다른 구조에 붙이는 이름이 길게 나열된 목록을 갖는 수수께끼같이 신비스러운 과정이 아니다. 배발생은 유전자와 단백질이 벌이는 일종의 연극으로 그 안에 모든 수정란이 성장할 잠재성이 있다. 이 연극을 보며 우리는 우리 자신이 한때 수정란이었다는 사실을 알게 된다. 이 연극의 주연 배우는 태곳적 다른 역할에서 진화해온 아주 오래된 유전자로, 구성의 미묘한 변화로 인해 새로운 역할을 맡게 되었다. 근본적인 단계에서는 모든 생명이 연관되어 있음을 알게 되면서 우리가 생명을 생각하는 방식에도 변화가 왔다. 좀더 단순한 생명체를 연구하고, 모형 동물model organisms을 이용해 치료법을 시험하고, 장차 무엇이 될지가 아닌, 있는 그대로의 세포를 다룸으로써 우리 자신에 대해 배울 수 있다. 우리는 뇌가 어떤 식으로 감정, 느낌, 사고, 기억을 발전시키며 또 어떻게 자의식과 책임감을 만들어내는지도 알 수 있게 되었다. 그리하여 의식의 과학을 이용해 뇌와 같이 고도로 발달된 기관을 갖게 되면서 생기는 문제를 다룰 수 있다.

우리 인간은 이 지구상에서 유일하게 계속해서 자기 자신과 내적인 대화를 나누고 다른 사람들의 이미지와 과거, 현재 그리고 미래를 그려내는 영화를 뇌 속에 담고 있는 존재다. 뇌는 우리를 높은 자존감을 지닌 불가사의한 존재로 만든다. 그리고 우리는 스스로를 특별하다고 생각하기 때문에 종종 자신의 기본적인 특성을 망각한다. 이 책을 쓰면서 나는 생물학적 식견을 이용해 탄생, 죽음, 복제, 낙태, 안락사, 진화, 개성, 의식, 도덕성과 같은 문제에 대해 분별력 있게 생각해보려고 했다. 지구상의 생명이라는 거대하고 불확실한 존재에 우리도 속해 있다는 것을 인식해야만 우리가 보유하고 있는 자원과 지식을 후대에 전해줄 수 있을 것이다.

현대 생물학은 전례 없이 골치 아프고 어려운 문제를 제기했다. 그리스 신화에서 반항적인 프로메테우스가 불을 훔쳐 인간에게 주었듯이 분자생물학은 우리에게 힘을 주었다. 그 힘을 이용해 우리는 어둠을 밝힐 수 있지만 반대로 집 전체를 다 태워버릴 수도 있다. 유전자가 활동하는 방법을 알아내 더욱 건강한 삶을 누릴 길이 열린 반면, 그로 인해 사회의 토대가 흔들릴 수도 있다. 유전자와 유기체 두 가지 모두를 복제할 능력이 생물학의 새로운 시대를 열었다. 이 생물학의 이야기에는 프로메테우스와 같은 반항아는 없지만 영웅과 몇몇 허풍선이는 있다. 이 책의 대부분은 새로운 지식으로 인해 모든 사회가 직면하게 된 어려운 문제에 대해 제기하는 이성적이고 이치에 맞는 논의와 고민으로 채워져 있다. 미래에 대해 신중히 고려하는 자세(이것이 프로메테우스라는 이름을 현대에 맞게 해석한 것이라고 볼 수 있겠다)로 앞으로 갈 길을 살피고 그 길에 도사린 깊은 함정을 피할 수 있을 것이다. 하지만 결코 생명의 소중함과 그것이 주는 흥미진진함을 잊어버려서는 안 된다. 우리에게 가장 위대한 모험은 바로 생명이다.

생명의 특성

생명은 대기, 토양, 대양 등 어느 곳에나 존재한다. 새는 날아다니고, 포유류는 뛰고, 물고기는 헤엄치고, 식물은 성장한다. 하지만 그 어떤 방법을 이용해 숫자를 세고 무게를 잰다 해도 지구상에 존재하는 대부분의 생명체는 육안으로 관찰하기에는 너무나 작은 단세포 생물의 성장과 분열로 이루어졌다. 이 생명체는 수십억 년 동안 바다에서 번성한 박테리아와 조류藻類다. 처음 20억 년 동안 이 생명체들이 천천히 지구 표면의 모든 화학적인 성질을 바꿔놔 대기에 산소가 풍부해졌다. 일단 이렇게 되자 이 초기 생명체들 대부분은 깊고 어두우며 산소가 없는 지역으로 후퇴해 들어가야 했지만, 그중 몇몇은 산소의 독성을 이기고 살아남아 지표면 가까이서 살게 되었다. 이런 생명체들은 더욱 효율적으로 영양소를 태우고 고효율로 에너지를 만들어내는 산소의 반응성을 사용하는 능력을 배워 진화했다. 이런 호기성 생물에서 다세포 생물이 나왔다. 이렇게 만들어진 다세포 생물은 불어난 몸집을 이용해 더 작은 세포를 잡아먹을 수 있었다. 사람이 육안으로 볼 수 있는 크기의 생물은 약 10억 년 전에 출현했고 오늘날 우리가 주변에서 흔히 보는 동식물을 만들어냈다. 대형 유인원이 영장류에서 갈라져 나온 것은 불과 1000만 년 전의 일이며, 그중 하나가 우리 호모 사피엔스Homo sapiens로 진화했다. 영장류의 새끼는 거의 자신을 방어할 수 없는 상태로 태어나며 스스로를 보호할 수 있도록 양육되기까지 긴 시간이 걸린다. 양육된 생명이야말로 세상에서 가장 소중한 존재다. 하지만 모든 박테리아와 조류藻類가 매일 분열하여 새로운 세포를 만들어낸다는 점을 감안하면 생명 그 자체는 값어치가 거의 없다.

　인간만이 "생명이란 무엇인가?"라는 의문을 제기한다. 우리는 언제 생명이 시작되는지를 묻는다.

　"난자가 정자에 의해 수정될 때일까? 수정란이 분열하는 시점일까? 스스로 살아갈 수 있는 배를 형성하는 시점일까? 아니면 태어나는 순간일까?" 우리는 또 언제 생명이 끝나는지에 대해서도 궁금해하며 "심장이 멈출 때일까? 모든 뇌의 활동이 정지할 때일까? 소생할 가능성이 미미할 때 생명이 끝나는 것일까? 아니면 몸이 식고 사후 강직이 시작될 때일까?"와 같은 질문을 던진다. 모두 중요한 질문이긴 하지만 이것들은 오직 포유류만이 중요한 존재인 듯 여겨지게 만든다. 생명을 생각할 때 모든 유기체를 망라하는 좀더 넓은 관점에서 시작해서 인간의 생명으로 좁혀오는 것이 유용할 듯하다.

"생명의 특징은 무엇인가? 어떤 물질이 살아 있다고 볼 수 있는 시기는 언제인가?" 이는 에르빈 슈뢰딩거Erwin Schrödinger[슈뢰딩거 방정식을 비롯한 양자역학에 대한 기여로 유명한 오스트리아의 물리학자]가 자신의 저서 『생명이란 무엇인가What is Life?』에서 던진 질문이다. 슈뢰딩거는 다음과 같은 답을 제시했다. "생명은 계속 '무엇인가를 하면서' 움직이고 주변 환경과 물질을 교환하는 활동 등을 한다. 그리고 우리가 예상했던 것보다 훨씬 더 긴 시간 동안 무생물도 비슷한 환경에서 역시 '계속해서' 무엇인가를 해왔다"(Schrödinger 1944). 물가의 자갈이 닳아서 완전히 마모될 때까지도 살아 있는 것은 계속해서 활동할 것이다. 또 겔이 완전히 부풀어오를 때까지 생명은 성장할 것이며, 바닷가에 모래성을 쌓았다가 파도에 무너져 내리는 일이 셀 수 없이 반복되는 동안에도 생명은 일정한 방식으로 분화되어 나갈 것이다. 죽은 것은 한동안 시간이 흐른 후에는 정지해버리지만 살아 있는 것은 계속된다. 지구상에 처음 출현한 이후 생명은 계속해서 자라고 분화되고 바뀌어갔다.

모든 생명체는 하나 또는 여러 개의 세포로 이루어져 있으며 주변 환경에서 물질이나 에너지를 흡수해 성장하고 분열해 수를 불린다.

대부분의 세포는 어떤 방식으로든 이동을 해 더 나은 영양분과 에너지의 급원을 찾거나 어떤 세포 조직을 이루는 데 더 잘 적응한다. 일반적으로 세포는 아주 작기 때문에 육안으로는 보기 힘들지만 몇몇은 아주 커지기도 한다. 타조 알은 하나의 세포이지만 수정이 되고 나면 곧바로 수백만 개의 세포로 분열한다. 이렇게 분열된 세포 하나의 크기는 직경 약 10마이크로미터로, 바늘로 찍으면 찍히는 정도의 크기다. 박테리아는 그보다 더 작아서 직경 1마이크로미터인 것이 있는데 이 크기가 세포 크기의 이론적인 한계치다. 그런 까닭에 박테리아를 관찰하려면 성능 좋은 현미경이 있어야 한다.

모든 세포는 막으로 둘러싸여 있는데, 막의 한가운데에는 지방산으로 이루어진 층이 있다. 이 막이 세포와 주변 환경 사이에서 물이나 작은 분자가 흘러 들어가거나 나가는 것을 제한하는 역할을 한다. 이런 막 때문에 세포는 협력에 지장을 받지 않으면서 어느 정도 그 세포만의 특성과 사생활을 유지한다. 세포막 안에서는 계속 화학반응이 진행되고 주변 환경으로부터 흡수한 물질을 필요한 분자로 변환시킨다. 이 화학반응은 모든 세포에서 관찰되는데, 대부분의 공통된 서브유닛subunit(단백질 구성단위) 사이를 연결하는 중앙 대사 경로를 이룬다. 이런 반응에서는 일단의 단백질이 촉매 역할을 한다. 이 단백질은 분자 사이에서 다른 고유의 방식으로 접히며 특정 분자에만 붙는다. 단백질은 20개에서 200개의 아미노산이 일렬로 연결된 긴 사슬로, 이 사슬의 어느 위치에서든 20가지의 다른 아미노산이 연결되어 있는 것을 발견할 수 있다. 그러나 단백질마다 특유의 배열이 있으며 이것이 향후에 형성될 형태를 결정한다. 100개의 아미노산이 만들어낼 수 있는 모든 배열을 계산해보면 20^{100}가지가 있을 수 있다. 하지만 이 가능한 배열의 전체 가짓수 중 아주 적은 부분만을 살아 있는 생물에서 찾아볼 수 있다. 다른 종류의 세포 내에서 같은 화학반응의 촉매 작용을 할 수 있는 단백질은 아미노산의 배열이 매우 비슷하다.

이를테면 박테리아에서 포도당이 발효할 때 두 개의 작은 분자가 상호 전환되는 데 촉매 작용을 하는 단백질은 인간의 발효에서 촉매 작용을 하는 단백질과 거의 유사하다. 가능성은 두 가지다. 20^{100}가지 가능한 단백질 배열 중에서 발효작용의 촉매 역할을 하는 단백질이 아주 극소수이든가, 효소라고 하는 이런 단백질을 만들어낼 수 있는 정보를 박테리아와 인간이 공통 조상에게서 물려받은 후 그다지 많은 변화가 일어나지 않은 것이든가이다. 여기서 첫 번째 가능성은 배제할 수 있는데, 그 이유는 고세균의 효소 단백질 배열과 박테리아의 효소 단백질 배열이 완전히 다르다는 것을 우리는 이미 알고 있기 때문이다. 단백질이라는 것은 탄소가 3개인 화합물과 그 밖의 작은 유사한 분자들과 확연하게 구별된다. 박테리아 효소는 5개의 아미노산이 연속해서 배열되는데, 고세균 효소의 배열은 이중에서 아미노산 하나가 모자란다. 하지만 이것을 제외하고는 배열에서 비슷한 점은 거의 없다. 고세균과 박테리아의 아미노산 배열은 유연관계를 찾기 어렵지만 배열이 다른 단백질도 똑같은 화학반응에서 촉매로 작용할 수 있다는 점은 확실하다. 그렇다면 인간의 효소와 몇 가시 박테리아 종의 효소 내에 있는 248개의 아미노산 사슬 가운데 절반가량이 동일한 이유는 무엇일까? 수십억 년간 똑같은 조

상에게서 아미노산 배열을 물려받았기 때문이라고 답할 수 있을 것
같다.

토끼에게 있는 3탄당 인산 이성질화 효소triose phosphate isomerase라
고 부르는 단백질과 인간이 가지고 있는 동일한 단백질을 비교하면
두 단백질의 98퍼센트는 동일함을 알 수 있다. 248개의 아미노산 배
열을 비교했을 때, 토끼는 2개, 개는 4개, 침팬지는 단 1개만이 인간
과 다르다. 사실 모든 포유류가 동일한 순서로 이 효소의 아미노산
을 배열하는 능력을 물려받았다는 것에는 이의를 제기할 수 없다.
몇몇 식물에서는 3탄당 인산 이성질화 효소의 아미노산 159개의 순
서가 완벽하게 동일하며, 몇몇 박테리아는 동일한 아미노산을 100
개 이상 가지고 있다. 이런 점에서 보면 이것은 아주 오래전 박테리
아뿐 아니라 식물과 동물을 발생시킨 한 세포에서 유래한 배열로 보
인다. 공동의 보편 조상에게서 유래한 단백질은 이것만이 아니다.
식물과 동물에 공통으로 들어 있는 단백질은 수천 가지에 이르며 그
중 상당수는 박테리아에서 유래한 것이 분명하다. 단백질 배열은 생
명체마다 어느 정도는 다르더라도 아주 흡사한 형태를 지녔다. 그런
유사성이 그저 우연히 두 번씩 일어나기는 어려웠을 것이다. 이런
생명체들이 서로 연관성이 없을 확률은 10^{50}분의 1로, 이는 너무도
미미한 수치이기에 무시해도 좋다.

지구상의 모든 생명이 연관성이 있다는 것을 시사하는 증거는 계
속해서 속출하고 있다(Loomis 1988). 일단 생명이 시작되자 번성했
고 믿을 수 없을 정도로 엄청난 수의 세포를 만들어냈다. 그렇게 해
서 생긴 자손 가운데 일부가 천천히 바뀌면서 점진적으로 현재 우리

주변에서 볼 수 있는 다양한 생명들을 만들어냈다. 지구상에 나타난 최초의 세포가 오늘날 존재하는 박테리아와 비슷하다는 주장이 몇 가지 있다. 30억 년 이상 된 바위 속에는 박테리아 콜로니colony[같은 종種의 생물이 집단을 이루어 일정 기간 동안 한 장소에서 사는 것]가 들어 있는 채로 퇴적된 흔적을 볼 수 있다. 또한 비슷한 나이의 다른 바위에는 박테리아와 비슷한 생물 화석이 있다. 식물이나 동물의 특성이 나타나는 세포의 화석이 처음 나타난 때는 약 10억 년 전이다. 이 세포를 진핵세포라고 하는데, 진핵세포는 크기가 크고 핵이 있으며 그 핵 속에는 염색체가 있다. 외부에 단일막이 있는 단순한 박테리아가 핵이 있는 세포보다 먼저 나타났다는 것은 전혀 놀라운 일이 아니다. 오랫동안 세상에 번성했던 이 단순한 박테리아 중 하나가 내부 공간이 복잡하게 나뉜 진기한 변이체를 탄생시켰고 그때부터 지구를 함께 공유했던 것이다.

시간 그리고 혈통

최근까지 역사는 서사시적 이야기로 주로 부족 내에서 구전되었다. 나이 든 원로가 자신이 어렸을 때 모닥불가에서 들은 이야기를 암송하면 어린 자손들이 그 이야기를 듣고 또다시 자신들의 후손에게 같은 방식으로 이야기를 전해주는 식이었다. 오래된 기억이 희미해지면서 이야기가 바뀌고 근래에 일어난 일은 생생하게 상기되었다. 이런 이야기를 글로 적어두게 된 시기는 약 3000년 전으로, 부

족의 기원이 시詩로 표현되었고 거기에 초자연적인 의미가 덧입혀졌
다. 신화와 전설 중에는 시간이 시작되는 순간까지 거슬러 올라가는
것도 있었다. 500년에서 1000년의 시간을 거슬러가며 자신의 혈통
을 추적한 부족은 모든 것이 새로웠던 먼 과거를 상상할 수 있었다.
수천 년은 상당히 긴 시간으로 바다의 물고기, 공중의 새, 육지의 동
물을 창조하기에 충분한 시간처럼 여겨졌다. 아름다운 창조의 이야
기는 그렇게 해서 씌어졌고 암송되었다.

상당히 오랜 기간에는 그때까지 알려진 세상과 그 세상을 채우는
모든 것을 설명하는 데 이 정도의 이야기면 충분했다. 그러던 중 여
행자들이 산꼭대기에 있는 바위에서 조개껍질을 발견하게 되었다.
대체 어떻게 조개껍질이 그런 곳에 있게 된 것일까? 전에는 본 적이
없는 생물의 화석이 여기저기서 발견되기 시작하자 창조의 신화에
기발한 이야기가 더해져야 했다. 사람들은 자연스럽게 지구의 나이
는 수천 년이 아니라 훨씬 더 오래됐을 거라는 생각을 하게 되었다.
19세기의 지질학자 찰스 라이엘Charles Lyell은 어떤 바위는 아주 먼 옛
날의 것임을 알게 되었다. 그의 친구인 찰스 다윈Charles Darwin은
1831년 비글 호 항해에 라이엘의 책 『지질학 원리Principles of Geology』
을 들고 나섰다. 이 책에서 라이엘은 지구의 점진적인 변화로 인해
해수면이 산으로까지 상승했고 수백만 년에 걸쳐 침식되어갔다고
주장했다. 1867년 라이엘은 화석 기록에 근거해 오르도비스기[고생
대의 두 번째 지질시대]가 약 2억4000만 년 전에 시작된 것으로 추정
했다. 현재 우리는 오르도비스기가 5억 년 전에 시작된 것으로 알고
있지만 라이엘의 추정이 아주 엉터리라고 볼 수는 없다.

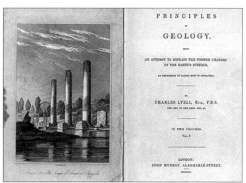

찰스 라이엘, 그리고 그가 쓴 『지질학 원리』.

1907년 버트럼 볼트우드Bertram Boltwood[미국의 화학자이자 물리학자. 우라늄과 토륨의 방사성 붕괴에 대한 연구로 동위원소 이론의 발전에 기여함]가 바위의 연대를 측정하는 새로운 방법을 고안해냈다. 그는 방사성 원소인 우라늄이 자연적으로 붕괴되어 납으로 변한다는 사실을 알아냈다. 이런 붕괴 현상은 천천히 일정한 속도로 계속 진행되어 일종의 시계 역할을 했다. 우라늄238의 반감기半減期[방사능의 세기가 본래의 반이 되기까지 걸리는 시간]를 측정할 수 있었으며 그 결과 45억 년으로 드러났다. 따라서 바위가 오래될수록 더 많은 양의 우라늄238이 납206으로 변한 것이다. 볼트우드는 우라늄 광석의 납 함유량을 측정해 지구의 나이가 최소 20억 년이라고 추정했다. 그 당시는 더 오래된 광석을 찾으려는 시도를 하지 않았다. 동위원소 연대측정 기술로 수십 개의 운석을 측정하자 모두 45억 년 된 것이라는 결과가 나왔다. 이런 운석들은 차갑고 깊은 우주 공간에 있어 아무런 일도 일어나지 않았으므로, 원자의 붕괴나 딸원자가 그대로 유지되는 현상에 전혀 영향을 미치지 않았다. 이 운석의 원자는 태양계가 만들어진 후부터 줄곧 붕괴되어왔다. 루비듐-스트론튬 연대측정법(반감기 490억 년)과 납 동위원소 비율을 이용한 측정 등 다양한 방사성 탄소 연대측정법을 이용해 운석과 고대 지구의 암석 연대를 측정한 결과, 모두 비슷한 것으로 밝혀졌다.

지구 표면에서 발견된 바위 가운데 가장 오래된 것은 약 40억 년 전의 것으로 추정된다. 이런 바위들은 캐나다 서부 그레이트 슬레이브 호Great Slave Lake 가까이에 있는 아카스타 편마암Acasta Gneiss의 노두露頭[바윗돌이나 광상鑛床이 땅 거죽에 드러난 부분]에서 발견되었다.

이곳에서 발견된 바위만큼 오래된 노두는 다른 곳에서는 거의 찾아 볼 수 없다. 하지만 오스트레일리아 서부의 와라우나Warrawoona 부근 의 암석은 약 35억 년 전에 생성된 것으로 추정되며, 이 암석 중에는 박테리아 화석으로 보이는 것을 품고 있는 것도 있다(Knoll 2003). 지난 세기 우리는 지구의 나이가 수천 년이 아닌 수십억 년이라는 사실을 알게 되었으며, 이로써 우리의 역사 개념을 무색하게 만드는 장구한 시간 너머에 대해 생각해볼 필요가 있다는 것이 명백해졌다. 현미경을 통해 오밀조밀 모여 있는 작은 박테리아를 볼 때는 작은 세계를 생각해야 하는 것처럼, 진화를 통해 생명이 서서히 형태를 잡아가던 수십억 년이라는 시간의 범위를 생각할 때는 사고의 폭을 넓혀야 할 것이다. 시작부터 생명은 생명을 낳았다. 작은 변화가 일 어나면서 세포는 일정한 환경에 더 잘 대처하며 수를 불려나갈 수 있었다. 진화는 수십억 년이라는 시간 동안 아주 느린 속도로 진행 되었다. 우리 인간이 그 기나긴 이야기의 끄트머리에 꼬리표를 달았 다고 생각하면 자존심이 상할 수도 있을 것이다. 하지만 얼마나 놀 라운 이야기인가? 한 혈통이 무려 40억 년이라는 시간 동안 지속된 것이다!

유전은 한 세대가 보유하고 있던 정보를 다음 세대로 어김없이 전 달하고 변화된 형질이 복제된 유전자에서 다시 나타나도록 해 그 혈 통 속에서 계속 이어지게 한다. 자연선택은 그 형질이 후대의 개체 군에 퍼질지 아닐지를 결정한다. 이것이 바로 다윈이 말한 '변화를 동반한 계통화descent with modifications'이다.

단백질에 있는 아미노산을 특정 순서로 배열하는 데 필요한 정보

는 다른 종류의 기다란 복합체인 핵산, 곧 DNA와 RNA의 서열에 암
호화되어 있다. 핵산은 4개의 서브유닛으로 만들어진 긴 사슬이다.
뉴클레오티드nucleotide[모든 생명체에 들어 있는 유전 물질인 핵산의 구조
단위]인 아데닌adenine, A과 티민thymine, T(RNA에는 우라실uracil)이, 그리
고 구아닌guanine, G과 시토신cytosine, C이 인산기와 결합을 하고 그것
이 공통으로 당과 연결되어 있다. 아미노산의 배열 순서에 관한 정
보는 A, T, G, C가 이루는 특별한 서열에 담겨 있다. 이 서열은 3개
가 하나로 묶여 정보가 판독되며, 그렇게 단백질을 구성하는 20개
아미노산 하나하나가 지정된다. 놀라운 것은 이렇게 판독한 암호가
고세균, 박테리아, 그 외 모든 진핵생물에서 완전히 일치한다는 점
이다. ATG는 박테리아인 대장균Escherichia coli, 고세균인 테르모플라
즈마 볼카니움Thermoplasma volcanium, 그리고 인간에서 메티오닌methio-
nine이라는 아미노산을 암호화한다. 또한 살아 있는 세포에서 발견
되는 모든 단백질의 첫 번째 아미노산은 메티오닌이고 첫 번째 코돈
cordon[3개의 염기가 하나로 묶인 유전 정보의 최소 단위]은 언제나 ATG
다. 나머지 19개 아미노산은 3개의 뉴클레오티드가 다른 조합으로
결합되어 암호화된다. 핵산의 번역 작업은 ATG에서 시작되며 나머
지 염기서열은 3개씩 묶여서 번역된다. 이 핵산 번역 작업은 모든
식물과 동물은 물론이고 연구된 모든 박테리아에서 똑같이 일어난
다. 이렇게 판독된 정보는 모든 생명체에 동일하게 나타나므로 인간
의 유전자가 박테리아에서 발현될 수 있고 박테리아의 유전자도 인
간 세포에서 잘 발현될 수 있다.

  번역 과정이 자세한 부분까지 일치하고 암호가 보편적이라는 것

은 모든 생명이 수십억 년 전에 출현한 하나의 세포에서 비롯되었다는 주장에 확실한 증거를 제공한다. 암호 자체는 역사적으로 우연히 나타났고 아주 다른 모습이 될 수도 있었지만 일단 이 암호가 성공적인 세포에 자리를 잡은 다음에는 모든 단백질을 만드는 데 쓰이므로 바뀔 수가 없었다. 코돈이 변하면 그것이 지정하는 아미노산이 바뀌고 그러면 아미노산 배열도 변할 수 있다. 단백질이 바뀌는데 생존 가능한 세포는 없다. 따라서 아미노산의 배열은 우리 단백질 안에 있는 것과 어느 정도는 다를 수 있지만 같은 코돈 체계를 보유하고 있는 것이다. 이런 공통점이 너무도 확실하므로 지구상의 모든 생명이 기본 단계에서는 모두 연관되어 있다는 데 이의를 제기하기 어렵다. 하늘을 나는 새나 해저 화산분출구에 사는 고세균이나 생명의 특징은 같다고 볼 수 있는 것이다.

스스로 움직일 수 없는 식물과 박테리아도 아주 많으므로 움직이는 것만을 생명의 신호로 봐선 안 된다. 박테리아나 식물 모두 성장하고 분열하며 그런 작업을 수십억 년 동안 해왔다. 미생물학자는 박테리아가 죽었는지 살았는지에 의문을 품지 않는다. 박테리아는 후손을 생산해내기도 하고 그러지 못하기도 한다. 살아 있는 박테리아의 숫자가 줄어들 때 적당한 영양분을 주입하면 박테리아는 수백만 개의 세포를 만들어 콜로니를 형성하기 때문에 세포 배양용 페트리접시에서 쉽게 볼 수 있을 정도가 될 것이다. 강력한 자외선이나 X선에 노출돼 세포가 손상됐다면 수많은 세포는 생존 가능한 자손을 생산하지 못하고 콜로니의 숫자는 처음 배양했던 세포의 수보다 훨씬 적어질 것이다. 자외선이나 X선에 장시간 노출되어 있으면 모든 세포가 죽을 것이므로 콜로니가 하나도 없을 수 있다. 치명적인 자외선이나 X선을 쬔 직후 많은 세포들이 계속해서 영양소를 물질 대사를 통해 전환시키고, 여러 화학반응의 원동력이 되는 화학 에너지ATP를 만들며, 심지어 새로운 단백질을 만들어내기까지 한다. 하지만 그 박테리아의 핵산은 돌이킬 수 없이 손상될 것이고 마지막으로 분열될 때 만들어진 자손의 세포는 성장하지 못할 것이다. 이 박테리아들은 비슷한 환경에 처한 무생물보다 더 오래 '살아남지' 못할 것이다.

새가 죽어 공중에서 떨어지는 것을 보고 새가 더 이상은 살아 있지 않다는 것에 이의를 제기할 사람은 없다. 하지만 새가 죽었어도 세포는 여전히 대사작용을 하고 ATP를 만들어낼 수 있으므로 새의 몸은 한동안은 따뜻할 것이다. 잠시 동안은 꿈틀거리는 근육도 있겠지만 새의 몸은 곧 차가워지고 사후 강직이 시작될 것이다. 새가 맨 처음 공중에서 떨어질 때 세포는 여전히 살아 있었던 것일까? 여기에 미생물학자의 기준을 적용시켜 페트리접시에 적절한 영양분을 공급해 생존 가능한 자손을 생산해낸다면 그 세포는 살아 있다고 간주해야 할 것이다. 하지만 그것은 새의 세포일 뿐 새는 아니다. 그 새는 죽었다.

무작위 돌연변이

핵산 속 뉴클레오티드의 염기서열은 자손에게 전달되기 전에 복제된다. DNA는 이중나선의 사슬 구조로 되어 있고 이를 구성하는 염기를 살펴보면 티민은 언제나 아데노신과, 시토닌은 구아닌과 짝을 이룬다. 이중나선을 이루는 각각의 가닥에는 똑같은 정보가 들어 있으며 서로를 보완해준다. 이 두 가닥 모두가 복제될 때 그 안에 들어 있는 정보 역시 정확하게 재생된다. 한 가닥만이 단백질 속 아미노산의 염기서열을 지시하므로 암호는 헷갈릴 염려가 없다. 하지만 DNA 안의 핵산의 염기서열이 언제나 완벽하게 유전된다면 살아 있는 생물에서는 최초의 성공적인 세포 안에서 암호화된 단백질만 발견될 것이다. 만약 그랬다면 생명은 변화할 가능성이 전혀 없는 박테리아 형태의 유기체에서 벗어나지 못했을 것이다. 다행히 핵산이 복제될 때 드물기는 해도 이따금씩 오류가 생겨, 그 결과 무작위로 변화가 일어나기도 한다.

DNA 복제 장치에는 교정 기능이 있어 복제 시 염기서열에서 일어나는 대부분의 변화를 즉시 포착해내지만 100만 개 중의 하나 꼴로 잡아내지 못하고 통과시켜버린다. 염기서열에 변화가 일어나도 별 문제가 없는 것도 있지만 대부분의 경우 변화는 해로우며 변이를 물려받는 세포는 곧 죽어버린다. 어떤 상황에서건 이득을 가져오는 변화는 극히 드물다. DNA의 염기서열이 정확하게 복사되지 않을 때, 예를 들어 새롭게 만들어진 DNA 가닥에서 G가 있어야 할 곳에 A가 들어갈 때 오류가 일어난다. 이런 오류는 이 혈통이 끊어지지 않는 한 계속해서 후대로 유전될 것이다. 각각의 유전자는 일정한 간격으로 길게 이어져 있는 수백 개의 염기로 구성되어 있으므로 무작위적인 변화가 유전자에서 일어나면 이 유전자가 암호화하는 단

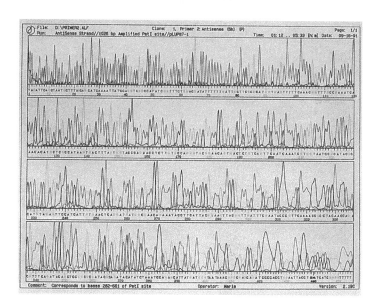

염기서열을 그래프로 나타낸 모습.

백질 내 아미노산의 서열을 흩뜨려놓을 것이다. 이것은 마치 단어의 철자를 무작위로 바꿔놓은 것과 비슷하다. 예를 들어 'victory'라는 단어가 'wictory' 'viktory' 'victori' 'cictory' 또는 'oictory'라고 표기되는 것이나 마찬가지다. 처음 3개는 그래도 'victory'라는 단어의 뜻을 얼추 짐작하게 하지만 마지막 두 개는 전혀 의미 없는 철자의 나열일 뿐이다.

1943년 살바토레 루리아Salvatore Luria와 막스 델브룩Max Delbruck은 대장균 집단에서 바이러스에 면역성이 있는 대장균이 드물게나마 있다는 것을 증명하는 실험을 했다(Luria and Delbruck 1943). 대부분의 대장균은 바이러스 때문에 죽었지만 약간(100만 개 중에 하나 정도)은 살아남았고, 주변에 온통 바이러스가 퍼져 있었음에도 불구하고 콜로니를 만들어냈다. 먼저 세포집단을 작게 나눠 적은 수의 세포로 이루어진 대장균 집단을 몇 개 만들어 배양한 다음 바이러스를 투입했다. 그러자 어떤 조치를 취하기 전에 대장균 집단의 DNA 염기서열에 돌연변이가 일어났다는 것을 알 수 있었다. 다시 말해서 바이러스가 첨가되기 전에 돌연변이가 일어난 것이다. 바이러스에 노출되고 나서야 이 보기 드문 돌연변이에 이점이 있다는 사실이 드러난 것이다. 나중에는 화학적 돌연변이 유발 요인이 바이러스에 저항력을 보이는 돌연변이가 나올 빈도를 증가시켰음이 증명되었다. 전체적인 대장균 집단은 이 화학물질에 의해 손상을 입었지만 소수의 대장균에 생긴 DNA 복사 과정의 오류 덕분에 바이러스에 저항력을 지닌 콜로니를 만들어냈다. 치명적인 바이러스라는 형태로 일어난 자연선택으로 인해 변종 대장균은 다른 일반 대장균이 증식할 수 없는 환경에서 생존할 능력을 얻은 것이다.

박테리아, 식물, 동물 등 수많은 생명체의 개체군에서 드물게 돌연변이가 일어난다는 것은 익히 증명되었다. 돌연변이는 핵산의 염기서열을 복제하는 과정에서 일어나는 무작위적 오류 때문에 발생한다. 대부분의 생명체는 DNA를 유전물질로 사용하지만 일부 바이러스는 RNA를 사용한다. DNA를 복제할 때처럼 RNA를 복제할 때도 오류가 생길 가능성이 있다. 사실 RNA를 복제할 때 오류가 발생할 확률이 더 높은데, 그 이유는 RNA가 DNA보다 오류를 정정하는 메커니즘이 적기 때문이다. RNA를 유전물질로 사용하는 바이러스는 이런 능력을 활용해 표면 단백질을 무작위로 변형시켜 숙주의 면역 체계를 교묘하게 빠져나가지만, 효율성 측면에서는 일정한 대가를 치를 수밖에 없다. 그럼에도 불구하고 RNA 바이러스는 멸종하지 않았으므로 성공적인 기생 생물로 간주해야 한다.

무작위적 돌연변이는 세포가 새로운 환경에 거의 적응하자마자 대단히 다양한 종류의 박테리아 계통을 만들어냈다. 이런 박테리아 가운데 일부는 햇빛을 이용해 광합성을 함으로써 ATP에 세 번째 고에너지 인산염을 결합시키는 능력을 획득했다. 다른 것들은 해저 화산분출구처럼 화학적인 성분이 풍부한 환경에 적응하기도 했다. 처음 몇십억 년 동안은 대기 중에 산소가 희박했기 때문에 이 박테리아들은 모두 공기 없이도 자라는 혐기성嫌氣性이었다. 하지만 광합성의 부산물인 분자 상태의 산소가 서서히 대기를 채웠다. 산소는 반응이 상당히 빠를 뿐 아니라 저항에 특별히 강한 단백질이 아닌 이상 많은 단백질을 짧은 시간 내에 파괴할 수 있다. 몇몇 박테리아에

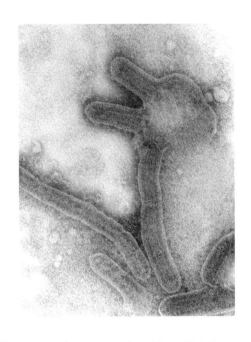

바이러스에는 자체의 유전물질이 DNA로 되어 있는 DNA 바이러스와 RNA로 되어 있는 RNA 바이러스의 두 종류가 있다. RNA 바이러스는 숙주의 세포 안으로 침투한 다음에 자신의 RNA로부터 거꾸로 DNA를 만들어낸다. 이를 역전사라고 한다.

서 일어나는 무작위적 돌연변이로 산소가 많은 환경에서도 단백질은 생존할 수 있었고, 이를 이용해 더욱 효율적으로 물질대사를 했다.

진핵생물의 기원은 혐기성 고세균과 호기성好氣性 박테리아의 우연한 결합으로 추리할 수 있다(Margulis and Sagan 1995). 고세균이 박테리아를 집어삼킴으로써 안정된 관계를 만들어, 박테리아는 효율적으로 신진대사를 하고 고세균은 보다 정확한 복제활동을 하는 듯 보였다. 그런 다음 산소에 저항력이 있는 단백질을 암호화하는 DNA 염기서열이 박테리아에서 고세균의 염색체로 옮겨졌고, 이후 둘은 영원히 상호의존적인 관계가 되었다. 현재 진핵생물에서 활동하는 모든 미토콘드리아는 이렇게 고세균이 집어삼킨 원시 박테리아에서 유래한 것이다.

대기 중에 산소량이 증가하자 몇몇 진핵생물은 세포의 크기도 커졌고 주변의 작은 세포를 잡아먹기 시작했다. 자연선택은 세포들 사이에 일종의 군비 확장 경쟁을 불러일으킨 것 같다. 어떤 세포가 더 커져 잡아먹히지 않으면 다른 세포들은 그보다 더 커져 그 세포를 잡아먹는 식의 경쟁이 붙었다. 오늘날 흔히 보는 아메바는 먹이인 박테리아보다 몇천 배나 크고 역시 먹이인 효모 세포보다는 몇 배 더 크다. 몸집을 키운 무작위적 돌연변이에 작용하는 자연선택으로 인해 점균류와 몇 가지 조류 중에 아주 커다란 세포가 나왔다. 또한 먹이가 분비하는 화학물질을 감지하는 능력, 보다 신속하게 움직이는 방법, 세포 골격을 구성하는 법, 그리고 먹이를 삼키고 소화시키는 방법을 개선시키기도 했다. 일부 세포들은 세포분열 후 커다란 세포집단을 형성하는데, 이렇게 모여 있으면 발달된 포식자의 공격

을 피하기 쉽다는 것을 알아냈다. 이렇게 해서 우리가 익히 알고 있
는 동식물의 다세포 생물이 나오게 되었다.

　가장 고도로 분열된 진핵생물에서조차 같은 화학반응을 촉진시
키는 효소의 아미노산 서열이 유사하다는 것은 그들이 모두 연관되
어 있다는 명백한 증거다. 진핵생물은 몇 번이나 따로 진화할 기회
가 있었지만 어떤 계통 하나가 초기에 두드러지게 지배적인 위치를
점했다. 이 생물들은 조상인 박테리아나 고세균보다 서로에게 훨씬
더 밀접하게 연관되어 있다. 비교 가능한 단백질의 유사성 정도를
이용해 모든 살아 있는 진핵생물 간의 연관성 면에서 위계 순서를
정할 수 있다. 수천 가지 단백질을 가지고 비교·분석했을 때 인간
의 단백질 서열은 초파리나 학질모기의 단백질 서열보다는 물고기
의 것과 더 유사했다. 인간과 물고기는 양쪽 다 척추동물이지만 초
파리와 모기는 무척추동물이므로 이 점은 그리 놀랍지 않다. 서열상
의 비교에 근거할 때 우리 인간은 말라리아 병원체인 플라스모듐
Plasmodium과 유연관계에 있는 테트라히메나Tetrahymena와 같은 섬모
충보다는 식물과 더 가깝다(Song 외 2005). 효모가 동물계로 갈라져
나온 시기는 아메바나 식물보다 더 최근이지만 한동안 그 서열이 더
빨리 바뀌었다. 아마도 그 이유는 지금보다 자외선이 훨씬 더 강렬
했을 때 효모가 나타났고 자외선의 조사가 변이의 속도를 증가시켰
기 때문인 듯하다. 어떤 경우든 일차적인 서열 분석에 의하면 모든
진핵생물은 서로 밀접하게 연관되어 있다.

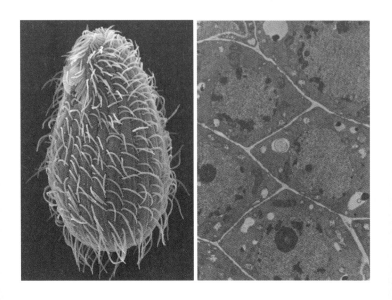

테트라히메나(왼쪽)와 식물세포의 모습.

청소, 제조, 수확

싱크대에서 냄새가 나면 우리는 표백제를 부어 세균을 죽인다. 차아염소산나트륨Sodium Hypochlorite과 같이 강력한 화학약품은 박테리아나 곰팡이를 신속하게 죽여 문제를 해결한다. 이렇게 하면 하수도에 사는 수십억 마리의 박테리아가 죽겠지만 우리는 여기에 별로 신경 쓰지 않는다. 박테리아나 곰팡이의 생명 형태는 우리와는 판이하게 다르며 별 연관성도 없다. 하지만 우리가 죽인 세포는 모두 '어떤 활동'을 하고 있었다. 이 세포들은 자신의 막에 있는 고도로 진화된 단백질 펌프를 이용해 주위 환경과 물질을 교환하고 수십억 년이라는 세월을 거쳐 선택된 효소를 이용해 여러 물질대사 작용을 하던 중이었다. 또 이 세포들은 모든 생명체에 공통으로 있는 장치를 이용해 DNA를 복제하고 그 복제된 DNA를 분열 전 딸세포에게 전달한다. 세포들은 확실히 살아 있었다. 하지만 미생물의 생명은 값어치가 거의 없다.

마찬가지로 우리가 정원이나 밭에서 잡초를 뽑아 다발로 묶어서 던질 때 그 식물의 삶은 종결된다. 우리 인간이 가진 기본적인 유전자 중에는 식물의 유전자와 공통되는 것이 많지만 그런 이유 때문에 정원을 가지런히 정리하고 밭에서 수확이 좀더 나오도록 기울이는 노력을 멈추지는 않는다. 반갑지 않은 잡초는 뽑아버려야 한다. 다 자란 나무를 잘라버릴 때도, 농작물을 심기 위해 밭을 정리하거나 장작을 얻기 위해 벌목할 때도 그 나무의 생명에 대해서는 생각히지 않는데, 이유는 그 나무가 우리의 도움이 없이 혼자 힘으로 자랐기 때문이다. 이처럼 대부분의 사람은 식물의 생명은 그다지 값어치가 없다고 여긴다.

그렇다면 과연 우리는 오로지 양육된 생명만 소중하다고 생각하는 것일까? 농부는 오랜 시간을 들여 농작물을 심기 위해 밭을 갈고 씨앗을 심고 비료를 준다. 농작물이 자라면 정기적으로 살충제를 뿌려 해충으로부터 보호한다. 어떤 밭에는 밭을 파괴하는 선충류를 없앨 결정성독소를 만들어내도록 설계된 유전자 이식 씨앗을 심기도 한다. 이런 씨앗은 수년간에 걸친 집중적인 연구와 최신의 유전공학기술을 이용해 심혈을 기울여 만들어낸 것이다. 이렇게 해서 심은 농작물은 수확할 때까지 몇 달 동안 세심하게 관리하고 보호한다. 하지만 수확을 할 때 이 농작물의 생명에 대해서는 어떤 고려도 하지 않는다. 그저 시장 가격에 따라 수확이 이루어질 뿐이다.

수많은 과일과 야채 역시 기를 때 하나하나 세심한 관리가 이루어진다. 아시아산 배는 수 세기 동안 중국, 일본, 한국에서 재배되었는데 맛이 아주 좋다. 배는 나무에서 익게 두는 것이 제일 좋지만 어떤 품종은 약하기 때문에 병충해에 희생된다. 그래서 어떤 농가에서는 나무에 달려 있는 배를 모두 종이로 싸고 리본으로 묶어둔 채 익힌다. 그리고 여전히 그렇게 종이로 싼 채로 시장에 내놓는다. 이것이 상당히 공을 많이 들인 과일임을 알려주는 것은 배에 붙은 가격뿐이다. 맛있는 배를 거부하는 사람은 아무도 없다. 하지만 그 과일이 얼마나 잘 재배되었는지에 대해서는 관심이 없고 상관도 하지 않는다.

그렇다면 우리가 특별하다고 여기는 존재는 오직 동물뿐인가? 낚시꾼들은 바다에서 연어를 낚으며 어미 연어가 먼 거리를 헤엄쳐 올

감자 해충의 다양한 종류.

라와 조심스럽게 낳아 묻은 알에서 그 연어의 생명이 시작되었다는
사실은 전혀 생각하지 않는다. 어미 연어는 알을 낳자마자 죽기 때
문에 새끼 연어는 양육에 많은 제한을 받는다. 먹을 것과 깨끗한 물
이 제공되고 포식자로부터 보호받는 환경에서 사육된 연어도 있다.
하지만 그 연어도 저녁 식탁에 올라온다. 사육되는 연어도 분명 있
지만 그것은 오직 상업적인 이유에서 그렇게 하는 것이다. 물고기도
인간처럼 눈과 뇌를 갖고 있지만 대부분이 식량 공급원으로만 간주
될 뿐이다.

　최근까지 인간 대부분은 견과류, 딸기, 과일, 작은 동물 등을 먹고
살아가던 수렵채집인이었고 야생동물은 고기의 공급원이었다. 인간
이 양, 염소, 돼지, 소를 가축으로 사육하기 시작한 것은 불과 몇천
년 전의 일이다. 인간은 동물을 도살하기 전에 정성스럽게 사육하고
지켰다. 사냥꾼과 도살업자가 동물을 죽이기 전에 이들을 기념하는
의식을 치르는 공동체도 있었지만 그러면서도 도살하는 동물의 생
명에 대해 생각하는 경우는 극히 드물었다. 식용으로 사육되는 동물
의 가장 극단적인 예가 고베 쇠고기이다. 일본 고베에서는 소를 기
를 때 사람이 직접 키우고 매일 손으로 마사지를 해주며 도살장으로
데려갈 때는 맥주를 먹인다. 또한 목장에서는 송아지일 때 몇 달 동
안 젖을 먹이고 보호한다. 송아지가 태어날 때는 대개 목동들이 출
산을 돕고 예방접종을 시키며 사육장에는 언제나 먹을 것을 풍족하
게 둔다. 그렇게 기른 젖소나 수송아지들이 스테이크나 햄버거가 된
다. 사육하는 동안에는 생명을 소중하게 여기지만 우리는 매일 그것
을 먹는다.

인간의 생명

인간은 스스로를 특별하다고 여긴다. 우리는 모두 인간임을 인식하고 있으며 특별한 대접을 받고 싶어한다. 우리는 결코 다른 누군가의 먹이로 여겨지기를 원치 않는다. 아이일 때 우리는 부모님과 친척들이 보살펴주고, 먹여주고, 입혀주고, 보호해줄 것이라고 예상한다. 그리고 어른이 되면 모두가 존중받고 약자를 보살피는 사회에서 살기를 희망한다. 인간의 생명을 소중한 것으로 간주하는 것이다.

탄생은 개인의 생명이 단절되는 지점이 아닌 결정적 순간이다. 유전자 구성은 특정 난자가 특정 정자와 만나 수정되는 순간 결정된다. 모든 것이 순조로우면 그 결과로 나오는 수정란은 분열하여 수백 개의 세포로 이루어진 공 모양의 덩어리를 형성하는데, 그중 일부는 배아가 되고 일부는 태반이 된다. 이런 태반을 구성하는 유전자도 태아의 유전자와 똑같지만 태반 세포들은 임신 기간 동안만 필요하다. 태반과 배꼽은 새롭게 태어난 생명과 똑같은 유전자를 가지고 있지만 생명이 탄생할 때 전혀 주목받지 못하고 나중에 버려진다. 우리가 관심을 갖는 것은 수정된 난자에서 유래한 세포가 아닌 아기의 생명인 것이다. 그리고 초기 배아세포를 이용해 의학의 획기적인 발전을 가져올 실험을 한다는 것을 사회는 여전히 불편해한다.

사람이라면 대부분 인간의 아기를 사랑하고 보호해줘야 한다고 느낀다. 아기는 아름다우며 우리에게 소중한 존재다. 아기는 인간으로서 무한한 잠재성을 품고 있다. 그들은 자라서 음악가나 정치가 또는 과학자가 될 수 있으며, 사랑을 많이 베푸는 부모가 될 수도 있다. 우리는 아기가 자라는 것을 돕고 싶어한다. 생명을 위협하는 순간이 왔을 때 구명보트에 제일 먼저 태우는 것도 아기다. 아기는 걷고 말하거나 스스로를 돌보는 법을 모르지만 그 모든 것을 습득할 능력을 갖고 있다. 아기들이 눈을 크게 뜨고 집중하는 모습을 보면 자의식이 아직 완전하게 발달하지는 않았지만 발전 일로에 있다는 것은 확실하게 알 수 있다. 15년에서 20년이 지나면 이들은 장차 사회인으로서 책임과 의무를 짊어진 성인으로 성장할 것이다. 그때가 되면 이들은 어떤 일에 대한 권리를 주장하면서 자신의 행동에 대해서는 책임을 져야 할 것이다.

만약 죽을죄를 지어 유죄 판결을 받으면 사형당할 수도 있다. 연쇄살인범은 사회에 위협적인 요소로 여겨지므로 사형 선고를 받는 경우가 많다. 이런 연쇄살인범을 삼엄한 감시 체계가 갖춰진 감옥에 가둬 무고한 일반 시민들과 격리시키는 사회도 있다. 사형제도를 유지하고 있는 나라에서는 사형집행에 대한 논란이 가시지 않는다. 죄인을 평생 감옥에 가둬놓는 것보다 사형시키는 것이 더 인간적이라고 주장하는 사람들이 있는가 하면 사형을 빨리 집행하는 것이 경제적이라고 보는 이들도 있다. 사형제도가 잠재적인 범죄를 막는 효과가 있다고 주장하는 부류도 있지만, 이 제도가 폭력적인 범죄를 급격하게 줄인다는 증거는 아주 미미하거나 아예 없다. 사형제도를 지지하는 이유 가운데는 끔찍한 범죄에 대해 복수할 필요가 있다는 인식도 어느 정도는 포함되어 있다. 도저히 용인될 수 없는 행동을 한 범죄자들은 결국 대가를 치러야 한다고 많은 사람들이 생각한다. 반면 사형제도에 반대하는 사람들은 사회가 살인자들과 똑같이 생명을 빼앗는 것은 잘못된 일이라고 주장한다. 그들은 모든 인간의 생명은 소중하기 때문에 극악한 살인자의 생명일지라도 보호되어야 한다고 여긴다.

1970년대 초 미 대법원은 주州 차원에서 사형제도를 시행하는 것에 제한 조치를 내렸다. 대법원은 사형제도가 권리장전 중 '잔인하고 상궤常軌를 벗어난 처벌'로부터 보호받을 권리를 위반하는 것이라고 밝히며 사형제도를 시행하기에 앞서 10년의 유예기간을 뒀지만, 1976년 일어난 몇 가지 사건으로 인해 이 결정을 번복했다. 1977년 유타 주에서 게리 길모어Gary Gilmore가 총살형으로 처형됐다. 1976년 대법원 판사 해리 A. 블랙먼Harry A. Blackmun은 사형제도를 복원시키는 데 찬성표를 던졌다. 하지만 1994년에 다음과 같은 결론을 내렸다. "내 도덕과 지성이 사형제도 실험은 실패였음을 시인해야 한다고 종용한다. 이후로는 죽음의 제도를 어설프게 바꿔보려 하지 않을 것이다."

2005년 10월 유럽 인권위원회는 미국과 일본에 압력을 가해 사형제도를 폐지하게 했다. 위원회의 사무총장 테리 데이비스Terry Davis는 다음과 같이 말했다. "중요한 것은 생명과 인간 존엄성에 가장 기초적인 권리로, 이로 인해 여론조사에서 지지율이 약간 떨어진다 해도 충분히 그럴 만한 가치가 있는 사안이다. 민주주의 국가의 지도자격인 미국과 일본이 사형제도를 폐지한다면 다른 나라도 선례를 따를 것이다." 지난 20년간 117개 나라가 사형제도를 폐지했다.

1986년 미국은 정신지체인의 사형을 금지했고, 1988년에는 16세

미만의 범죄자의 경우 사형시키는 주州의 권한을 제한했다. 이듬해 대법원은 중죄를 범한 16~17세의 범죄자에게 주 차원에서 사형을 구형할 수 있다는 판결을 내렸다. 시민적 및 정치적 권리에 관한 국제 규약The International Covenant on Civil and Political Rights은 범죄를 저질렀을 당시 연령이 18세 이하라면 사형을 집행하지 못하도록 명시하고 있다. 미국은 1992년 이 규약을 비준했지만 청소년 범죄자를 사형시킬 권리를 유지하고 있다. 일반적으로 아동에 대해 연민을 베풀 것을 공언하지만 미국의 판사와 정치인들은 청소년이라도 중죄를 저지르면 사형에 처해야 한다고 주장한다. 그렇다면 아동에게 베푸는 연민을 접고 죄를 범한 성인으로 취급하기 시작하는 시기는 언제일까?

죄가 있느냐 결백하냐의 문제는 잠시 접어두고, 인간은 종족 간 충돌이 있을 때마다 서로를 죽여왔다. 적을 죽여 조국을 지키는 것은 영광스러운 일로 장려되었다. 살육을 자행하고 먼저 살고 있던 거주민을 위협해 새로운 땅을 정복하는 일은 영웅적인 행동으로 떠받들여지곤 했다. 특히 승자가 그런 이야기를 할 때 더욱 그랬다. 살육하지 말라는 오래된 종교 계명이 있지만 이는 일반적으로 같은 종족의 일원을 죽이지 말라는 의미일 뿐 다른 종족을 죽이는 것은 정당한 일로 간주된다. 생명의 소중함이란 상황이나 전후 관계에 따라 달라지는 듯하다.

현대 사회는 사회 구성원 간에, 그리고 외국인과 평화로운 교류를 할 것을 장려한다. 외교가 전쟁보다 훨씬 낫다고 여기지만 그렇다고 전쟁이 중지되는 것 같지도 않다. 전쟁은 크든 작든 빈번히 일어나며 교전하는 군인은 물론 민간인도 죽음으로 몰아간다. 죄수를 고문하거나 죽이기보다는 인도적으로 다루고 송환시키는 노력이 계속되고 있다. 민간인을 목표로 하는 무차별적인 폭력은 지양되고 있지만 필요하다고 여길 경우 여전히 발생한다.

20세까지 사람은 먹고 입고 교육받으며 예의범절을 지키도록 훈련된다. 그런 개인에게 우리는 어떤 가치를 부여할 수 있을까? 수년 동안 경제학자, 법률가, 정치인들은 법정 안팎에서 이 질문을 해왔다. 불법 행위에 의한 사망 시 합의금은 사망자의 연령 혹은 사망자가 얼마나 부유한 국가의 국민이었는지, 그 외 직접적인 상황에 따라 1000달러에서 500만 달러까지 달라진다. 미 해군 전투기가 실수로 이탈리아의 케이블카를 폭격해 그 안에 타고 있던 사람들이 죽는 사고가 났을 때 희생자에게 각각 200만 달러의 보상금이 지급되었다. 하지만 결혼식에 참석했던 60명의 무고한 아프가니스탄인들이 실수로 발사된 기관총에 맞아 사망하는 사건이 일어난 후 사망자의 유가족에게 보상금으로 나온 액수는 사망자 1인당 200달러였다. 이런 식으로 사람의 가치를 측정할 경우 이탈리아인들은 아프가니스탄인들보다 1만 배 더 가치 있게 된다. 확실한 것은 정부 관리들이 생명의 가치를 정해서는 안 된다는 점이다.

경제학자들은 사람을 수입을 올리는 기계로 가정해 미래의 수익을 계산하는 모델을 만들었다. 이 모델에서 노인들은 젊은이보다 덜 가치 있다고 간주된다. 은퇴한 사람은 전혀 가치가 없다. 금방 죽을 가능성을 낮추기 위해 사람들이 기꺼이 치르려는 것이 무엇인지 연구한 경제학자들도 있다. 이 방정식에 삶의 질이라는 요소를 더하면 계산은 더욱 복잡해진다. 이런 행위는 고의적인 직무 태만에 대비한 집단 소송을 앞둔 기업에는 중요할지 모르나 생명을 수표에 적는 숫자로 격하시켜 품위를 떨어뜨리는 일이다. 돈을 아무리 많이 줘도 사랑하는 사람을 대체할 수는 없다.

생명이란 무엇인가

지난 세기 동안 생화학 연구에서 우리는 당이 지방으로, 지방이 아미노산으로 전환되는 경로를 발견했다. 서로 복잡하게 연결된 이 경로들 속에서 우리는 먹고 싶은 것을 먹고 살아가고 성장하는 데 필요한 모든 것을 만들어낸다. 식물은 태양빛을 받고 공기에서 이산화탄소를 흡수해 성장한다. 이 과정은 마술이 아니다. 정교한 분자 모터에 달린 특별한 색소가 이를 실행한다. 우리는 이제 그 모터를 구성하는 것이 단백질이며, 단백질이 서로 결합해 ATP를 만들고 이로 인해 모든 상호 전환과 화학반응이 일어난다는 것을 안다. 분자 생물학은 유전의 보편적 메커니즘과 더불어 DNA가 얼마나 정확하게 복제되고 교정되며, 거기에서 나온 자손은 언제나 조상과 똑같다는 것을 설명해준다. 우리는 이런 일을 가능케 하는 DNA 암호가 있다는 것을 알고, 정확하게 어떤 아미노산이 나란히 배열되어 이러저러한 종류의 단백질을 만들어내는지도 안다. 단일 세포 안에서 일어나는 복잡성은 놀라울 정도지만 우리는 그런 원리를 충분히 이해할 수 있다. 수백 가지의 화학반응과 일반 법칙을 알고 싶어하는 세포

생물학자와 분자생물학자들은 세포가 작동하는 방법을 안다고 생각한다. 수수께끼 같은 부분이 여전히 있지만 그런 것을 풀려는 시도는 흥미진진하기만 하다.

수십억 년 전부터 지구상에 생명이 존재했다는 증거는 확실하며, 자연선택으로 인해 가장 초기에 존재했던 세포의 자손으로부터 다양한 형태가 탄생하게 되었다. DNA를 복사하는 과정에서 아주 드물게 오류가 발생하기도 했다. 이렇게 만들어진 세포는 대부분 결함이 있었고 곧 사멸했다. 하지만 수십, 수백억 개의 세포들은 모두 분열하고 증가했으며 이따금씩 변이체 중 하나가 용감하게 다른 세포가 가지 않았던 곳으로 진출했다. 박테리아는 염색체가 있는 진핵생물을 만들어냈고 그 진핵생물이 식물과 동물을 만들었다.

우리는 세포가 아름답다고 생각하지만 어떤 희생을 치르더라도 보호해야 할 것으로 보지는 않는다. 그런 감정은 우리가 보호하고 양육하는 가족을 위한 것이라고 여긴다. 또 우리가 살아 있는 모든 세포와 연관되어 있다는 점을 인정은 하지만 멀게, 그저 어렴풋이 느낄 뿐이다. 그래서 배를 먹거나 싱크대를 살균소독하는 것이 절대 문제가 된다고는 생각지 않는다. 인간은 단순한 세포의 집합체가 아니다. 우리는 경쟁을 하는 관계일지언정 서로가 가치 있음을 인정한다.

지금까지의 내용을 정리할 때 우리는 생명의 정의를 내렸던가? 물질적이고 기계적인 방법으로는 정의를 내릴 수 있다. 그러나 생명에는 먹고, 소화하고, 자손을 낳는 깃 이상이 있다. 지금끼지 생회학이나 분자생물학의 성과는 그저 생명의 표면을 긁어보는 일 정도를

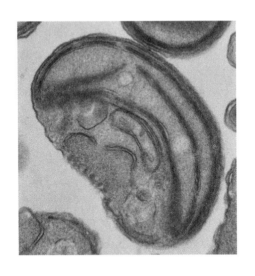

진핵생물은 진핵세포를 가진 생물을 말한다. 진핵세포는 세포 내에 세포핵으로 대표되는 다양한 세포소기관을 가진 세포들을 통칭하는 이름이다.

해낸 것에 불과하다. 생명에 관한 정말 중요한 문제는 생명이 계속 유지되도록 하는 최선의 방법이 무엇이며, 무엇이 옳고 그른지를 매일 결정하는 것과 관련 있다. 이런 문제 가운데는 먼 옛날부터 계속 이어져온 것들이 있는 반면 세포생물학과 분자유전학이 발전하면서 갑작스럽게 대두된 것들도 있는데, 후자에 대해 우리는 아직 대응할 태세를 갖추지 못했다. 다음 장에서 나는 생물학의 발전으로 인해 야기된 사회 문제에 대해 고찰해보려고 한다. 그리고 그에 대응할 수 있는 가능한 범위를 탐구하며, 최근의 생물학에 대한 이해를 바탕으로 강력하게 느껴지는 가치를 제시해보겠다.

아이를 갖길 원하는 불임 부부들은 기술의 발전으로 인공수정을 하나의 선택 사항으로 고려할 수 있게 됐다. 하지만 가톨릭교회를 포함해서 어떤 특정 집단은 이를 자연스럽지 못하며 도덕적으로 문제가 있다는 이유를 들어 반대하고 있다. 이슬람교에서는 인공수정을 허락하지만 남편과 아내의 정자·난자만을 사용하는 것으로 제한하고 있다. 수정란을 거리낌 없이 페트리접시에 놓인 인간이라고 부를 수 있을까? 인공수정 기술이 그런 의문을 제기한다. 또 인공수정을 통해 보통 필요 이상의 배아胚芽가 만들어지므로 그렇게 해서 얻은 불필요한 배아는 어떻게 다루어야 하는지에 대한 문제도 제기되고 있다. 현재는 대부분이 몇 달 안에 폐기되고 있지만, 이 배아는 성인의 신체를 구성하는 모든 종류의 세포를 만들어낼 잠재력을 지닌 배아줄기세포를 만들어내는 데 사용될 수 있다. 줄기세포 연구로 현재로서는 고치기 힘든 불치병이나 난치병, 혹은 고칠 수 없을 정도로 손상된 장기를 치료할 가능성이 생겼다. 하지만 연구 과정에서 잠재적 인간 생명이 파괴될 수 있다는 이유로 많은 나라가 줄기세포 연구를 금지하거나 엄격하게 제한하고 있다. 우리는 잠재적 인간 생명체와 진짜 인간 생명 사이의 차이를 분명하게 이해해야 한다.

치료를 목적으로 환자의 체세포에서 나온 핵을 난자의 핵에 치환하여 세포분열을 일으키는 기술에 대해서도 이론異論이 분분한데, 그 이유는 이 기술이 발전하면 인간의 장기를 얻기 위한 부품 용도로 인간 복제를 할 날이 올 수도 있기 때문이다. 하지만 체세포 핵치환 기술somatic cell nuclear transfer, SCNT로 만들어진 배아가 성장해 아기로 태어나려면 그것을 자궁에 착상시켜야 하는데, 가까운 미래에 이를 시술할 의사는 아마도 없을 것이다. 체세포 핵치환 기술은 생쥐 실험을 통해 숙련되었으며, 현재의 기술로 실험실에서 성공적으로 복제되어 돌아다니는 생쥐들이 수백 마리에 달한다. 따라서 복제에 관한 문제는 단순한 가설 수준을 넘어섰다. 인간도 복제할 수 있다. 하지만 과연 누가 그것을 원할까? 이 점에 대해서는 다음 장에서 논의하겠다.

그 이후의 장에서는 진화를 유도해 우리 임의대로 더 나은 생명체, 예를 들면 병충해에 내성이 있는 농작물이나 유용한 약품 성분을 함유한 젖을 만들어내는 양, 또는 유전병이 없는 사람 등을 설계해도 되는지에 관해 생각해볼 것이다. 인간 게놈의 염기서열을 밝히는 작업이 완성되면 결함 있는 유전자를 더욱 쉽게 감지할 수 있겠지만, 너무 많은 것을 알게 되어 감수해야 하는 결과도 있을 테니 그런 점도 고려해둬야 할 것이다. 이 모든 것이 인간이라는 생명체의 일면이다.

2장

인간의 잠재력은 어디까지인가

인공수정 | 배아줄기세포 | 치료 목적의 복제 | 체세포 줄기세포

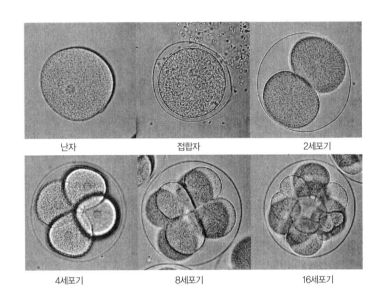

난자　　　　　　　　접합자　　　　　　　　2세포기

4세포기　　　　　　8세포기　　　　　　　16세포기

성게의 수정과 세포분열. 4회에 걸친 세포분열로 16개의 세포가 생성되었고 계속해서 분열해 배를 형성한다. ⓒ 주디스 세브라-토머스

대학 시절 어느 해 여름에 나는 매사추세츠 우즈 홀Woods Hole의 해양연구소에서 근무했다. 주로 하는 일은 실험기구를 닦고 용액溶液을 준비하는 것이었다. 그래도 실험실과 건물을 마음대로 출입했기에 성게가 난자와 정자를 방출하도록 유도하는 법을 배울 수 있었다. 이 뾰족한 밤송이 같은 생물을 바닷물이 담긴 용기에 넣고 낮은 전압의 전류를 흘려보내자 암컷이 핀의 머리 부분만 한 크기의 노란 알을 엄청나게 많이 배출해냈고 수컷도 정자를 배출했다. 그렇게 해서 생긴 난자 수십 개를 슬라이드글라스의 얇게 파인 곳으로 옮기고는 거기에 정자를 첨가했다. 나는 약 1분 내에 난자가 모두 수정되었다는 것을 확인할 수 있었다. 각각의 난자에 수정막이 형성되었기 때문이다. 1시간 30분이 경과하자 수정된 난자는 정확하게 가운데가 갈라져 두 개의 세포기 됐다. 다시 1시간이 지나자 두 개의 세포가 또다시 분열해 4개의 세포가 됐다. 정말 놀라웠다. 단순한 물질

로 보이는 알이 저절로 자라 4세포기의 배아라는 복잡한 생명체를
만들어낸 것이었다. 어떻게 '닫힌 계'에 있는 세포가 에너지가 투입
되지도 않았는데 일정한 방식에 따라 한층 더 복잡한 생명체로 바뀔
수 있는 것일까? 마치 열역학 제2법칙을 거스르며 영구운동을 하는
기계 같았다. 이때 난자 안이 노른자로 채워졌다는 것이 기억나자
그 답은 명확해졌다. 즉, 배발생 시 물속에 녹아 있는 산소를 이용해
이 노른자를 물질대사하는 것이다. 모든 배아에는 세포분열과 핵 복
제 같은 과정을 추진시키는 에너지를 만들어내는 발전소가 있는 것
이다.

　용기로 옮겨진 후 배는 계속해서 분열했고 그다음 날이 되자 배마
다 수백 개의 세포가 할강blastocoel이라고 하는, 액체가 채워진 공간
을 둘러싼 공 같은 모양이 되었다. 그 주가 끝나갈 무렵이 되자 배는
입 주변에 작은 팔이 달린 유생幼生동물로 발생했다. 이 유생동물은
며칠 동안 실험실 용기 안에서 떠다니다가 폐기되었다. 그해 여름
나는 여러 종류의 알을 수정시켰는데 그때마다 알은 정확하게 그 종
의 고유한 발생 단계를 밟아갔다. 가벼운 흥미에서 비롯됐지만, 이
과정에 매료된 나는 배발생의 유전학적 기초를 공부하고 싶어졌고,
이후 진로를 결정짓는 계기가 되었다. 수년이 지난 후 다시 우즈 홀
의 해양연구소에서 일을 하게 되었을 때도 생명이 발생을 해 성장해
나가는 초기 단계를 관찰하는 것이 여전히 재미있었다. 그때는 전보
다 세포의 크기와 형태 변화의 근간인 분자의 변천 과정에 대해 훨
씬 더 많이 알고 있는 상태였지만, 성게 세포가 발생해 성장하는 것
을 지켜보는 일이 마냥 즐겁기만 했다. 하지만 배울 만큼 충분히 배

바다 속 아름답고 다양한 모양을 한 성게들.

운 다음에도 냄새가 나기 전에 언제나 유생을 폐기해버렸다. 공급 창고에는 언제나 성게가 잔뜩 쌓여 있었고 성게 하나만 있어도 난자를 수백만 개나 얻을 수 있었다.

성게 유생 표면은 피부 역할을 하는 외배엽 세포로 둘러싸여 있다. 내배엽 세포로 만들어진 성게 유생의 장은 영양분을 흡수하도록 분화되었다. 외배엽과 내배엽 사이에는 중배엽이 있는데, 중배엽은 성게의 골격을 만든다(Gilbert 2006; Loomis 1986). 이 모든 세포 유형은 하나의 수정란에서 유래한 것이며, 각각의 세포는 염색체 속에 완전한 유전자 일습을 갖추고 있다. 하지만 외배엽에서 발현되는 몇 가지 유전자는 중배엽에서는 발현되지 않는다. 마찬가지로 내배엽에서만 발현되는 유전자가 있다. 복잡한 단백질 연결망이 어떤 세포 유형에서 어떤 유전자가 활성화될지를 결정한다. 발생이 진행되면서 세포별로 발현되는 유전자가 달라 유생 단계에서 다양한 기능을 수행하도록 특화된다.

성게 알이 4세포기가 되었을 때 이 4개 세포를 분리시켜 배양할 수 있다. 그러면 분리된 각각의 세포는 계속 분열하여 4개의 포배가 만들어지고 후에 4개의 작은 성게 유생이 된다. 초기에 수정된 난자처럼 이 4세포기의 세포들은 성게의 몸을 구성하는 여러 종류의 세포를 만들어낼 수 있다. 하지만 16세포기로 분열된 배의 세포를 분리해서 배양하면 이 세포들은 제한된 형태의 세포를 만들 뿐이다. 처음 5시간에서 8시간 사이에 유전자가 발현되는 형식이 다르기 때문에 세포가 서로 달라지고 완전한 성게가 될 가능성이 제한된다. 이 시기의 세포는 수정되고 난 후 몇 시간 동안에만 가능한 일, 즉 모든 조직을 만들어내는 일을 할 수 없다. 세포가 완전히 성장한 후에 다양한 세포 형태를 만들어내는 능력은 대단히 특별한 세포에서만 얻을 수 있다. 이 특별한 세포가 바로 난자다.

인공수정

인간의 난자는 성게 알보다 얻기 어렵다. 여성은 보통 한 달에 한 번 나팔관을 통해 난자 한 개를 내보내며 나팔관에서 자연적으로 수정이 될 수 있다. 그러나 미국에서는 가임 연령대 여성의 10퍼센트가 불임인데, 그 이유는 나팔관이 막히거나 손상된 경우가 많기 때문이다. 지난 25년 동안 아기를 원하지만 자연적인 방법으로는 임신이 불가능한 여성들이 전문병원에 도움을 청했다. 세상에는 아이를 갖기 원하는 사람들이 많으며 그들은 임신하기 위해 갖은 노력을 한다. 인공수정 클리닉에서는 난소에서 바로 난자를 추출해 유리 용기에 넣고 거기에 정자를 투여해 수정시킬 수 있다. 그러면 며칠 후 수정이 된다. 수정된 난자가 분열을 해 8세포기 이상이 되면 카테터catheter를 통해 여성의 자궁에 착상시킨다. 때때로 인공수정 클리닉에서는 이런 세포 덩어리를 이식하기 전에 몇 번의 세포분열이 더 일어날 때까지 기다리는 경우도 있다. 자궁에 착상시키는 단계의 배아는 진짜 배아가 아닌데, 그 이유는 대부분의 세포가 태아 이외의 다른 조직을 형성할 것이기 때문이다. 그래서 이 시기를 전 배아pre-embryo 단계라고 일컫는다.

성공할 확률을 늘리기 위해 수십 개의 난자를 동시에 수정시킨다. 여러 개의 난자가 동시에 성숙되도록 유도하고자 환자에게 호르몬 시술을 한 다음 난자를 모은다. 초음파 스캔을 이용해 의사가 복막벽을 통해 삽입된 바늘로 난자를 모으는데, 보통 5개에서 15개의 난자를 얻는다. 그다음에 수십만 개의 운동성 있는 정자와 수정시킨다. 필요한 경우에는 정자를 개별 난자에 바로 주입하기도 한다. 수정란이 모두 성공적으로 착상되는 것은 아닌 까닭에 이틀 후면 2개 또는 4개의 전 배아가 여성의 자궁에 자리를 잡는다. 남은 전 배아는 얼려서 보관할 수 있다. 첫 번째 시도에서 임신이 되지 않으면 두 번째 시도를 위해 얼린 전 배아를 해동시킨다. 남은 전 배아는 환자가 소유하며, 이들의 뜻대로 사용하거나 기증할 수 있고 폐기처분하기도 한다. 몇 주 후 표준 임신 테스트로 성공을 했는지의 여부를 확인하고 한 달 후에 초음파 검사로 재확인한다. 그다음 과정은 자연 임신 과정과 동일하다.

1978년 영국에서 첫 번째 '시험관 아기'가 태어난 이후 인공수정 기술은 급격하게 발전했다. 인공수정 시술 과정은 안전하며 지난 30년 동안 엄마나 아기에게 악영향이 나타났다고 보고된 적이 없다. 현재 인공수정 성공률은 몇몇 전문병원의 경우 50퍼센트에 달하며, 그 병원 냉동고는 불필요한 전 배아로 가득 차 있다. 내 손자 중 두 명도 인공수정으로 태어났다.

하지만 가톨릭교회는 가족의 조화와 안정성을 위협한다는 이유로 인공수정을 악한 행위라고 비난하고 있다. 2004년 교황 요한 바오로 2세는 인공수정이 인간 배아를 "신의 선물이 아닌 기술의 산물로 취급"하게 한다며 우려를 표명했다. 교회 측에서는 인공수정법이 "인간의 기원과 운명을 기술이 지배하도록 내버려두는 행위"(Shea 2006)로 생각되므로 도덕적으로 용인될 수 없는 행위라고 결론짓고, 인간을 이루는 세포는 단 하나라도 창조하는 것을 금지해야 한다고 주장하고 있다. 이는 수정란을 하나의 생명체로 받아들이는 데서 발생한 문제다. 인간은 단일 세포로 된 생명체가 아니다. 불임인 가톨릭 신도 커플은 성 안토니오에게 기도하고 하느님이 주신 방법으로 임신하도록 희망하라는 조언을 들어왔다. 이슬람교에서는 합법적으로 결혼한 부부의 정자와 난자를 사용하는 경우에만 인공수정을 허용하고 있다. 남편 정자의 개체수가 수정을 시키기에는 너무 적다 해도 기증된 정자를 사용하는 것은 허용되지 않고, 마찬가지로 아내의 난자에 결함이 있어도 기증된 난자를 사용할 수 없다. 대리모로 지정한 여성의 자궁에 수정란을 착상시켜 키우는 일도 허락되지 않는다. 이슬람의 피크흐Fiqh[이슬람의 법전] 위원회는 인공수정이 혈통과 상속권을 교란시킬 것이라고 판결했다. 하지만 때때로 아이를 갖고자 하는 욕망이 재정적인 염려보다 강할 때가 있다.

배아줄기세포

현재 인공수정 클리닉에 저장되어 있는 수십만 개의 전 배아는 결국에는 폐기될 것이다. 그중에는 기본적인 발생상의 문제를 더 잘 이해하면 의학 연구나 치료 요법에 필요한 줄기세포 공급원으로 사용될 만한 것들이 있다.

  실험실에서 무한정 자랄 수 있는 배아줄기세포주는 어떻게 만들어지는 걸까? 흔히 인간 배아줄기세포를 생산하기 위한 기술을 시험하는 데 맨 처음 이용된 실험동물은 포유류 수정과 배발생을 실험할 때 주로 사용하는 생쥐였다. 수정 후 며칠이 지나면 내세포괴라고 불리는 일단의 세포가 할강 내에 형성된다. 내세포괴는 배아를 만들며 그 외의 주변 세포는 태반과 같은 지지 조직을 형성한다. 세포가 배반포의 외벽으로부터 분리될 경우, 이 세포는 계속 성장하기는 하지만 오로지 태반 같은 배외胚外 조직을 형성하는 세포만 만들어낸다. 하지만 내세포괴에서 유래한 세포들은 다양한 유형의 세포로 분화될 수 있다. 이 세포들을 성장인자와 호르몬을 첨가한 영양배지인 피부세포의 특수 영양 세포층에서 배양하면 대단히 빠르게 성장한다.

  배아세포의 수가 너무 많지 않고 영양분 공급만 잘되면 이 세포들은 조금도 분화되지 않은 똑같은 세포들을 만들어낸다. 이 세포들은 수백 번의 세포분열을 통해 수를 불릴 수 있으며 어떤 종류의 실험에든 사용 가능한 세포를 충분히 만들어낸다. 게다가 이 세포들을 하나씩 떼어 따로 배양하면 모든 세포가 단 하나의 세포에서 유래한 세포주를 만들어낼 수 있다. 세포가 너무 많아져 페트리접시가 붐빌 정도가 되거나 배지의 양분이 줄어드는 등의 생존 조건이 나빠지면 광범위한 유형의 세포로 분화하기 시작한다. 생쥐의 배아줄기세포를 생쥐에게 주입하면 이 세포들은 기형종畸形腫[다른 형태로 분화 가능한 생식세포에 의해서 발생하는 종양]을 만드는데, 이 기형종은 내장,

뼈, 연골, 민무늬근과 가로무늬근, 신경상피, 신경절, 중층상피의 특징이 나타나는 세포들로 이루어져 있다. 이 세포들은 배아를 이루는 주요 세포층인 내배엽과 중배엽, 외배엽의 특징을 모두 나타낸다. 배아와 합쳐졌을 때 모든 유형의 세포로 분화될 수 있으면서 제한 없이 증식 가능한 세포주를 배아줄기세포로 간주한다.

4세포기의 성게 배아가 성체 성게를 이루는 모든 유형의 세포를 만들어낼 수 있듯이, 인간의 전 배아 세포 중 몇 가지는 실험실에서 몇 주 동안 배양해낸 것이라도 거의 모든 유형의 세포로 분화해나갈 수 있다. 만약 연구자들이 줄기세포가 발생 경로를 어떻게 이끄는지에 관한 연구로 얻은 지식을 의학에 활용하려 한다면 반드시 인간 세포를 이용해야만 할 것이다. 하지만 줄기세포 연구를 위해서는 어쩔 수 없이 전 배아를 파괴해야만 하며 쓸모없어진 줄기세포는 버리기까지 하는데 사회 전반이 그런 상황을 불편해한다(Gilbert, Tyler, Zackin 2005). 연방기금에 의해 운영되는 기관인 미 국립보건원 National Institute of Health은 일반적으로 ES 작업이라 불리는 미국 내 배아줄기세포 연구 프로젝트 중 2001년 8월 9일 이전에 만들어진 줄기세포주에 대한 프로젝트까지만 지원하도록 주 정부의 활동을 제한했다. 현재 국립보건원 지원 기금으로 운영 중인 연구에 사용되는 배아줄기세포주는 6개 정도가 있는데, 그중 여러 개에서 확실한 결함 징후가 나타나고 있다. 새로운 줄기세포주 기술을 이용하면 대부분의 문제를 피할 수 있지만 미국 내에서 이 작업은 사재私財 출연으로만 진행 가능하다. 미국을 비롯한 몇몇 선진국은 인간의 생명을 파괴할 잠재성이 있는 이 연구를 지원하지 않는 것처럼 보이길 바라

며, 배아줄기세포를 생산하기 위해 인간의 난자를 억지로 수정시키
는 상황이 발생할 것을 우려하고 있다.

생쥐의 경우 하나의 배아에서 얻은 배아줄기세포로 집단 번식이
가능하다. 어떤 배아의 내세포괴에 있는 줄기세포들을 다른 배아의
할강에 주입하면, 이 줄기세포들 중 다수가 내세포괴에 결합한다.
이렇게 해서 합쳐진 세포들은 발생을 계속해서 정자와 난자를 포함
한 모든 기관을 만들어낸다. 줄기세포를 제공한 생쥐의 품종과 배아
를 제공한 생쥐의 품종이 다를 경우, 양쪽 품종의 특성을 모두 지닌
생쥐가 생길 것이다. 이런 생쥐를 '키메라chimera'[하나의 식물체 속에
유전자형이 다른 조직이 서로 접촉하여 존재하는 현상. 동물에서는 이와 같
은 현상을 보통 모자이크라고 함] 생쥐라고 하는데, 이 키메라 생쥐의
세포 중 어떤 것은 주입된 줄기세포에서 유래하고 또 어떤 것은 배
아를 제공한 생쥐의 배반포기 세포에서 유래한다. 이 생쥐의 수컷이
만든 정자에는 줄기세포에서 비롯된 유전자가 담겨 있는 것이 있고,
숙주의 유전적 성질을 담고 있는 정자도 있을 것이다. 이런 키메라
생쥐들끼리 교배시키거나 부모와 같은 품종의 생쥐와 역교배시킬
경우, 오직 배아줄기세포주에서 유래한 생쥐만 만들어낼 수 있다.
이런 방식으로 태어난 품종의 생쥐가 대체로 건강하고 번식을 잘하
는 것을 볼 때, 배아줄기세포주가 성체에서 발견되는 모든 유형의
세포를 만드는 게 가능하다는 것을 알 수 있다. 실험실에 있는 배아
줄기세포주는 미분화된 세포로 자라지만 배아와 결합하면 모든 중
요한 기관이 될 세포를 만들어낼 수 있다. 수많은 생쥐의 품종이 이
런 방식으로 생성됐으며 그렇게 해서 특정 유전자의 역할을 더 잘

키메라 쥐의 경우 흑색에 흰색이 섞이거나 흰색에 흑색이 섞인 형태를 보인다. 양쪽 눈의 색깔이 다른 경우도 있다.

이해하게 되었다.

인간의 배아줄기세포주를 가지고 하는 작업도 이와 똑같지만 연구자들은 배아줄기세포를 다른 인간 배아의 할강에 주입하지는 못했다. 그렇게 할 경우 키메라 인간을 만들어낸다는 심각한 윤리적 문제가 제기될 것이기 때문이다(Thomson 외 1998). 하지만 인간 배아줄기세포를 면역이 결핍된 생쥐에게 주입한 결과, 이 세포들이 내배엽, 중배엽, 외배엽 조직을 만들어낼 수 있다는 것이 드러났다. 이 실험에서는 공여자들이 충분히 설명을 듣고 난 후 기증한 정자와 난자를 인공수정시켜 만들어낸 난할 단계의 전 배아를 배양하여 내세포괴의 세포를 모아 면역결핍 생쥐의 피부세포층에 이식시킨다. 약 일주일 뒤 배양된 세포는 피부 조직에 결합되고 퍼져나가며, 결합하지 않은 세포는 새로운 피부세포층으로 옮길 수 있다. 1998년에 발표된 연구에서 제임스 톰슨James Thomson과 동료들은 이런 방식으로 만들어진 세포주에는 텔로메라제telomerase라는 효소가 고농도로 들어 있음을 증명했다. 이 연구 결과는 실험실에서 계속 배양을 할 수 있는 배아줄기세포주의 영속적인 특성을 보여준다. 또 이 연구진은 배아줄기세포주의 표면에서 일반적으로는 내세포괴에서만 관찰되는 단백질과 당 종류를 발견했다. 배양하는 세포의 수가 많아져 쌓일 정도가 되자 특화된 세포 유형으로 저절로 분화되기 시작했다.

기관으로 분화되는 능력은 세포주를 생쥐에게 직접 주입했을 때만 증명이 가능하므로 이들은 기형종을 만들어냈다. 이런 무질서한 세포 덩어리는 줄기세포가 남성의 정소나 여성의 난소에 종양을 만들어낼 때 생기는데, 그렇게 생긴 종양은 양성일 수도 있고 악성일 수도 있다. 어떤 기형종은 분화가 아주 많이 일어나 치아, 머리카락, 지방, 신경조직이 되기도 한다. 인간 배아줄기세포를 생쥐에 투여해 만들어진 기형종도 똑같은 방식으로 발달하며 다양한 종류의 조직을 생성시킨다. 인간의 유전자 일습을 가지고 있다는 점을 제외하고는 이것들도 생쥐의 배아줄기세포주와 다를 바가 없다.

　인공수정된 전 배아에서 얻은 배아줄기세포 확립 기술은 이제는 상당히 숙련되어 성공률이 아주 높다. 하지만 세포주를 만들고 유지하는 데는 특별한 기술이 요구된다. 그렇지만 연방기금 지원 없이 이런 프로젝트를 이끌어갈 만한 연구소는 거의 없다. 2001년 8월 이후 발효된 인간 배아줄기세포주를 이용하는 모든 프로젝트에 대한 지원 금지 조치로 미국 내 배아줄기세포 연구가 제한되었고, 그 결과 줄기세포가 특정한 세포로 발생하는 과정을 이끄는 메커니즘과 줄기세포로 기능성 조직을 만드는 메커니즘을 이해하는 과정이 더뎌지게 되었다. 이 금지 조치는 낙태 반대론자들에 대응하기 위해 취해졌는데, 그들은 연방정부가 배아의 파괴를 초래하는 행위를 조금도 묵과하거나 조장하기 않기를 바란다. 내세포괴를 제거하면 전 배아는 배아를 만들어낼 수 없다. 하지만 그 전 배아는 어떤 식으로든 결국에는 폐기되었을 것이다.

　최근의 연구 추이를 살펴보면 8세포기에서 세포를 하나 떼어내도 나머지 7개 세포가 계속해서 발생을 한다는 것이 밝혀졌다. 그 하나의 세포를 페트리접시에서 키울 수 있고 배아줄기세포를 만들어낼 수도 있다. 그리고 나머지 7개 세포로 된 전 배아는 완전한 성체로 성장할 것을 바라며 자궁벽에 착상시킬 수 있다. 7개 세포로 된 전

배아의 성공률도 8개 세포 전 배아의 성공률과 크게 차이 나지 않는
다. 수년 전부터 인공수정 클리닉은 환자들에게 수정시킨 난자의 유
전자에 결함이 있다고 여겨질 경우 착상 전 유전자 진단을 해보도록
제안하고 있다. 이 검사를 살펴보면 인공수정 후 8세포기의 세포 하
나를 추출해 150가지 일반적인 유전적 결함에 대한 DNA 검사를 한
다. 검사에서 유전적 결함이 발견되지 않으면 이 배아를 착상시킨
다. 착상 전 유전자 진단을 하고 난 후의 출산 성공률은 이 검사의
안전성을 검증하는 척도가 된다. 배아줄기세포를 만들어내는 단일
세포 기법도 이와 다르지 않지만 이 경우는 매번 성공하는 것이 아
니다. 어떤 연구에서는 원래 폐기처분하려던 난자를 인공수정시킨
후 분열시켜 얻은 총 16개의 인간 전 배아 가운데 단 두 개만 줄기세
포주로 확립되었다. 전 배아를 사용해 배아줄기세포주를 확립하는
기술로 배아를 폐기하는 것과 관련된 수많은 윤리적인 문제는 일소
되지만, 추출된 세포 자체가 생명의 잠재성을 지니고 있지 않은가
하는 의문을 제기하는 윤리학자도 있다. 또한 인공수정 자체를 반대
하는 이들도 있다. 따라서 기술만으로 이 논쟁을 잠재우기는 어려울
것 같다.

  아마 언젠가는 인공수정으로 태어난 모든 아이들은 특정 조직이
없어지거나 병에 걸리는 경우를 대비해 그 조직과 유전적으로 동일
한 세포를 얻을 수 있도록 자신의 배아줄기세포를 보관해두게 될 날
이 올지도 모른다. 파킨슨병, 소아 당뇨를 포함해 여러 질병들은 특
정 세포 한두 개가 죽거나 제 기능을 하지 못해 발병한다. 그런 세포
를 환자 자신의 배아줄기세포주에서 나온 건강한 세포로 바꾸면 평

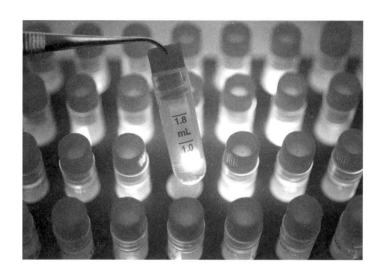

줄기세포은행에 보관된 배아줄기세포.

생의 치료책이 될 수 있을 것이다. 하지만 그런 치료법은 배아줄기
세포를 정확히 우리가 바라는 유형의 세포가 되도록 유도하는 기본
적인 발생 메커니즘을 더욱 깊이 이해한 다음에나 가능할 것이다.
발생을 제대로 유도하지 못해 종양이 생기는 상황을 만들어서는 안
된다. 수많은 생물학자들이 이런 문제에 관심을 갖고 있지만 재원과
지원이 한정되어 있는 까닭에 연구하는 데 한계가 있다.

　어둠 속에서 빛을 내는 형질 전환 생쥐는 배아줄기세포를 이용해
만들어냈다. 이 생쥐를 두고 파티에서 재미 삼아 하는 눈속임 마술
같은 것이 아닌가 하고 생각할지도 모른다. 하지만 이 생쥐를 만든
기술력 덕분에 거의 모든 동물에서 특정한 종류의 세포가 어떻게 변
하는지를 추적할 수 있게 되었다. 이 형광물질은 어떤 해파리의 단
백질에서 얻은 것으로 자외선을 받으면 초록색으로 빛난다. 이 단백
질이 암호화된 유전자를 GFP라고 부르는데, 단 하나의 조직에서만
발현되는 정상 생쥐 유전자의 조절 부위가 GFP 유전자를 조절하도
록 실험실에서 조작할 수 있다. 이렇게 설계된 DNA와 결합된 배아
줄기세포가 분화되지 않은 상태에서 자라다가 배아의 할강으로 들
어갈 수 있다. 변형된 세포 중 일부는 내세포괴로 들어갈 것이고 배
아 형성에 참여할 것이다. 만약 GFP 유전자가 중뇌에서만 발현되는
유전자의 조절 부위에 의해 조절되면 중뇌에서만 형광성을 나타낸
다(Zhao 외 2004). 이런 형질 전환 생쥐는 신경전달물질인 도파민의
생산을 관장하는 중뇌의 한 부분인 흑질[중뇌 회색세포의 반달 모양의
층]세포가 손상돼서 생기는 질병인 파킨슨병의 원인과 치료 방법을
제대로 이해하는 데 중요한 단서를 제공한다.

DNA가 조작된 배아줄기세포를 실험실에서 분화되지 않은 상태로 자라게 하면 GFP 유전자가 발현하지 않아 빛이 나지 않지만, 분화를 시작하면 일부 세포가 초록색 빛을 발한다. 이 세포주가 점점 더 변형되어 중뇌에 있는 SoxB라는 유전자의 발현을 자극하는 특정 전사 인자의 농도가 높아지면, 초록색으로 빛나는 분화된 세포들도 급격하게 증가한다. 이런 방식으로 배아의 어떤 위치에서 어떤 세포로 분화가 일어나는지를 결정할 수 있다면 인간 치료 요법에 아주 중요한 가치를 띠게 될 것이다. 하지만 생쥐에게 맞는다고 해서 반드시 인간에게도 맞을 것이라고 가정할 수는 없다. 인간 배아줄기세포로도 이런 실험을 다시 해봐야 할 것이다. 특정 유형의 세포를 지시하는 분자표지molecular marker는 배아줄기세포를 하나의 특정 세포에 맞춰 유도하는 방법을 이해할 수 있도록 우리를 안내할 것이다.

치료 목적의 복제

조직 복구와 이식 의학에 사용될 배아줄기세포를 만드는 또 다른 접근 방법으로 알려져 있는 것이 치료 목적의 복제다. 이 방법에서는 난자에 있는 핵을 빼내고 다른 개체의 성체 조직 세포에서 추출한 핵으로 대체한다. 이렇게 만들어진 난자는 분열이 유도되어 배반포를 형성한다. 그러면 내세포괴에서 배아줄기세포를 다시 얻게 되고 이를 실험실에서 키울 수 있다. 이 기술은 논란이 많은 '복제'라는 단어를 피해 체세포 핵치환 기술Somatic Cell Nuclear Transfer, SCNT이라고도 부르는데 둘 중 어떻게 부르든 상관없다. 난자의 핵과 치환될 핵은 체세포에서 얻는다. 그리고 전 배아 단계의 각각의 세포에는 이식된 핵과 완전히 똑같은 핵이 들어 있다. 다시 말해서 성체 조직을 공여한 사람의 복제 핵인 것이다. 체세포의 핵이 난자의 환경으로 들어가면 그 핵은 재프로그램돼 성체 조직에 발현되었던 유전자는 억제되고 배아 유전자가 활성화되는 것으로 추측된다. 핵이 완전히 재활성화되기 시작해 새로운 개체를 만들기 전에 다른 과정도 이에 맞춰 역전되어야 한다. 전 배아가 발생을 계속하여 배반포 단계가 되면 배아줄기세포를 만들기 위해 내세포괴가 제거된다. 치료 목적 복제로는 새로운 개체를 생성시킬 수 없다. 복제는 오로지 배아줄기세포주만 만들 뿐이다.

일반적인 의학의 발전 형태와 마찬가지로, 치료 목적의 복제를 하기 전에도 모형 동물을 통한 연구가 있었다. 50여 년 전 로버트 브릭스Robert Briggs와 토머스 킹Thomas King(1952)은 개구리의 난자에서 핵을 빼내 약 100세포기의 배아의 핵으로 치환할 수 있다는 사실을 발견했다. 핵이 치환된 세포는 분열했다. 이렇게 핵을 치환한 난자의 반 이상은 올챙이로 발생했다. 하지만 발생의 후기 단계에서 추출한 핵을 사용했을 때는 난관에 부딪혔다. 이 경우에는 올챙이로 발생한 것이 하나도 없었다. 배발생이 진행되는 동안 어떤 일이 일어났고 그 때문에 올챙이의 작은 부분을 만들도록 예정된 세포의 핵이 배발생의 어떤 시기든지 감독할 수 있는 상태로 돌아가지 못하게 했던 걸까? 약 10년 후 아프리카발톱개구리South African clawed frog의 알을 이용해 연구를 하던 존 거던John Gurdon의 경우는 운이 좋아 배아 후

아프리카발톱개구리는 과학자들이 실험용으로 가장 많이 사용하는 동물 중의 하나이다. 주로 배의 발생에 관한 실험에 이용한다.

기 단계의 배아 세포의 핵을 이식한 개구리 알로 지속적으로 올챙이를 얻을 수 있었다(Gilbert 2006). 또한 거던은 완전히 분화된 창자 세포의 핵을 사용해 핵이 없는 난자를 올챙이로 발생시킬 수 있었다. 그러나 대부분의 올챙이는 생식이 가능한 성체 개구리로 변태를 하지 못한 채 죽었다. 성체 개구리를 이루는 세포 하나하나마다 올챙이를 구성하는 수백 가지의 세포를 만드는 데 필요한 유전자가 모두 들어 있지만, 이 유전자들이 원래 작동해야 할 방식대로 움직이지 않아 올챙이가 죽은 것으로 보인다. 왜 그런지 그 이유는 아직도 파악되지 않고 있다.

이런 초기 실험의 성공은 생쥐의 난자를 이용한 핵치환 기술의 발전을 이끌었다. 그 기술로 배반포까지 발생을 진행시켜 배아줄기세포를 복원시킬 수 있었다(Wakayama 외 2001; Kishigami 외 2006). 이렇게 얻은 배아줄기세포는 더 많은 세포를 얻기 위해 실험실에서 배양되었다. 그중 몇몇은 전 배아의 할강에 이식되어 내세포괴와 결합해 모든 조직과 기관 형성에 참여했다. 이런 배아줄기세포들은 실험실에서 신경세포로 분화되기도 했고, 키메라 생쥐와 결합되었을 때는 정자로 분화되기도 했다. 2003년까지는 핵치환에 이어 배아줄기세포를 만드는 데는 거의 장벽이 없는 듯했다. 하지만 모험적인 시도에도 불구하고 핵치환을 해 인간 배아줄기세포를 만들어낸 사례는 아직까지 없다.

2004년과 2005년에 관련 논문이 앞 다투어 나오던 중 황우석 박사가 이끄는 한국인 수의학 연구팀이 염색체가 제거된 사람의 난자에 핵을 투입해 환자 맞춤형 배아줄기세포주를 만들어내는 데 성공했다고 발표했다. 하지만 6개월 만에 연구 결과는 조작되었음이 드러났고, 119명의 여성에게서 얻은 최소 2221개의 난자를 사용했지만 핵 이식으로 배아줄기세포를 만들어냈다는 것을 입증할 만한 증거는 없는 것으로 밝혀졌다. 황우석 박사의 연구팀은 배아줄기세포를 만들어내는 데 이용하는 핵치환 기술이 탁월했고 최초의 복제 개인 스너피를 탄생시키기도 했다. 아프간하운드 종의 개 스너피는 진짜 복제 개가 맞는 것으로 밝혀졌지만, 인간 배아줄기세포는 인간의 정자와 난자를 인공수정시켜 만들어낸 배반포에서 생성된 것으로 드러났다. 환자 맞춤형이 아니었던 것이다. 조사가 계속 진행되자 황 박사 연구팀에 난자를 제공한 여성들 가운데 강요에 의해 또는 돈을 받고 난자를 판 사례가 드러났는데, 이는 상당히 비윤리적인 행위로 간주되었다. 연구팀을 위해 난자 생산 공장 역할을 하기를 원하는 사람은 아무도 없다. 또한 연구기금을 남용한 일도 드러났는데 이는 근래 밝혀진 과학사기 행위 가운데 규모가 가장 큰 것 중 하나였다. 황 박사가 최초이자 최고의 환자 맞춤형 배아줄기세포를 만들어내려는 노력을 하면서 왜 그런 사기 행각을 벌였는지는 모르지만 한국의 사법당국은 그 혼란을 정리하려 노력하고 있다.

　특정 질병을 앓고 있는 환자에게서 비롯된 배아줄기세포주를 연구하면 그 질병 연구에 획기적인 발전을 가져올 수 있고 환자의 유전적 결함을 치료하는 방법을 알아낼 수도 있을 것이다. 그러면 조기 발병 당뇨, 레쉬-니한 증후군Lesch-Nyhan's disease[푸린의 유전적인 대사 이상으로 정신지체, 손가락이나 입술을 깨무는 자해 행위, 신장 기능 장애, 비정상적인 신체 성장 등이 특징], 파킨슨병, 낭포성 섬유증[염소 수

송을 담당하는 유전자에 이상이 생겨 신체의 여러 기관에 문제를 일으키는 선천성 질병], 알츠하이머병, 루게릭병amyotropic lateral sclerosis[근筋 위축성 측삭側索 경화증], 암, 그리고 그 밖의 다른 질병을 앓는 환자의 세포를 회복시킬 수 있다. 핵을 제거한 난자와 체세포의 핵을 융합시킨 다음 그 결과 생성된 배반포로 만들어진 내세포괴를 배양하면 이런 질병을 촉발하는 유전적 결함이 있는 배아줄기세포를 만들어낼 수 있다. 이런 세포가 시험관 내에서 어떻게 변화하는지를 연구하면 그 질병의 생물학적·유전학적 특징의 기본 사항들을 밝힐 수 있을 것이다. 페트리접시에서 자라는 배아줄기세포를 관리해 췌장, 신경, 근육, 폐의 상피세포로 분화시키는 기술은 이미 개발되었고 이를 이용해 치료 요법을 고안해낼 수 있다. 이런 세포들은 당뇨병, 정신지체, 도파민 생성, 신경근육 손상, 정신적 퇴행, 암 등이 약물 검사와 유전자 요법에 어떻게 반응하는지를 정확히 보여줄 중요한 실험 재료를 제공할 수 있다. 이런 질병 가운데 일부는 몇 가지 서로 다른 유전자의 돌연변이로 인해 발생하므로 다양한 기증자가 공여한 배아줄기세포주 은행을 설립하는 것이 중요하다.

　HIV(Human Immunodeficiency Virus)[인간 면역결핍 바이러스]로 면역 체계가 손상된 에이즈AIDS 환자를 치료하는 데 이 기술이 사용될 날이 올 것이다. 핵을 제거한 난자와 AIDS 환자의 체세포 핵을 융합시켜 배반포가 만들어지면 거기에서 그 AIDS 환자의 배아줄기세포를 얻을 수 있다. 그 배아줄기세포가 자라 수많은 세포가 생기면 그중 바이러스가 세포에 달라붙을 때 사용하는 수용체를 생성시키지 않는 진기한 세포가 나올 수 있다. 분자생물학과 직접 선택을 이용하면 다양한 방법으로 이 작업을 할 수 있다. 그러면 HIV에 저항력이 있는 세포를 골라 면역세포로 분화시켜 다시 환자에게 주입할 수 있을 것이다. 이 작업은 아직까지는 시도되지 않았지만 몇 가지 좋은 접근 방식이 나올 전망이 크다. 에이즈는 실로 무서운 질병이므로 이를 막는 데 효과가 있을 만한 방법은 뭐든지 다 시도해볼 가치가 있다. 엄청난 수의 에이즈 환자를 고려할 때 HIV에 감염된 환자 모두에게 맞는 배아줄기세포주를 만든다는 것은 불가능하겠지만 소수의 경우는 가능할 것이다.

　환자 맞춤 배아줄기세포주를 만드는 기술을 확립하는 데 본질적으로 잘못된 점이 있는 것일까? 한국인 연구팀이 이를 시도했다가 실패하기는 했지만 생명이 희생되지는 않았다. 난자 제공자들은 자신이 제공하는 난자가 치료 목적 복제 연구에 사용될 것이며 생식 복제에는 사용되지 않을 것이라는 점을 충분히 고지받았다. 핵을 제거한 난자와 체세포의 핵을 결합시켰고 거기서 나온 세포에 정자를 주입하지 않고 칼슘 농도를 조절해서 분열시켰다. 이 경우 난자를 제공한 여성들이 어느 정도 불편함은 느꼈을 수 있지만 해를 입지는 않았다. 그들의 난자가 유용한 결과를 낳지는 못했지만 자연적으로 수태되는 상황이었다 해도 수정이 되지는 않았을 것이다. 인간의 세포 하나를 하나의 생명체로 간주할 수는 없다.

　많은 낙태 합법화 반대자들은 수태되는 순간, 즉 정자와 난자가 결합하는 순간 하나의 생명이 존재하게 되는 것이라고 믿는다. 이들 중 몇몇은 치료 목적 복제가 이루어지는 동안 하나의 생명이 만들어지는 수태 방식과 체세포 핵치환 기술이 비슷하다고 생각한다. 하지

만 유전학적으로 볼 때 생명은 이미 그 체세포를 제공한 사람 안에
존재한다. 그런데도 낙태 합법화 반대자들은 배아 폐기를 살인으로
간주한다. 그들은 배아는 발생 단계에 상관없이 잠재적인 인간이라
고 주장한다. 하지만 체세포 핵치환 기술을 이용해 수정시켜 배반포
까지 발생시켜도 그 이상으로는 성장하지 않을 수도 있다. 이는 여
성의 자궁에 이식해도 마찬가지다. 배반포는 내세포괴가 있고 수백
개의 세포가 뭉쳐 있는 공 모양의 세포 덩어리일 뿐이다. 인간이 될
잠재성은 있지만 그것은 말 그대로 잠재성일 뿐이다. 실험실에서 배
반포는 다른 세포주나 조직과 똑같이 취급받는다. 연구원들은 일반
적으로 꼼꼼하게 이 실험 대상들을 관리한다. 내세포괴를 파괴해 배
아줄기세포를 얻는 것은 생명을 파괴하는 것이 아니라 환자의 생명
을 구하는 것이다.

아마도 10년 안에 치료 목적 복제를 이용해 수많은 생명을 구하
고 많은 사람의 삶의 질이 개선될 수 있을 것이다. 당뇨병, 파킨슨병
또는 낭포성 섬유증 환자들에게 배아줄기세포주를 사용할 수 있다
면 인슐린, 도파민 또는 낭포성 섬유증 환자들에게 결핍된 염소 막
수송 단백질 조절자인 CFTR(Cystic Fibrosis Transmembrane conduc-
tor Regulator)를 만들어낼 수 있는 건강한 세포를 그들이 받게 될 것
이다. 이상적으로 말하자면 환자의 췌장섬, 뇌 또는 폐에 이런 배아
줄기세포가 다시 생기는 것이다. 간 질환을 앓고 있는 환자는 실험
실에서 분화되어 간 세포가 되도록 처리된 자신의 체세포에서 비롯
된 배아줄기세포의 혜택을 입게 될 것이다. 이 밖에도 유전자 맞춤
세포를 이용해 병을 치료할 수 있는 사례는 얼마든지 있다.

크리스토퍼 & 데이나 리브 재단Christopher and Dana Reeve Foundation은 영화 「슈퍼맨」에서 주연인 슈퍼맨을 연기한 배우 크리스토퍼 리브가 승마 도중 낙마해 전신마비가 된 이후 척수 부상 치료법을 찾는데 전력을 다해왔다. 이 재단은 척수 부상, 당뇨병, 암, 파킨슨병과 같은 질병이나 장애를 고치기 위해 배아줄기세포를 이용한 대체 치료법이나 이식 치료 연구를 적극적으로 지원·옹호하고 있다. 그들은 배아줄기세포 연구로 세포 분화와 발생을 더욱 깊이 이해할 수 있으며 신체의 자가 치유를 돕는 방법을 알아낼 수 있을 것이라고 주장한다. 또 미 연방 정부가 현재 자국 내에 저장되어 있는 40만여 개의 잉여 전 배아에서 새롭게 배아줄기세포주를 만들어내는 작업에 기금을 지원해야 한다고 주장한다. 그렇지 않으면 그 많은 전 배아는 결국 모두 값어치를 잃고 폐기될 것이다. 크리스토퍼 & 데이나 리브 재단은 배아줄기세포는 신체 어느 부분의 세포로든 분화할 잠재성을 지녔다면서 이 잠재성을 실현시키기 위한 연구를 지원하고 기금을 출연한다. 크리스토퍼 리브 자신도 배아줄기세포를 이용한 치료로 손상된 척수를 재생시키기를 원했다. 하지만 안타깝게도 그는 2004년 세상을 떠났다.

발생생물학자가 체세포 핵치환 기술로 만든 배아줄기세포로 기관 전체를 만들어내는 방법을 배운다면 병에 걸렸거나 파괴된 기관을 대체하고 새로운 기관을 이식할 수 있을 것이다. 먼저 혈관 형성 과정과 신경 감응을 촉진하는 것은 물론 간, 신장, 심장 세포 유형의 조합을 이해해야 한다. 그렇게 해야 환자에게 기관을 이식할 때 혈액이 공급되고 신경 신호에 반응할 수 있다. 이는 어려운 일이지만

많은 기관이 조건만 맞으면 최소한 부분적으로나마 자가 조절을 하
므로 언젠가는 제대로 기능하는 기관을 만드는 게 가능할 것이다.
이 일이 당장 일어나지는 않겠지만 세포가 환자의 것이므로 이식에
대한 거부반응이 없을 것이라는 이점을 생각해야 한다. 그리고 필요
할 때에 새로운 기관을 배양할 수 있으므로 적당한 공여자가 사망하
기를 기다리지 않아도 될 것이다.

체세포 줄기세포

생명이 지속되는 동안 특별히 분화된 줄기세포집단에서 만들어
지는 새로운 세포를 여러 조직에 계속해서 공급해줘야 한다. 피부세
포는 케라틴으로 가득 차 있으며 절대 분열하지 않는다. 피부세포는
신체 표면에서 제 역할을 하기 시작할 때부터 이미 반쯤 죽은 상태
다. 2주에서 4주가 지나면 이 세포들은 죽어서 떨어져나가고 줄기세
포에서 만들어진 새로운 세포로 교체된다. 피부세포를 만들어내는
줄기세포는 계속해서 분열함으로써 자신과 같은 줄기세포와 상피세
포가 될 전구세포를 생성시킨다. 새로운 피부세포는 케라틴으로 채
워지기 시작하고 피부 표면으로 이동한다. 이렇게 해서 매달 새로운
피부를 얻는 것이다. 당신은 여전히 똑같은 사람이지만 새로운 세포
로 갈아입고 있다.
이와 마찬가지로 장腸의 내벽을 감싸고 있는 세포도 장으로 들어
가는 거의 모든 것을 소화시키는 독한 화학적 환경에 영향을 받는

다. 장의 내벽을 이루는 세포는 장 속으로 돌출되어 있어야 양분을 흡수할 수 있지만, 이렇게 돌출된 세포도 천천히 소화가 되므로 끊임없이 새로운 세포로 교체되어야 한다. 장 안쪽에 퍼져 있는 완전히 분화된 장의 상피세포는 분열하지 않지만, 12시간마다 분열하는 약간의 줄기세포가 장을 따라 흩어져 분포해 있다. 일반적으로 이 줄기세포의 절반은 계속 분열을 하고 나머지 절반은 점점 대롱 모양을 형성해 장의 안쪽으로 뻗어나와 장의 표면적을 넓힌다. 이렇게 세포가 분화되면 수명이 다하여 죽은 세포와 교체된다. 줄기세포는 어떤 개체가 살아가는 동안 내내 그 안에 존재하므로 수많은 상이한 조건에 맞출 수 있어야 하고 수천 번의 세포분열로 언제나 안정적인 숫자를 유지해야 한다. 의학적으로 특수한 상황에 놓여 있을 경우 마지막 분화를 할 예정인 세포의 비율을 조작해서 새로운 상피세포를 만드는 것이 유용할 것이다. 하지만 현재는 이런 줄기세포를 조절하는 신호가 무엇인지 모른다. 따라서 장이 손상되었을 경우 이를 치료할 다른 방법을 모색해야 한다. 장 줄기세포를 따로 분리해 실험실에서 키울 수 있다면 이를 환자에게 재이식해 장의 상피조직을 회복시킬 수 있을 것이다. 하지만 안타깝게도 장 줄기세포는 형태를 보고 확인하지 못하며 현재까지 알려진 그 어떤 신호로도 주변 상피세포와 구별할 만한 방법이 없다. 지금은 그저 신체가 스스로를 돌보게 두는 수밖에 없다.

　혈구세포도 모세혈관 속을 순환하며 장애물에 부딪히고 작은 구멍으로 들어가야 하는 등 어려운 삶을 산다. 적혈구의 수명은 대개 120일쯤 된다. 혈액 1리터에는 적혈구가 수십억 개 있으니 이를 다시 보충하려면 엄청난 양이 필요하다. 포유류의 경우 적혈구를 만드는 줄기세포와 혈액을 통해 순환되는 면역세포는 긴 뼈 속에 있는 골수에서 만들어진다. 이렇게 보호되는 곳에서 적혈구는 적혈구와 백혈구의 전구세포를 만들어내고 스스로를 새롭게 형성시킨다. 10년 이상 빈혈, 백혈병, 임파종, 그 외 면역 체계와 관련된 질병을 앓는 환자들이 방사선 치료 요법, 화학요법 등을 이용해 먼저 자신의 혈액 줄기세포를 파괴하고 골수이식을 받아 새로운 혈액 줄기세포를 만들어내는 방법을 이용했다. 먼저 가까운 친척부터 찾는 등 골수 기증자와 수혜자를 맞추기 위한 가능한 모든 방법이 동원되었다. 하지만 이식된 기증자의 면역세포가 수혜자의 피부와 간 세포를 공격하자 복잡한 문제가 발생하곤 했다. 신기하게도 이런 급성 이식편대 숙주병graft-versus-host disease, GVHD[주입된 공여자의 골수세포가 환자의 골수에 생착되어 분화·증식되면서 일부 면역세포가 원래의 자기 몸이 아니라는 것을 인식하여 환자(숙주)의 장기를 공격해서 생기는 현상]도 다른 사람의 줄기세포를 이용해 치료할 수 있다. 하지만 이런 타인의 줄기세포 역시 외부에서 침입한 물질로 인식될 가능성이 있어 이 치료법에서도 합병증 발생을 배제할 순 없다. 따라서 환자 자신에게서 분리해 실험실에서 배양한 세포를 사용하는 것이 훨씬 낫다. 하지만 아직까지는 장 줄기세포를 따로 분리하는 것이 불가능한 것처럼, 실험실에서 순수한 혈액 줄기세포주를 얻어내긴 힘든 상황이다.

지방은 심장과 유방 조직을 포함해 다양한 조직을 다시 퍼뜨릴 수 있는 줄기세포의 원천으로 유력하다. 매년 수십만 명의 미국인이 외모를 가꾸기 위해 지방흡입술을 받으므로 지방 조직을 얻어낼 원천

은 이미 만들어진 셈이다. 하지만 지방 조직에서 줄기세포를 추출해
낼 수 있을지의 여부를 입증할 만한 직접적인 증거는 매우 드물다.
복제된 세포주로 정확한 실험을 해야 하지만 아직까지는 실행하지
못하고 있다. 투입된 지방세포가 어떤 식으로든 주변 세포를 치료하
는 메커니즘을 촉발시킬 가능성은 있다.

　지방 줄기세포 치료법은 아직 임상실험을 하지 못했고 미국이나
유럽에서는 승인을 받지 못한 반면, 러시아의 경우 부자들은 미용을
위해 지방세포 주사를 맞고 있다. 지방세포를 얼굴에 주사하면 노화
로 서서히 손상된 근육조직과 지방이 대체돼 나이 들어 마르고 창백
한 모습을 피할 수 있다는 사례가 있다. 이 시술로 더 젊어지고 건강
해졌다고 믿는 사람도 있다. 그들은 계속해서 많은 돈을 들여 자신
의 엉덩이에 있는 지방세포를 얼굴에 이식하고 있다. 그런데 어떤
사업가 한 명은 지방주사를 맞은 자리에 작은 피부 종양이 생긴 것
을 발견하게 되었다. 하지만 그 사업가가 종양 제거술을 받고 다른
병원을 찾아가 역시 똑같은 지방주입 시술을 받은 것으로 추정되는
것을 보면 종양 때문에 지방주입 시술에 대한 신뢰를 잃어버린 것
같지는 않다. 이런 사례를 보면 성체 줄기세포를 정교한 방법으로
조작할 수 있다고 믿는 사람들이 있음이 확실하다. 하지만 지금까지
나온 모든 자료에 의하면 성체 줄기세포를 사용할 수 있는 경우는
아주 제한적이며, 잘못 다룰 경우 위험해질 수도 있다. 체세포 줄기
세포를 일반적인 의학 시술에 사용하기에 앞서 주어진 성체 줄기세
포를 정해진 세포집단으로 최종 분화될 수 있도록 한계를 정하는 처
리 과정은 물론 증식 대 분화를 조절하는 메커니즘에 대한 연구가

더 많이 이루어져야 한다.

한 개체의 생명을 절대 가볍게 여겨서는 안 된다. 하지만 세포 몇 개 혹은 성숙한 난자는 생명이 아니다. 세포는 계속해서 만들어지며 많은 세포가 자연적으로 죽는다. 배양되는 것들도 마찬가지다. 난자의 핵을 없애고 거기에 체세포의 핵을 주입해도 그것은 그저 세포일 뿐이다. 체세포의 핵이 일단 새롭게 프로그램되면 난자가 활성화될 수 있고 많은 경우 최소 배반포기까지는 발생을 한다. 내세포괴를 제거하면 배반포는 파괴되지만 배아줄기세포를 실험실에서 키울 수 있다. 이 줄기세포는 공여자와 동일한 유전자 일습을 가지고 있으므로 공여자를 치료하는 데 최적이다. 그리고 이 세포는 실험 재료의 공급원으로도 사용 가능하다. 각 배반포가 하나의 개체를 만들어낼 잠재성을 지니고 있지만, 최소한 이 단계에서 세포들은 자기 인식 능력이나 의식이 없으며 신경세포조차 형성되지 않았다. 인간의 배반포는 또 다른 인간을 만들어낼 수 있지만, 그것은 자궁에서 발생해 중추 신경계가 형성되고 태어날 때 스스로 호흡하는 능력을 발달시킨 다음에나 가능한 일이다.

불과 몇 년 전까지만 해도 체세포 핵을 이용해 포유류를 복제해내는 것은 불가능하다고 여긴 사람들이 많았다. 하지만 이식과 배양 기술이 개선되고 수백 개의 난자를 확보하게 된 덕에 수태 가능하고 건강한 복제 생쥐, 양, 소, 개, 고양이를 만들어냈다. 게다가 실험실에서 배아줄기세포를 배양하고 유전자 조작을 가해 다른 종의 유전 형질을 발현시켜 새로운 생쥐나 양을 만들어낼 핵을 추출할 원천으로 사용하기에 이르렀다. 인간의 배아줄기세포를 이용한 경우 이런

실험은 아직까지 성공을 거두지 못했지만 이 기술이 완성되면 아마
도 판도라의 상자가 열릴 것이다. 이런 문제에 대해서는 다음 장에
서 논의하겠다. 이는 여러 가지 도덕적 딜레마를 야기하고 있는데,
우리가 반드시 직면하게 될 문제다. 어떤 식으로 진행시킬 것인가를
이성적이고 합리적으로 결정하려면 우리가 누구이며 무엇이 되고
싶어하는가를 진지하게 고민해야 한다. 한 개인의 사고와 행동과 판
단의 유전적 조절에 관한 생물학적 토대에 대해서는 후속 장에서 논
하겠다.

누가, 어떻게 생명을 조작하는가

복제양 돌리 ⓒ 영국 로슬린 연구소

나는 대학원에서 유전자 발현 조절을 연구하면서 대장균을 유전공학적으로 조작하는 방법을 배웠다. 내가 초점을 맞춘 것은 우유에서 발견되는 당인 젖당lactose에서 대장균이 자라게 하는 유전사었다. 이 대장균은 주위 환경에 젖당이 있을 때는 젖당 대사를 하는 유전자만 발현시키고, 주위에 젖당이 없으면 그 유전자의 발현을 억제한다. 상식적으로 말이 되는 듯한 현상이지만 만약 배지에 젖당보다 더 나은 당이 함께 있다면 어떨까? 포도당glucose과 젖당이 둘 다 있는 경우 대장균은 포도당을 먼저 사용하고 젖당은 나중에 사용했다. 이 정도로까지 대사작용이 정교하게 이루어지는 것은 젖당 대사를 관장하는 유전자 전사에 필요한 조절 메커니즘이 아주 확실하기 때문이다. 대장균이 포도당을 대사할 때는 이 조절 메커니즘이 봉쇄된다. 두 가지 조절 메커니즘이 서로 독립적으로 작동하고 그 결과 대사작용의 효과가 더욱 극대화됨을 증명할 수 있었다. 우리는 유전자에 돌연변이를 만들어내 그것이 일반적인(자연 그대로 상태의) 세포에서 볼 수 있는 절묘한 조절활동을 관장하는 여러 다른 구성 요소에 어떤 식으로 영향을 미치는지를 증명하려 했다. 또 다른 균주에서 나온 돌연변이와 바꿔 우리 모형에 적용하는 실험을 통해 설득력 있는 논리를 제시할 수 있었다.

　이동시킬 수 있는 DNA 구성 요소 안에 유전자를 집어넣는 것이 가능하다고 생각하는 사람이 생기기 훨씬 오래전부터 나는 이런 실험을 했지만, 얼마든지 내가 원하는 대로 유전자 교차와 선택을 할 수 있었다. 그래서 이전에는 존재하지 않았던 유전자 일습을 지닌 균주 집단을 만들어낼 수 있었다. 현재 분자생물학에서는 이런 작업이 일상적이지만, 이를 통해 나는 어떤 것이 가능한지를 알아볼 수 있는 안목을 키웠다. 우리는 어떤 균주의 진화를 유도해 그것이 새로운 환경에 적응하도록 했다. 정말 흥미진진한 시간이었다. 그리고 박테리아를 이용해 이런 일을 할 수 있다면 언젠가는 인간에게도 똑같은 작업이 가능하지 않을까 하는 생각을 하게 되었다. 그러면서 우리가 스스로의 진화를 조절해 얻을 이점만 생각하고 그와 동시에 발생할 수 있는 불리한 점은 충분히 고려하지 않은 것 같아 걱정이 되었다.

　이런 문제를 내 조언자인 살바 루리아Salva Luria에게 묻자 살바는 즉시 "아니, 우리 살아생전에는 그런 일이 벌어지지 않을 걸세, 빌" 하고 대답했다. 살바는 저명한 분자생물 유전학자이자 아주 사려 깊은 이로 나는 그의 판단을 전적으로 신뢰했다. 당시 나는 살바와 논쟁하지 않았다. 하지만 시간이 지나고 포유류의 세포에는 물론 박테리아에 특정 유전자를 집어넣을 수 있을 만큼 유전공학이 발전하자 나는 살바에게 유전자 변형 인간을 만들 날이 가까워지고 있다는 점을 알렸다. 나는 일단 떠나면 돌아오지 못하는 여행을 시작하기 전에 여러 가능성에 대해 광범위하게 토론해야 한다고 주장했다. 반면 살바는 그것이 심각한 사회 문제가 될 것이라고 생각하지 않았다. 그는 핵무기 실험과 같은 문제 등에 비중을 크게 두고 있었으며 미국이 베트남전에 개입한 것을 공공연하게 비난했다. 살바는 유전자 공학의 적용 제한을 두고 벌인 토론에 참여했지만 진화를 유도할 수 있는 시대가 임박했다고는 생각하지 않았다.

유전자 치료 요법

특정 DNA 조각은 물론 온전한 유전자 하나를 통째로 박테리아에 붙일 수 있으며 그렇게 한 후 박테리아를 증식시키면 엄청난 양의 유전자를 얻을 수 있다는 사실이 밝혀졌다. 그에 따라 의사들은 결함이 있는 유전자를 건강한 유전자와 교체해서 질병을 고칠 가능성을 고려하기 시작했다. 분자의학molecular medicine은 환자를 치료하는 완전히 새로운 방법같이 보였다. 의사들은 진화 유도에 대해서는 전혀 고려하지 않았으며 오로지 치명적인 질병에 걸린 사람들을 도울 일만 생각했다. 그들은 아픈 사람들을 치료하려는 의욕만 앞섰고 그것이 나중에 환자의 후손에 미칠 영향은 미처 예상하지 못했다. 21세기에 들어서면서 인간의 게놈 서열 판독 작업에 진전이 있자 유전병을 야기하는 것으로 알려진 단일 유전자 결함이 더 많이 알려지면서 그런 병을 고치는 데 유전자 치료 요법을 써야 한다는 압력이 가중되었다.

수년 동안 의사들은 어떤 환자의 질병이 유전자 결함으로 인해 발생한다는 사실은 알고 있었지만 치료 방도를 찾지 못했다. 예를 들어 매년 아데노신 데아미나아제adenosine deaminase, ADA라는 효소를 만들어내는 기능성 유전자가 없이 태어나는 아기들이 있다. 이 아기들은 극심한 면역결핍으로 고통받으며 치명적인 감염으로부터 보호받기 위해 세상과 완전히 격리된 채 살아야 한다. 이 아기들은 플라스틱으로 만든 공간에 갇혀 사는데, 이들에게 건강한 복제 ADA 유전자가 제공된다면 플라스틱 공간에서 나와 더욱 즐겁고 보람찬 삶을 살 수 있을 것이다. 변형된 유전자를 세포에 주입해 환자에게 전달하는 기술을 활용하는 것이 그리 까다로워 보이지 않았지만 실상은 대단히 어려운 작업으로 드러났다.

인간의 ADA 유전자를 분리해내는 작업은 비교적 쉽다. ADA 유전자를 세포에 주입하면 제대로 활동하며 예상한 효소를 만들어낸다. 문제는 그 유전자를 어떻게 환자에게 주입해 적절한 세포의 염색체와 안정적으로 결합시켜 오랫동안 보호할 수 있느냐이다. 이에 생쥐를 실험동물로 활용해 다양한 접근법이 시도되었다. 그중 가장 유망한 기술은 바이러스를 이용해 수십억 개에 달하는 세포로 유전자를 배달해 바이러스와 함께 핵 안에서 결합하도록 유도하는 것이다. 물론 주입한 바이러스에 감염되는 사태는 피하고 싶을 것이다. 하지만 이 경우에 사용하는 바이러스 벡터virus vector[치료를 위해 필요한 기능성 유전자를 체세포에 전달하는 수단으로 바이러스를 사용하는 방법]는 무력화되기 때문에 몸 안에서 복제를 하지 않는다. 바이러스 벡터는 세포 안으로 들어가면 가만히 있거나 염색체와 결합하는데, 그때 바이러스 벡터가 가지고 들어간 유전자가 같이 복제된다. 주로 많이 활용되는 바이러스 벡터로는 감기를 일으키는 아데노바이러스 adenovirus, 아데노 연관 바이러스adeno-associated virus가 있고, RNA로 세포 안으로 들어가 DNA로 복사되어 그 자신이 염색체에 삽입되는 레트로바이러스도 인기 있다. 어떤 벡터를 고르느냐는 효율성, 안전도, 그리고 얼마나 안정적으로 결합하느냐에 달렸다. 아데노 연관 바이러스를 벡터로 사용할 경우의 약점은, 이 벡터는 분열하고 있는 세포에 결합하는 특징이 있는데 벡터가 삽입된 시간 동안 신체를 구성하는 대다수의 세포가 분열하지 않고 있다는 것이다.

　다른 방법은 치료 유전자의 DNA와 지방산을 섞어 작은 방울이 생길 때까지 흔들어주는 것이다. 이 작은 리포솜liposom 방울은 크기가 세포보다 수천 배 작으며 혈류에 바로 주입할 수 있다. 이 방울들은 혈류를 타고 순환하며 장애물을 넘어 뇌까지 도달하기도 한다. 이따금 이 리포솜 방울들은 대부분 지방산으로 이루어진 세포막의 표면에 융합되기도 한다. 이렇게 일단 세포 속으로 들어가면 수백만 개의 유전자 복사본 가운데 몇 개는 파괴되지 않고 핵으로 들어간다. 그러면 온전한 유전자 복사본 가운데 하나가 안정적으로 염색체와 결합해 없어진 효소를 만들어내기 시작한다.

　유전자 치료법의 문제 중 하나는 유전자가 염색체 안 어느 곳에서 결합할지를 파악할 방법이 없다는 데 있다. 만약에 주입된 유전자가 염색체 안에 이미 자리잡고 있던 다른 유전자 한복판에 자리를 틀면 그 유전자를 교란시켜 심각한 결과를 초래할 수도 있다. 하지만 인간 염색체 안의 DNA 중 아주 적은 수가 단백질 생성을 위한 암호를 지정하므로 이는 그다지 커다란 문제로 여겨지지 않았다. 나머지는 복제에 실패하고 남은, 없어도 되는 '쓰레기' DNA처럼 보인다. 염색체에서 없어도 되는 부분에서 결합하는 것은 전혀 문제가 되지 않으며, 도입된 유전자가 없어진 단백질을 공급할 수 있을 것이라고 여겨졌다. 하지만 결합은 원래 생각했던 것보다 훨씬 더 심각한 문제를 드러냈다. 그 이유는 몇 가지 바이러스 벡터가 세포 성장을 조절하는 유전자와의 결합을 선호했기 때문이다. 이 일이 발생하면 세포는 암으로 변할 가능성이 있고, 그렇게 되면 전혀 생각지도 않았던 새로운 방식으로 환자의 생명에 위협이 가해진다. 2003년 프랑스에서 극심한 면역결핍을 앓는 열 명의 어린이에게 레트로바이러스를 통해 ADA를 주입하는 실험적인 치료를 시도했다. 처음에는 모두 상태가 좋았고 면역반응을 회복하는 듯 보였다. 그런데 유전자를 삽입하며 생긴 유전자의 돌연변이 효과로 세 명에게 백혈병이 발병했다. 화학요법으로 이 어린이들을 치료했지만 결국 한 명은 사망했다. 유전자 치료 요법은 성공적이었지만 파생된 문제를 알아내 이를 피할 수 있게 되기까지는 이 요법이 중단됐다.

약화된 아데노바이러스는 안전한 것 같지만 효율성이 낮다. 생쥐를 대상으로 하여 만들어진 실험 계획이 인간을 대상으로 한 임상실험에 적용되었고 몇 가지는 부분적으로 성공을 거두었다. 하지만 1999년 아데노 조절 유전자 치료 요법으로 시술받은 환자 한 명이 사망했다. 오르니틴 데카르복실라제[ornithine decarboxylase[세포의 증식 및 분열에 중요한 역할을 하는데, 특히 폴리아민polyamine 생합성의 첫째 과정에 관여하여 DNA에 영향을 줌] 결핍으로 고통을 받던 제시 겔싱어Jesse Gelsinger에게 결핍된 유전자를 운반하는 아데노바이러스를 투여했다. 하지만 투여된 양이 너무 많았던 탓에 환자는 바이러스를 견뎌내지 못하고 결국 사망했다. 그런 이유로 임상실험 계획과 관련한 규정이 완벽해질 때까지는 이런 실험도 중단되었다.

이렇게 유전자 요법을 치료에 접목시키는 초기 단계를 거치며 미 연방과 여러 기관 차원의 생물학적 안전성 위원회는 윤리적인 문제와 씨름을 벌이곤 했다. 이와 관련해 모든 의사에게 내려진 첫 번째 지시 사항은 환자에게 절대 해를 끼쳐서는 안 된다는 것이었다. 연구소의 실험용 생쥐를 이용한 실험에서 안전성이 증명되었더라도 이것이 환자와 병원 직원들에게도 안전한지를 별도로 입증해야 했다. 새로운 벡터 개발은 엄격하게 통제되고 있으며 특별 설계된 생물학적 안전시설에서만 이루어져야 한다.

HIV는 분열하지 않는 세포를 감염시킬 가능성이 있으므로 바이러스 벡터로 유망하지만 뜻하지 않게 면역세포를 감염시킬지 모른다는 공포심을 갖게 한다. 하지만 HIV를 이용해서 만든 안전한 벡터는 유전자 조작이 가해졌기 때문에 환자에게 주입했을 때 성장할 수 없다. 전염성과 결합력을 극대화하기 위해 어떤 HIV 유전자를 아데노바이러스와 섞어 키메라 벡터를 만들어내기도 했다. 이 작업은 언뜻 듣기에는 상당히 위험한 것 같다. 만약에 일반 감기 바이러스가 에이즈를 일으킬 수 있다면 세계의 에이즈 감염률은 폭발적으로 증가할 것이고 모든 사람을 위험에 몰아넣을 것이다. 하지만 이 작업을 하고 있는 과학자들은 책임감이 강하고 지식이 풍부한 사람들로, 이런 잠재적 위험성을 잘 숙지하고 있다. 그들은 여러 단계로 제시된 안전수칙을 준수하며 조심스럽게 연구를 진행한다. 게다가 전문가들이 이들의 실험을 면밀하게 감독하고 있으며 정부도 까다로운 정책을 펴 이를 주시하고 있다.

하지만 유전자 치료 요법을 이용해 헌팅턴병Huntington's Chorea[뇌의 선조체에 있는 뉴런이 퇴화되고 사멸되도록 유전적으로 프로그램되어 있어 생기는 증상으로 환각, 심각한 정서 변화, 치매, 무도병 동작 즉 '경직되고 변덕스러우며 무의식적인 몸짓' 등을 보인다], 암, 그 밖에 손 쓸 방도 없이 만연해 있는 질병을 고치려는 노력은 실로 엄청난 일이기 때문에 실험과 연구를 계속하지 않는 것은 어리석은 짓이다. 유전자 요법이 의학계에서 광범위하게 이용되기까지는 갈 길이 멀지만, 원래 새롭고 급진적인 의료 기법이 완전해지려면 시간이 걸리는 법이다. 마취, 화학요법, 심장 수술 역시 위험을 인지하고 그런 위험 요소를 피할 수 있기까지 오랜 시간이 걸렸다. 의과학자Physician Scientist들은 언젠가는 중병을 앓는 환자들에게 유전자 요법을 사용할 날이 올 것이라는 긍정적인 전망을 하고 있다.

윤리학자들은 유전자 요법이 돌이킬 수 없는 유전적 변형을 가져올지도 모른다고 우려해왔다. 다시 말해, 조상이 받은 치료법이 미래의 자손에게 영향을 미치는 날이 올지도 모른다는 것이다. 유전자 요법은 대부분이 손상된 유전자를 고치는 것에 역점을 두므로 그렇게 나쁜 아이디어로 들리지는 않는다. 하지만 머지않아 이 기술이

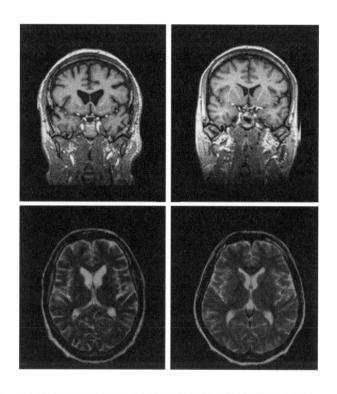

헌팅턴병 환자는 뇌 영상검사시 뇌 자기공명영상(MRI)상에서 미상핵caudate nucleus의 위축이 뚜렷하게 나타나고 기저핵basal ganglia의 대사 저하가 관찰된다. 사진의 왼쪽은 헌팅턴병 환자의 MRI 사진이고, 오른쪽은 건강한 사람의 MRI 뇌 사진이다. 헌팅턴병은 3만 명의 미국인이 앓고 있는 유전적 신경퇴행성 질환으로서, 치명적인 불치병에 속한다.

더욱 정교하게 발전해 작은 결함도 유전자 요법을 통해 고치게 되면 우리 인간이 스스로 진화의 방향을 조정하려 드는 날도 오지 않을까? 유전적 소인에 의한 외소 발육증을 치료한다든가, 유전자 요법을 이용해 프로 농구 선수로 뛸 수 있을 정도까지 키를 키운다든가, 정신지체를 치료하는 것은 물론 수줍음을 덜 타게 만드는 유전자 요법을 시술할 날도 그리 멀지 않았다. 그러나 이런 형질이 자손에게 유전된다면 공격적인 거인이 탄생할 위험을 감수해야 할지도 모른다.

　변형된 유전자가 기존 유전자 풀gene pool[어떤 생물 집단 속에 포함되어 있는 유전 정보의 총량]에 들어가려면 먼저 난자나 정자를 만들어내는 생식세포주에 결합되어야 한다. 대부분의 바이러스는 복제하는 DNA에 안정적으로 결합하므로 유전자 요법을 시술받은 여성이 유전자가 변형된 난자를 배출해낼 위험성은 희박한데, 그 이유는 난자는 대부분 출생 이후에는 분열을 하지 않기 때문이다. 하지만 남성은 계속해서 정자를 생산할 수 있다. 따라서 만약 변형된 유전자가 정자로 분화되는 줄기세포에 결합된다면, 변형된 유전자를 물려받은 아이를 낳을 가능성이 있다. 고환 속에 있는 정자 줄기세포는 대체로 혈액 속에 있는 작용물로부터 잘 보호되는 편이다. 하지만 가능성은 배제할 수 없다. 한 가지 해결책을 들자면 유전자 요법을 받은 남성은 모두 정관 절제술을 받게 해 아이를 갖지 못하게 하는 것이다. 현재 시험적으로 유전자 요법을 받아보려는 환자들은 대개 중병에 걸린 경우이므로 정관 절제술을 하기로 결정하는 것이 그리 어려운 일은 아닐 것이다. 하지만 미래에 유전자 요법이 좀더 일상

화되면 생식세포가 변형될 가능성을 심각하게 고려해봐야 한다. 이
는 후대에 영향을 미칠 수 있기 때문이다.

유전자 변형이 가해진 식물 생산의 경우에도 이와 비슷한 우려가
일고 있다. 환자에게 유전자를 도입하는 것과 비슷한 기술이 어떤
농작물을 유용한 유전자를 가진 농작물로 변형시키는 작업에 사용
되었다. 이 기술이 가장 성공적으로 적용된 사례는 특정 박테리아의
유전자를 옥수수, 콩, 면화 등 주요 농작물에 주입하는 것이었다. 이
박테리아의 유전자에 암호화된 단백질은 해충은 죽이지만 동물에게
는 전혀 해가 되지 않는다. 소위 Bt 결정이라고 하는 단백질이 만들
어내는 결정은 무척추동물의 소화기관을 이루는 세포를 파괴하지만
척추동물에는 해가 없다. Bt 결정을 만들어내는 작물은 자연적으로
저항력이 있기 때문에 독한 화학 살충제를 뿌리지 않아도 된다. 수
확은 증가하고 유독한 화학물질로부터 환경도 보호할 수 있다. 금전
적인 측면에서도 농민은 유전자 변형 씨앗을 사용하면서 비용 대비
이익에서 큰 효과를 보기 때문에 세계적으로 유전자 변형 씨앗을 쓰
는 농민이 증가하고 있다. 이런 상황에서 한편으로는 유전자 변형이
가해진 농작물이 퍼져 유효 서식지의 많은 부분을 차지할 것이라는
우려가 제기되었다. 또한 변형 유전자가 잡초에도 번질 것이라는 우
려의 목소리도 있다. 그러면 Bt 결정에 내성을 지니는 해충이 생길
수 있고 그럴 경우 작물에 Bt 유전자가 들어 있어도 그다지 이점이
없게 될 것이며, 결국 모든 해충이 Bt 독소에 내성을 지니게 될 가능
성이 있다. 현재 농민들은 자연산 작물 사이사이에 유전자 변형 작
물을 심어야 하는데, 이는 유전자 변형 작물의 유전자가 퍼져나가는

것을 방지하기 위해서다.

농작물에 관해서는 윤리적인 문제가 제기되지 않는다. 실험용 씨앗이 실패했다고 해서 누가 신경 쓰겠는가? 아마 그 농작물을 개발한 회사는 재정적인 손실을 보겠지만 다음 해를 기약하면 된다. 현재 유전자 변형을 가하고 있는 작물도 실은 수확을 늘리고 혹독한 환경을 이겨내도록 하고자 농민들이 수천 년에 걸쳐 교배를 조절한 결과물이다. 농민들이 수확량 개선을 위해 노력했기 때문에 농작물은 농민들에 의해 비자연적인 선택을 받아 진화했다. 대부분의 문제는 진화 때문이 아닌 정치적 혹은 재정적인 이유로 일어난다. 그럼에도 불구하고 유럽뿐만 아니라 많은 국가들이 유전자 변형 식품 수입과 유전자 변형 씨앗의 사용을 금지하고 있다. '프랑켄슈타인 식품'의 공포는 유전자 변형 행위를 잘못 이해한 데서 기인한다. 어떤 음식을 먹는다고 그 음식 속의 유전자가 먹는 사람에게 전달되지 않듯이, Bt 유전자가 함유된 음식을 먹는다고 Bt 유전자가 몸속으로 들어가는 것은 아니다. 하지만 상당히 많은 유럽의 어린 학생들이 유전자 변형을 가하지 않은 음식에는 유전자가 들어 있지 않다고 생각하는 것 같다.

선정적인 황색 언론이 무엇이든 새로운 것은 위험하다는 식으로 사람들의 공포심을 부채질해왔다. 하지만 유럽인들은 500년 전 신세계에서 유입된 감자와 토마토를 받아들였으며, 최근에는 뉴질랜드에서 온 키위와 그 밖의 이국적인 과일도 유럽을 포함한 세계 각국의 시장에서 쉽게 찾아볼 수 있다. 씨 없는 포도는 물론 귤과 오렌지 교배종도 잘 팔리고 있다. 모두 유전자 변형이 가해진 인공 과일인데 이 과일들에 대해서는 우려를 하는 사람이 없는 듯하다. 하얀 실험복을 입은 사람들이 만들어낸 과일만 의심할 뿐이다. 하지만 그건 합리적이지 못한 태도다. 인간이 자연이 하는 일에 간섭한다고 느끼게 된다는 이유로 사람들은 유전자 변형 식품에 반대했다. 사람들은 유전에 영향을 미치며 오랫동안 지속될지도 모르는 것에 대해 모험을 하게 내버려두는 상황을 아주 불편해한다. 농작물과 가축은 전에도 몇 세대에 걸쳐 계속해서 형질이 변형되어왔지만, 어쨌든 엄청난 속도로 일어나고 있는 현재의 변화는 마음의 동요를 불러일으킬 만하다.

복제양 돌리

수년 동안 핵을 적출한 난자에 체세포의 핵을 이식해 생쥐를 발생시키려고 시도했지만 실패만 거듭했다. 문제는 핵 공여자의 체세포가 분화하는 동안 DNA 변형이 상대적으로 안정되게 일어났기 때문이라고 여겨왔다. 주어진 조직에는 필요 없는 유전자 가까이에 특정 DNA가 모이는 장소의 변형이 종종 일어났고, 그 결과 배를 이루는 모든 조직으로 분화되어야 할 핵에서 유전자가 잘못 발현된 것으로 추측되었다. 많은 과학자들은 유전체 각인genomic imprinting이라 불리는 체세포 DNA 변형이 포유류에서 무성생식으로 인한 증식을 방지한다고 생각했다. 그러나 1979년 제네바 대학의 카를 일멘제Karl Illmensee 교수가 나흘 된 배아의 핵이 있는 난자로 생쥐를 복제하는

데 성공했다고 보고했다. 이 놀라운 실험 결과에 대한 의혹이 제기되었고 최종적으로는 '과학적으로 전혀 가치 없음'으로 드러났다. 그 후 15년간 이 실험을 재현하려는 시도는 모두 실패하고 말았다.

살바 루리아가 타계하고 5년 뒤인 1996년 7월 5일, 성체세포를 이용해 복제한 최초의 포유동물이 태어났다. 바로 '돌리Dolly'라는 이름의 작은 양이었다. 돌리는 스코틀랜드 산 검은 얼굴 암양의 난자에서 핵을 제거한 후 거기에 여섯 살 난 핀 도싯Finn Dorset 종 암양의 젖샘에서 채취한 세포의 핵을 주입해 수정시켜 탄생한 동물이다. 다른 핀 도싯 양처럼 돌리도 하얀 모습으로 태어나 2003년 죽을 때까지 하얀색을 유지했다. 스코틀랜드 로슬린 연구소의 이언 윌멋Ian Wilmut이 이끄는 연구팀은 핵을 제거한 난자에 체세포의 핵을 전기 자극으로 융합한 후 분열이 일어난 세포들을 대리모 역할을 한 핀 도싯 종 암양의 자궁에 이식했다. 최초의 복제동물인 돌리가 태어나기까지 연구팀은 276개의 난자를 사용했다(Wilmut 외 1997). 돌리 이후 기술은 계속 발전했지만 한 마리의 복제동물을 생산하는 데는 여전히 엄청난 양의 난자를 필요로 한다.

돌리는 핵을 제공한 양과 정확하게 일치하는 유전자를 보유하고 있었다. 돌리는 핵을 공여한 핀 도싯 암양의 복제동물로, 여섯 살 어린 쌍둥이라고 할 수 있다. 돌리와 핵 공여 양 사이에 유일한 유전적 차이는 미토콘드리아 게놈에 암호화된 42개 유전자에 작은 변이가 있다는 것뿐이다. 미토콘드리아는 모계 유전되므로 돌리의 미토콘드리아는 스코틀랜드 산 검은 얼굴 암양의 난자에서 비롯된 것이지만 돌리의 쌍둥이 언니의 미토콘드리아는 핀 도싯에서 온 것이다.

　돌리는 건강하게 자랐고 데이비드라는 이름의 웨일즈 산 산양과 두 번 교미를 했다. 1998년 4월 13일 돌리는 보니Bonnie라는 이름의 새끼를 낳고 이듬해 건강한 양 세 마리를 더 낳았다. 확실히 돌리는 새끼를 가질 수 있었다. 하지만 다섯 살이 되던 해 일찌감치 관절염 증상을 보였고 몇 년 후 급성 폐질환으로 죽고 말았다. 부검 결과 폐 선종증이 있었던 것으로 드러났다. 폐 선종증은 양에게서 보기 드문 질병이지만, 돌리가 특별한 수태 과정을 통해 태어났다는 점을 감안하면 그렇게 특이한 경우라고 보긴 어렵다. 양의 수명은 12년 정도인데 돌리는 여섯 살 반일 때 죽었다. 이는 복제동물의 수명에 대한 정보를 얻는 데 중요한 척도가 될 것이다.

　로슬린 연구소의 돌리 연구팀은 돌리보다 더 극적인 운명을 따랐다(Schnieke 외 1997). 연구팀은 양의 태아에서 얻은 피부세포를 페트리접시에 배양해 변형시켜 인간 유전자 암호화 단백질 IX 인자를 얻어냈다. IX 인자 단백질은 상업적인 가치가 있다. IX 인자를 혈우병 환자에게 주입하면 혈액응고를 촉진시킬 수 있다. 연구팀이 인간의 IX 인자를 함유한 우유를 생산해내는 양을 만들 수 있다면 환자들이 감당할 수 있을 정도의 가격을 주고 이 유용한 단백질을 사용하게 될 터였다. 연구팀은 그렇게 변형된 세포를 핵을 제거한 난자와 융합시킨 다음 대리모 양에게 착상시켰다. 그렇게 해서 태어난 양 가운데 하나가 1997년에 탄생한 폴리Polly다. 폴리는 외래 DNA로 변형된 세포를 이용해 생육 가능한 동물을 만들어낼 수 있다는 살아 있는 증거였다. 제약업계는 상업화의 가능성을 예의 주시했다.

　한동안은 돌리가 유일한 복제동물이었다. 하지만 이듬해 하와이

에서 야나기마치 류조柳町隆造와 함께 작업하던 연구팀이 핵을 제거
한 난자에 분화된 세포에서 얻은 핵을 주입함으로써 수십 마리의 복
제 생쥐를 만들어냈다고 보고했다(Wakayama 외 1998). 핵은 아구티
색, 즉 회색털 생쥐의 세포에서 얻었다. 난자는 검은 혈통의 생쥐에
게서 얻었고 대리모 역할은 흰색털 생쥐를 이용했다. 거기서 나온
새끼의 털은 모두 회색이었다. 이들의 DNA는 핵을 공여한 생쥐의
것과 일치해 성체 체세포를 복제해서 나온 소산임이 확실하게 입증
되었다. 그 이후 야나기마치의 실험실에서는 원하는 대로 복제 생쥐
를 만들어내는 데 성공했다.

　어떤 포유류든지 복제를 할 수 있는 문이 열렸다. 죽은 애완동물
을 '부활' 시켜주는 것을 목적으로 하는 사업체인 지네틱 세이빙스
앤 클론Genetic Savings and Clone이 설립되었다. 이 회사는 먼저 고양이
복제에 성공했다. 이 복제 고양이는 2001년 12월 22일 텍사스 주 컬
리지 스테이션College Station에서 레인보우라는 이름을 가진 삼색 고양
이의 유전자로 태어났다. CC(CopyCat)라고 이름 지어진 복제 고양
이도 역시 삼색 고양이였지만 얼룩무늬의 모양은 레인보우와 달랐
다. 삼색 고양이의 털 색깔은 암컷에서 일어나는 유전자의 무작위적
인 비활성 과정에 의해 결정된다고 오래전에 알려졌다. 레인보우의
주인은 그런 사항에 대해 잘 알지 못했고, 레인보우와 닮지 않았다
는 이유로 CC를 거절했다. 결국 CC는 복제 연구가 듀이 크레머
Dewey Kraemer가 데려갔다.

　CC를 복제해낸 텍사스 A&M 대학 연구팀은 CC 이전에는 소, 돼
지, 염소를 복제했다. 고양이는 그저 또 다른 도전이었을 뿐이다. 이

지네틱 세이빙스 앤 클론이 복제에 성공한 고양이.

연구팀을 이끄는 마크 웨스투신Mark Westhusin과 듀이 크레머는 저명한 수의사들로 혈통 개선과 복제 기술에 관심을 갖고 있었다. CC가 태어나기까지 복제를 87번 시도했는데 성공할 확률이 높아져야 애완동물 주인들에게 좋은 소식이 될 것이다. 그렇지 않으면 아무리 자신의 애완동물을 사랑한다 해도 비용 탓에 극소수의 부자들만 애완동물을 복제할 수 있을 것이다. 웨스투신과 크레머는 가축이나 애완동물을 복제하는 것이 어떤 식으로든 자연의 섭리를 거스르는 것은 아니라고 생각하며 현재 말, 개, 원숭이 복제를 연구하고 있다. 하지만 다른 대부분의 사람들과 마찬가지로 인간을 복제하는 것은 끔찍한 일이라고 생각한다.

인간 재생 복제

2장에서 논의한 치료 목적 복제와 재생 복제의 차이는 배반포에 어떤 일이 벌어지느냐에 달려 있다. 치료 목적 복제에서 배반포는 배아줄기세포의 공급원으로 사용되는 반면, 재생 복제에서는 새로운 개체를 만들어내는 데 사용된다. 많은 나라가 농장 사육용 동물과 애완동물의 재생 복제는 허용하는 반면, 인간 복제는 불법으로 규정하고 있다. 세계 과학계도 사람들이 인간 재생 복제의 결과를 좀더 잘 숙지하고 그에 대해 진지하게 생각해볼 기회를 가질 때까지는 이를 엄격하게 금지하는 것에 찬성하고 있다.

2003년 2월 5일 미 상원의회에서 캘리포니아 주 상원의원 다이앤

파인슈타인Dianne Feinstein은 준비된 연설문을 통해 다음과 같이 발언 했다. "확실하게 합시다. 인간 재생 복제는 부도덕하며 비윤리적입 니다. 그 어떤 상황에서도 허용되어서는 안 됩니다."(http://feinstein. senate.gov/03Releases/r-cloning5.htm)

미국에서는 재생 복제를 금지하는 입법 조치가 치료 목적 복제를 금지하려는 시도와 뒤엉켜버렸다. 부분적인 이유는 실행 과정이 확 연히 다른 두 가지 기법에 똑같이 '복제'라는 단어를 사용하면서 일 어난 혼동 때문이었다. 법은 여전히 선명하지 않다. 하지만 이식을 위해 조직이나 기관을 필요로 하는 경우라면 언제든지 그것을 얻을 목적으로 인간 복제를 하려는 것을 막으려는 강력한 사회적 압력이 존재한다.

반면 불임인 성인의 복제는 허가해 누구나 부모가 되는 기쁨을 누 릴 수 있도록 해야 한다고 주장하는 사람도 있다. 로마의 한 연구소 불임센터 책임자인 세베리노 안티노리Severino Antinori 박사는 "누구나 자신의 개성과 고유한 특징을 자손에게 전해줄 권리가 있으며 복제 를 이용해 불임을 줄일 권리가 있다"고 말했다. 1994년 안티노리는 공여자의 수정란을 로사나 델라 코르테스Rosana Della Cortes라는 63세 여성의 자궁에 착상시켰다. 이로써 코르테스는 최고령 출산 여성 기 록에 등극했다. 안티노리는 "일반적으로 사람들은 복제를 반대하는 데 나는 그 이유가 미디어가 편견을 심어준 탓이라고 생각합니다. 나는 예외적인 경우의 불임 커플에게는 복제를 허용하도록 사람들 의 의식을 바꾸는 일에 사회가 동참해야 한다고 믿는다"고 말했다. 2002년 안티노리는 복제된 태아를 임신하고 있는 임신 8주차의 여성이 있다고 주장했지만 그 후 출산했다는 소식은 없었다. 이외에도 인간 복제에 성공했다고 주장한 사례가 몇몇 있지만 이를 증명할 만한 과학적인 증거는 없었다.

하지만 언제, 어디에선가 복제 인간은 태어날 것이다. 인간 복제에 극복하기 어려운 장애물은 그리 많지 않아 보인다. 생쥐나 농장에서 기르는 동물의 복제 성공률이 낮은 것을 고려할 때 대리모 역할을 수락할 여성이 많이 필요하지만 이 문제는 해결 가능할 것이다. 인간 복제 반대를 지지한 과학계는 윤리적인 문제뿐만 아니라 체세포에서 핵을 추출한 다음 핵을 제거한 난자에 주입해 만들어낸 수정란에서 나올 인간은 탄생 시 심각한 결함을 지닐 위험성이 있을 것이라고 경고했다. 다양한 종류의 포유류 복제를 통해 얻은 경험에 비추어볼 때 대부분의 복제동물은 임신 기간을 다 채우지 못하고 태어나며, 선천적으로 결함이 있는 경우가 많았다. 이렇게 복제에 관한 우려가 모두 알려진 상황에서 인간을 복제하려 시도한다는 것은 어리석으리만치 위험한 일이다.

자손에게 미치는 유전적 결과를 결정하는 것에 대한 연구나 실험동물 복제의 효율성을 개선하기 위한 다양한 단계의 연구가 현재 진행되고 있다. 머지않아 재생 목적의 인간 복제는 비교적 안전해질 것이다. 복제 인간을 만들어낸다는 생각은 한동안 공포 영화의 주제로 많이 차용되었다. 그중 하나를 예로 들어보면 복제된 작은 히틀러들이 성장해서 모두 나치 지도자처럼 행동할 것이라고 암시하는 내용이 있었다. 하지만 나치의 제3제국은 이미 역사 속의 이야기일 뿐이고 영화 속의 아이들은 아마 선량한 가게주인이나 페인트공이 되었을지도 모른다. 사람이 하는 행동은 타고나는 것인지 아니면 양육에 의해 결정되는 것인지는 아주 오래전부터 논쟁의 주제가 되어 왔다. 운명이 우리의 삶을 조정하는가, 아니면 우리가 운명을 결정하는가? 물론 유전이 이와 연관되어 있기는 하지만 삶의 경험이 엄청난 차이를 만들어낸다. 일란성 쌍둥이는 동일한 수정란에서 태어나며 유전자도 똑같다. 일란성 쌍둥이는 출생 1000건 중 4건 정도를 차지하며, 태어날 때 쌍둥이의 모습은 똑같지만 곧 저마다의 특징을 드러내기 시작한다. 태어날 때 손가락의 지문도 다르다. 정수리에 있는 머리 가마의 모양도 쌍둥이 중 하나가 시계 방향으로 나 있다면 나머지 한 명은 시계 반대 방향으로 날 수 있다. 한 명은 오른손잡이일 수 있고 다른 한 명은 왼손잡이일 수 있다. 배발생기의 어떤 과정에서 일정한 정도의 무작위성이 쌍둥이 개개인에게 영향을 미칠 수 있다. 복제 고양이 CC의 털 색깔이 체세포 핵을 공여한 삼색 고양이 레인보우의 것과 일치하지 않았다는 사실을 기억하라. CC와 레인보우는 둘 다 암컷이지만 CC의 X염색체가 활성화되지 않은 방식은 레인보우의 것과 달랐다. 같이 자란 쌍둥이는 둘 사이에 특별한 유대감을 지니며 그 감정은 평생을 간다. 쌍둥이들은 같은 농담을 듣고 웃으며 똑같은 넥타이를 고른다. 하지만 따로 양육될 경우 외모는 똑같다 해도 성격은 판이하게 달라질 수 있다. 유전으로 모든 것이 결정되는 것은 아니라는 의미다.

　성인 체세포의 핵을 이용한 인간 재생 복제로 탄생한 '쌍둥이'의 경우도 핵 공여자와 같은 인생 경험을 하지 않는다. 그들은 적어도 한 세대 이상 차이가 나며 어머니도 다르다. 핵 복제로 태어난 소년은 성장하면서 자신의 생김새가 '아버지'의 젊었을 때 모습과 비슷할 뿐만 아니라 지능, 진취성 혹은 초콜릿 아이스크림을 선호하는 특징도 같다는 사실을 알게 될 것이다. 이 소년이 자신의 태생을 알게 된다면 자신이 밟아갈 인생의 행로를 다른 사람보다 더 잘 예측할 수 있게 된다. 그의 '아버지'가 50세에 심장병이 발병했다면 그역시 중년에 심장병에 걸릴지도 모른다는 생각에 걱정을 할 것이다. 사실 일반적인 방법으로 태어난 사람의 아버지가 50세에 심장병을 앓는 경우와 핵 복제로 태어난 사람의 아버지가 똑같이 50세에 심장병을 앓을 경우 후자의 아들이 심장병을 앓을 확률이 전자보다 훨씬 더 크다. 자신이 어떤 운명인지 아는 것은 유용할 수도 있지만 그 때문에 상당히 불안해질 수도 있다. 이 복제 인간은 중년이 되면 보통 사람보다 더 자주 건강검진을 받아 심장병에 걸릴 확률을 줄여 건강한 삶을 영위하고 싶어할 것이다. 아니면 자신이 젊은 나이에 죽을 수도 있다는 것을 알고 애초에 다른 어떤 선택을 할 수도 있다. 그리고 그 선택이 모두 다 좋은 것은 아닐 수도 있다.

호모 사피엔스의 유전자 변형

복제 양 폴리는 인간 IX 인자의 유전 암호가 삽입된 피부세포로부터 만들어졌다. 양에게 실험을 해서 가능했다면 인간에게도 가능할 거라 생각할 수 있다. 40여 년 전 내가 살바 루리아와 이 문제에 대해 토론할 때보다 현재의 상황이 더욱 우려스러운 위험 신호로 보인다. 내 살아생전이나 아니면 최소한 내 손자 세대에서는 인간이 인간의 진화를 관장하는 것이 가능해질지도 모른다는 생각이 든다. 하지만 우리는 아직까지 이 첨예한 문제의 득과 실에 대해 폭넓게 공개적인 토론을 하지 않았다.

특정 유전자의 결함으로 인해 야기되는 치명적인 질병을 우려하는 의사들은 일반적으로 결함이 있는 유전자를 건강한 복제 유전자로 바꾸는 것에 대해 그것이 환자를 돕는 길이라면 전혀 해가 되지 않는다고 생각한다. 그들은 아마 기꺼이 환자의 세포에서 핵을 추출해 핵을 제거한 난자와 융합시켜 배반포로 발생시키는 일을 할 것이다. 그럴 경우 배아줄기세포를 확보해 문제의 유전자를 복제한 다음 그중 우량한 복제 유전자를 가진 세포를 환자에게 다시 주입하면 병이 나을 것이다. 얼마 후 이 환자가 건강한 아기를 갖고 싶어할 경우, 환자는 아마 의사를 설득해 체세포 핵치환 기술로 만들어낸 배반포 중 하나를 해동시켜 키우게 할 것이다. 그리고 환자가 여자라면 해동시킨 배반포를 자신의 자궁에 착상시켜 키울 수도 있다. 이 경우 여성은 자신이 보유하고 있는 유전적 결함을 갖지 않은 아기를 얻을 수 있다. 그 아기는 복제되었지만 어디까지나 건강한 복제 인간이다. 이 아기가 자라 성인이 된 다음 자손을 낳으면 그 자손에게는 건강한 유전자를 물려주게 된다. 이 이야기는 악의 없고 무해한 것같이 들리지만 생식세포주 요법이 보편화되면 엄청난 파급 효과를 야기할 수 있다.

난자와 정자를 인공수정시켜 만든 배반포를 사용하면 유전자 변형 생물 또는 인간과 관련된 사회 문제를 피할 수 있다. 이 배반포로 만들어진 세포들은 여느 아이와 똑같이 부모 양쪽의 유전자를 받으며, 아버지나 어머니 어느 한쪽의 유전자를 직접 복제한 경우에 속하지 않는다. 배반포에서 얻은 세포를 페트리접시에서 배양한 다음 유전자를 치환하면 결함이 있는 유전자를 대체하거나 특정 유전자에서 유래한 좋은 형질을 가질 수도 있다. 유전적으로 개선된 세포 중 하나를 핵을 제거한 난자와 융합시켜 여성의 자궁에 착상시킬 수도 있다. 그러면 아홉 달 후 그 여성은 출산을 할 테고, 다행스럽게도 그 여성이 보유하고 있는 유전적 결함을 갖지 않은 아기가 태어날 것이다.

해로운 유전자를 없앤다는 것은 좋은 생각이다. 나쁜 유전자 하나를 좋은 유전자와 바꾸려면 할 일이 많지만 그렇게 수고한 덕분에 자손들은 문제를 피할 수 있을 것이다. 하지만 사람들이 아직까지 유전자 기술을 제대로 이해하지 못하고 있기 때문에 종種의 유전자 풀을 개선해야 한다는 주장을 할 수가 없다. 이번 세기에 그런 상황이 바뀔 수도 있겠지만 기술이 완전히 정립되기 전에 먼저 유전자 변형이 야기할 결과에 대한 논의가 이루어져야 한다. 고려해본 시나리오가 거의 모두 위험투성이다.

몇 가지 사례는 너무도 심각해 유전자 변형 작업을 하는 것이 과연 옳은지를 고려해봐야 할 정도다. 매년 수백만의 인명을 해치는 에이즈가 악화돼 종의 생존을 위협한다면 어떻게 해야 할까? 그 상황을 막을 유일한 방법이 유전자 변형이라면 우리는 그 작업을 진행시켜야 할까? 에이즈를 유발하는 HIV는 RNA 게놈의 돌연변이가 속도가 빠르기 때문에 어떤 방법을 써도 없애기 힘들다. 현재로서는

HIV를 막을 만한 약이 없다. 몇 가지 약을 섞은 처방이 HIV의 진행 속도를 늦추긴 하나 HIV는 결국 숙주를 죽인다. 시간이 지나면 약에 내성을 지닌 변종이 생기고 환자는 그에 굴복하게 된다. 백신은 효과가 없는 것으로 밝혀졌고, 혹 효과가 있다 해도 얼마 지나지 않아 거기에 내성을 가진 HIV 변종이 자연선택을 받을 것이다. 이건 심각한 문제다. HIV나 다른 비슷한 바이러스가 인간을 멸종으로 몰아넣거나 심각한 문제점을 야기한다면 나는 즉각적인 생식세포주 시술germ line intervention을 지지할 것이다. 모든 결과를 예측하긴 어렵겠지만 생존하고 번식할 수 있는 저항력을 지닌 개체의 집단을 만들어내는 것이 종種을 구하는 길일 것이다. 나는 무슨 일이 있어도 종의 멸종은 피해야 한다고 생각한다.

과연 HIV를 저지할 수 있을까? 모형 동물 실험에서는 상보 서열 복사본antisense copy을 이용해 유전지 발현을 억제시키는 유전자 사일런싱gene silencing 기술이 잘 확립되었다. 만약 유전자의 복사본이 전사의 방향을 알려주는 신호에 대해 방향이 반대라면 원래 유전자와 산물은 같지만 방향은 반대가 될 것이다. DNA를 이루는 두 개의 가닥은 상보적이므로 상보 서열 RNA(antisense RNA)가 정상적인 전령 RNA와 상보적인 관계를 이룰 것이다. 상보적인 DNA 가닥들이 서로를 인식하고 이중나선 구조로 결합하듯이, 상보적인 RNA 가닥도 이중나선 구조의 RNA를 만들 것이다. 세포는 이중나선 구조로 된 RNA를 단백질로 번역하지 못하므로 대상 유전자는 침묵하고 발현이 억제된다. 이를 HIV에 적용해 HIV RNA를 이루는 아홉 개의 유전자 중 아무거나 하나를 선택해 상보 서열 복사본을 만들 수 있다.

여러 개의 유전자를 배열한 다음 거기에 맞춰 맞은편에 세로로 상보 서열을 만들어 효과를 극대화하면 HIV가 위험한 단백질을 만들어 배양하는 것을 완전하게 막을 수 있다.

유전공학 기술의 발달로 이 결과물을 체외 수정된 배아줄기세포로 변형시킬 수 있다. 이 배아줄기세포의 염색체 안에는 정상적인 2배체 유전자는 물론 상보 서열 구조도 들어 있을 것이다. 변형된 배아줄기세포들을 핵을 제거한 난자와 융합시키면 배아 생산이 가능하다. 이렇게 해서 아기가 태어나면 그 아기는 HIV에 면역성이 있을 것이고 나중에 자손에게도 HIV 면역성을 물려줄 것이다. 상보 서열 RNA에 의해 억제되는 것을 피하기 위해 HIV가 돌연변이를 일으킬 수도 있겠지만 그럴 가능성은 없다. 그 이유는 짝이 잘못 맞춰진다 해도 결국에는 이중 가닥의 나선 구조가 만들어질 것이기 때문이다.

최악의 시나리오가 펼쳐져 HIV 안티센스 유전자를 보유한 사람만 빼고 모든 인간이 죽는다고 가정하자. 인구는 극심한 병목 현상을 경험하며 오랜 세월에 걸쳐 축적해온 유전적 다양성의 대부분을 잃어버릴 것이다. 근친 교배로 돌연변이가 나올 가능성이 높아질 수 있고, 괜찮은 듯 보이는 사람도 치명적인 질병에는 취약한 것으로 드러날 수 있다. 치타와 같이 거의 멸종 위기를 경험한 동물은 그 유전적인 다양성이 급격히 줄었고 환경이 바뀌면 언제든지 멸종할 위기에 처해 있다. 인간 종의 유전적인 다양성을 가능한 한 높은 수준으로 유지하려면 아시아인, 유럽인, 아프리카인, 아메리카 원주민, 폴리네시아인, 그 외에 다른 문화권의 남녀가 짝을 이뤄 HIV에 면

역성을 가진 아기가 태어나게 해야 한다. 시간이 충분하다면 HIV에
면역성이 있는 인간 수백만 명이 태어날 수 있다. 그렇게 계속해서
번식을 하면 안티센스 유전자가 널리 퍼져 에이즈가 사람들의 목숨
을 앗아가는 불상사를 막을 수 있을 것이다.

  인간이 멸종하지는 않는다고 해도 작은 부분이나마 종을 개선하
는 데 분자유전학을 이용해야 할까? 피부색이 사람들을 갈라놓고
서로 반목하게 만드는 것에 대해 많은 사람이 저마다의 의견을 피력
한다. 피부색은 눈에 띄는 요소이긴 하나 인간 종의 유전적 차이에
서는 사소한 부분일 뿐이고 서로 간의 화합으로 극복할 수 있다. 사
람들은 보통 자신과 비슷한 사람과 잘 결속한다. 우리 모두의 생김
새가 좀더 비슷하다면 서로 더 잘 지낼 수 있을 것이다. 대부분의 사
람이 겉으로 드러나는 피부색은 달라도 피부 아래는 모두가 같고 서
로 결합해 아기를 가질 수 있다는 것을 알고 있다. 하지만 우리 인간
이 같은 종이라는 것을 안다고 해서 외모가 다르다는 이유 때문에
벌어지는 전쟁과 착취를 막지는 못했다. 그래도 두드러지는 차이점
을 줄이면 도움이 될 수도 있다. 검은 색소인 멜라닌은 피부 속 멜라
노사이트melanocytes라는 세포에 있는 아미노산 타이로신amino acid tyro-
sine에 의해 생성되는데, 이 멜라닌을 늘리거나 줄이는 유전자를 가
진 세포를 변형시키는 일은 그리 어렵지 않을 것이다. 멜라닌 생산
은 티로시나제tyrosinase라는 효소가 조절한다. 멜라노사이트가 퍼져
있는 정도나 티로시나제의 농도 조절 메커니즘을 연구해 적절한 유
전자 구성체를 세포에 삽입한 다음에 핵을 없앤 난자와 융합시키면
된다.

티로시나제가 적은 사람은 피부와 머리카락이 완전히 새하얀데, 이런 사람을 알비노albino라고 부른다. 미국에서 알비노증을 앓고 있는 사람은 1만8000명 정도로 추산된다. 그들 모두 시력에 문제가 있는데, 그 이유는 색소가 없는 것이 망막 발생에 영향을 주기 때문이다. 알비노증을 앓고 있는 많은 사람은 제대로 볼 수 없기 때문에 운전을 하지 못한다. 아프리카에 사는 알비노 환자들이 겪는 문제는 더욱 심각하다. 피부색이 짙은 주변 사람들과의 대비 때문에 이들은 사회적으로 소외당하고 있다. 게다가 열대지방에서는 햇빛으로 인한 화상 때문에 고통받는다. 어떤 알비노 환자들에게 물어보든 간에 모든 사람이 충분한 색소를 가지고 태어나는 것이 좋다고 말할 것이다. 하지만 대체 얼마만큼이 충분한 것일까?

북유럽 사람들은 티로시나제가 아주 적으며 멜라노사이트를 평균치보다 적게 생산하는데 이는 진화에서 엷은 피부가 선택된 결과다. 유럽인들에게는 멜라노솜melanosome 안의 단백질 막을 암호화하는 SLC24A5 유전자의 돌연변이가 널리 퍼져 있다(Lamason 외 2005). 아마 원래 피부색이 진한 인간은 1~2만 년 전 캅카스, 시베리아, 스칸디나비아 등지로 이주해갔을 때 비타민 D 부족으로 야기되는 구루병[비타민 D 부족으로 칼슘이 붙기 어려워 뼈의 변형이 오는 병]으로 고통을 받았을 것이다. 비타민 D를 만들려면 햇볕을 쬐어야 하는데 북극에 가까운 지방은 겨울에는 햇볕이 충분하지 않다. 어릴 때 비타민 D가 부족하면 뼈가 물러지고 변형이 일어날 수 있다. 피부색이 진하면 비타민 D를 만들어내는 데 필요한 자외선을 차단하므로 초기 이주민 중에는 구루병으로 다리를 절뚝거리는 사람이 많

많은 미국인들이 티로시나제의 부족으로 알비노병을 앓고 있다.

앉을 것이다. 하지만 변형된 유전자를 가진, 피부색이 옅은 소수의
사람은 북쪽 지방의 약한 햇볕으로도 비타민 D를 충분히 만들어낼
수 있었을 것이다. 시간이 흐르면서 이 소수의 건강한 사람들이 번
식해 퍼져나갔고 유럽을 주도하는 인구로 자리잡게 되었을 것이다.
현재는 '하얀' 사람이 세계 곳곳에 퍼져 있다. 뉴욕, 로마 또는 키예
프에 살면서 피부색이 아주 옅어서 심각한 불이익을 당하는 경우는
전혀 없다. 카리브 지방이나 아프리카에서는 자외선 차단제를 조금
만 발라주면 '하얀' 사람들도 화상을 피할 수 있다.

　인간 게놈을 어떤 식으로 변형시켜 어느 정도의 피부 색깔을 얼마
만큼 섞어야 할지 결정할 권한을 위탁받은 위원회는 아마도 지중해
나 폴리네시아 사람들의 거무스름한 피부를 기준으로 잡을 것 같다.
그러면 햇볕으로 인한 화상을 입지 않으면서도 스웨덴이나 알래스
카 같은 곳에 살면서 피부색 때문에 불이익을 당하거나 피해를 입지
는 않을 것이다. 그렇다면 우리 모두는 똑같은 피부색을 갖기를 원
할까? 피부색을 중시하는 풍조는 역사적으로 유럽인들이 만든 자기
이미지에 깊이 스며 있으며, 아마 변화에 반감을 품는 사람도 있을
것이다. 더욱이 식민지 인종주의의 결점이 세계를 여전히 불화로 몰
아넣고 있다. 북미와 남미의 경우 피부 색깔에 따라 사회·경제적
구분이 선명하게 드러난다. 차이가 쉽게 눈에 띄지 않는다면 사람들
은 색깔에 신경 쓰지 않는 사회를 선호할 것이고, 그런 사회를 더욱
쉽게 이룩할 수 있을 것이다.

　일단 원하는 피부색이 결정되면 그에 맞게 조작한 유전자를 체세
포에 주입하고 난 다음 핵을 없앤 난자와 융합시킨다. 그렇게 해서

인간이 태어난다면 그 사람의 피부는 비슷한 정도의 피부 착색을 보일 것이고 이를 자손에게도 물려줄 수 있을 것이다. 하지만 1년에 수태되는 모든 사람 가운데 아주 적은 숫자만을 대상으로 이를 실행할 수 있을 것이다. 만약에 목표가 호모 사피엔스의 유전자를 변형시켜 피부색을 더욱 비슷하게 만드는 것이라면, 변형된 유전자가 사람에게로 퍼져나갈 수 있도록 돕는 바람직한 특성과 이런 형질을 연결시킬 필요가 있다. 이렇게 해서 나온 결과가 좋다면 여러 세대에 걸쳐 사람들이 이 좋은 유전자를 가지게 될 것이다. 피부색을 결정하는 유전자처럼 사람들이 탐내며 급속도로 퍼질 유전형질에는 어떤 것이 있을까? 그것은 바로 장수하는 것이다.

인간이라면 누구나 오래 살기를 원한다. 유전자 변형이 도움이 안 된다고 해도 사람들은 자신의 자녀와 그 자손들이 200살까지 살기를 바란다. 우리 모두는 유전적으로 예정된 노화로 고통받고 있으며, 우리 가운데 100살까지 살 수 있는 사람은 매우 적다. 오래 살 수 있는 방법이 있다면 우리 모두는 그 방법을 알아내려고 할 것이다. 또 일반적인 수명의 여자가 수명이 연장된 남자를 선택해 아이를 낳아 그 아이와 아이의 자손이 장수하길 원할 가능성이 높아질 것이다. 같은 이치로 보통의 수명을 지닌 남자도 수명이 연장된 여자를 파트너로 만나길 원할 것이다. 그러다보면 통계적으로 볼 때 전반적으로 수명이 길어질 것이다.

우리는 인간의 수명을 관장하는 유전자가 어떤 것인지 모르지만, 모형 동물을 이용한 실험을 살펴보면 몇 가지 유전자에 변화가 생기자 수명이 50퍼센트까지 연장되었고, 심지어는 두 배 연장되는 경우도 있음을 보여주는 확실한 증거를 발견했다. 산소가 산화에 의한 피해를 입지 않도록 보호하는 효소인 SOD(super oxide dismutase)[인체 내에 존재하는 항산화물질]를 보다 효율적으로 기능하도록 유전자를 변형시킬 경우 수명이 연장되는 효과를 가져온다. 또 생쥐의 체온을 0.5℃ 낮추면 수명을 15퍼센트 연장할 수 있다는 유전적인 증거도 있다. 이 방식을 사람에게 적용시켜 제대로 작동하게 하면 수명을 8~10년 연장시키는 게 가능할 것이다. 우리가 약간만 춥게 살면 아마도 더 오래 살 수 있을 것이다. 하지만 사람은 150살이 되었어도 50살인 것처럼 느끼고 싶어한다. 좀더 심하게 말하면 200살일 때도 20살이라고 생각하고 싶어한다. 따라서 유전자를 조작하는 것도 아주 신중하게 해야 한다. 그래야 단순히 오래 사는 것만이 아니라 건강하게 오래 살 수 있다. 노화를 정복하기 전에 배워야 할 것이 무척 많다.

수명 연장이 가능하다고 해도 과연 이것이 좋은 일인지는 확실치 않다. 수명 연장을 하면 세계 인구 문제가 심화될 것이다. 현재 세계 인구는 약 66억으로 이미 지구가 지탱할 수 있는 수준을 넘어섰다. 만약 사람들이 200살이 될 때까지 죽지 않는다면, 특히 100살이 넘어서까지 계속 아이를 낳는다면 인구는 또다시 두 배가 될 것이다. 유일한 해결책은 장수와 더불어 엄격한 인구통제 정책을 실시하는 것뿐이다. 예측하지 못한 도전에 적응하기 위해 호모 사피엔스에게 변형을 가해 출산을 조절하는 것은 아직까지 상상해보지 못한 사건으로, 공상과학 소설에나 나올 법한 이야기다.

우리가 우리 자신인 호모 사피엔스를 합리적으로 변화시킬 날은 아직도 멀었지만 변화를 위한 기본적인 기술은 계속해서 발전하고 있다. 이제는 앞으로 10세대나 20세대 후 인간 종이 어떤 모습으로 바뀔지를 깊이 생각해보는 것도 무의미하지는 않을 것이다. 하지만 광범위한 합의를 도출해내기까지는 수백 년이 걸릴 수도 있다. 미래 세대가 핵발전소에서 나오는 핵폐기물로 오염된 세상에 살면서 방사능에 대한 저항력이 증대된 유전자를 조상으로부터 물려받는다면 그들은 그것을 감사해할까? 미래의 후손들은 모든 사람의 외모가 비슷하고 평균 수명이 200살인 것이 더 낫다고 생각할까?

과연 누가 이런 것에 대해 옳고 그르다는 판단을 내릴 수 있을까? 이런 문제를 오로지 유전공학이 어디까지 발전할 수 있을지에만 관심을 두는 다수의 과학자들에게만 맡겨둬서는 안 된다. 그리고 다수의 시민들이 기초적인 집단유전학, 분자생물학, 의학적 사실 등을 잘 이해하지 못하고 있는 상황에서는 그런 문제를 국민투표에 부쳐 결정해서도 안 된다. 단기적인 경쟁에서 유리한 위치에 서도록 소집단에 맞춰 설계된 유전자 개선 조치가 장기적으로는 종 전체에 영향을 미칠 수 있다. 사람들이 자신의 유전형질이 DNA 서열에 의해 조정된다는 것을 이해하게 된 지 불과 25년밖에 되지 않았다. 유전자와 단백질 사이의 미세한 작용은 이제는 일반 상식이 되었지만 인류의 운명을 결정하는 지혜는 도덕과 윤리적 가치를 숙고한 좀더 합리적인 평가에 근거해야 한다. 당분간은 진화의 역사에서 이 정도까지 멀리 와 생존한 우리 종에 대한 문제에 어설프게 접근하지 않는 것이 최선이다. 나는 생식세포주 변형이 반드시 필요하다고 의견의 일치를 보거나 그 가치에 대한 합의점을 찾을 때까지는 전 세계적으로 생식세포주 변형 금지 조치를 엄격하게 준수해야 한다고 생각한다.

게놈 합성

펄펄 끓는 마녀의 가마솥같이 새로운 기술이 부글부글 끓으며 발전하고 있고, 이로 인해 합성 게놈이 만들어질 가능성이 높아지고 있다. 몇 년 전까지만 해도 무無에서 게놈을 합성한다는 것은 상상조차 못 할 일이었다. 하지만 화학합성 기술의 발전으로 최근에는 50개, 100개, 아니 200개의 염기를 배열하여 정확한 염기서열을 만들고 이들을 합쳐 더 긴 사슬을 만들 수도 있게 되었다. 2002년 뉴욕 스토니브룩에서 에카드 위머Eckard Wimmer가 이끄는 연구팀이 소아마비 병원체 게놈의 염기쌍 7411개를 합성하는 데 성공했고, 그것이 전염성이 있는 것임을 밝혔다(Cello, Paul, Wimmer 2002). 연구팀은 유전자 망網에서 염기서열의 한 부분을 떼어내 염기쌍 70개로 이루어진 조각을 만들었다. 그중 110개 염기를 적절한 순서로 배열해 바이러스를 만들었다. 소아마비가 박멸되려는 시점에서 테러리스트나 생명공학 해커들이 똑같은 방법으로 바이러스를 만들려고 할 수 있다는 걸 생각하면 너무나 끔찍하다. 위머는 "세계는 이에 대비해야 한다"고 말했다.

더욱 치명적인 바이러스도 곧 만들어질 것 같다. 어렵고 힘든 작업이 될 테지만 약 1만9000개의 염기쌍으로 구성된 천연두와 에볼라 바이러스의 게놈은 현재의 기술로도 합성 가능하다. 에볼라에 감염된 사람은 체액이 상피막을 통해 빠져나와 며칠 내로 사망한다. 천연두도 전염성이 강하며 면역이 되지 않은 사람은 걸릴 경우 죽는다. 천연두가 근절되자 미국은 1972년 정기적인 천연두 예방접종을 종료했다. 테러리스트들이 에볼라 바이러스와 천연두 바이러스를 악용해 생화학 테러를 벌일 가능성이 있기에 모든 병원체는 실험실에 엄중하게 보관되어 있다. 하지만 비밀리에 실험실에서 합성시켜 유출하는 것이 전혀 불가능한 일은 아니다.

바이러스는 살아 있는 것이 아니므로 합성시킨 소아마비 바이러스는 합성된 생명과는 다르다. 바이러스는 비활성 상태로 존재하다가 세포를 감염시키면 그 세포 장치를 이용해 자신의 유전자를 전하고 번역한다. 말하자면 건설 현장에 인부는 없이 설계 청사진만 있는 셈이다. 바이러스에는 저마다의 지령 지침이 있는데 이것이 숙주세포에 해를 끼치지 않을 수도 있고 반대로 치명적일 수도 있다. 유해하지 않은 바이러스도 조작을 가해 새로운 특성을 만들어낼 수 있다. 하버드대 생물학 교수인 조지 처치George Church는 2004년 매사추세츠 공대에서 열린 '합성생물학 학회'에서 DNA 합성의 문제와 그 이점에 대한 논의를 주관했다. 처치는 "우리가 처음 생각했던 것과 다른 생물을 만들어낼 수도 있다"고 말했다. 바이러스를 조작하는 것은 위험스런 모험이 될 수도 있다.

하지만 민간 차원에서 인간 게놈 서열을 밝히려고 노력하는 J. 크레이그 벤터J. Craig Venter를 비롯해 이를 그리 비관적으로 보지 않는 이들도 있다. 벤터는 "게놈 합성 분야는 대체 에너지원 개발과 새로운 백신이나 의약품 개발을 포함해 과학 발전의 획을 그을 만한 잠

재력을 지니고 있다"고 말했다. 기술 혁신의 속도가 엄청나게 빠르
니 머지않아 유전자 조작의 위험성을 깨닫게 되면 그 위험을 피할
만한 방법도 알 수 있을 것이다. 정보과학, 컴퓨터공학, 생물공학이
한곳으로 수렴됨으로써 기술 확장에 엄청난 속도가 붙고 있다. 모든
것에 생체공학을 적용할 수 있는 디딤돌 역할을 할 것이라는 이유에
서 합성생물학을 좋아하는 사람들이 있다.

빌 & 멜린다 게이츠 재단Bill and Melinda Gates Foundation의 기부는
2004년 버클리 소재 캘리포니아 대학에 합성생물학 학부를 설립하
는 데 도움이 됐다. 이 학부에서는 생물학적으로 합성한 항암제, 새
로운 연료, 전자산업을 위한 합성물 등을 연구하고 있다. 또 특정한
경우를 위해 신진대사의 경로를 변경하는 작업도 연구할 계획이다.
다른 실험실에서 이미 대장균 세포를 조작해 스스로 진동하게 만들
었고, 새로운 환경으로 바꿔주고 나서 신호를 보냈을 때 그에 반응
하게 만드는 데도 성공했다. 두 개의 신호가 동시에 올 때만을 제외
하고 신호 하나를 통과시키는 회로(컴퓨터로 치면 NAND 게이트)와 두
개의 신호 가운데 어떤 하나의 신호가 강할 때만 제외하고 신호를
통과시키는 회로(NOR 게이트)는 박테리아와 효모에서도 상당히 좋
은 효과를 냈다. 이처럼 두 개의 신호가 동시에 강할 때(AND 게이트)
신호 하나를 통과시키는 회로도 만들었다. 그리고 동물 세포에서도
이와 비슷한 장치를 만들려는 시도가 이뤄지고 있다. 이는 합성 생
명체는 아니지만 고도로 조작된 생명 형태들이다. 몇몇 합성생물학
자들은 기초부터 착실하게 체계를 구축하고자 하며 그로 인해 작동
하는 원리를 완전하게 이해할 수 있기를 바란다. 공학자들이 만들어

낸 생명체이므로 그들의 예상대로 작동하는 생명체의 특성을 탐구
하고 싶어한다.

　기술 혁신이 진행되고 있으므로 조속한 시일 내에 박테리아 게놈
이나 혹은 염색체 전체를 합성할 수 있게 될 것이다. 게놈의 크기가
커지면서 게놈 합성에서 야기되는 문제도 함께 증가하므로 대장균
게놈 안에 있는 DNA의 염기쌍 463만9222개를 합성하는 데는 아마
시간이 조금 걸릴 것이다. 한편 위스콘신 대학의 프레드 블래트너
Fred Blattner는 대장균 게놈 조각을 작게 자르는 작업을 하고 있다. 그
는 대장균의 게놈 조각을 얼마나 작은 크기로까지 잘라낼 수 있으며
실험실에서 그 대장균을 배양할 수 있을지를 알아내고자 했다(Posfai
외 2006). 지금까지 그는 약 70만 개의 염기쌍을 잘라냈고 3500개의
유전자만을 가진 대장균이 잘 자란다는 것을 알아냈다. 블래트너는
최소한도의 게놈 크기를 알아낼 때까지 계속해서 게놈 크기를 줄여
나갈 계획이다. 이 실험은 특정 기능을 실행하도록 설계된 유전자를
삽입하는 작업에 있어 매우 중요한 시작점이 될 것이다.

　노벨상 수상자이자 J. 크레이그 벤터 연구소 소속인 햄 스미스Ham
Smith는 커다란 진핵세포에 사는 박테리아인 미코플라즈마 제니탈리
움Mycoplasma genitalium 게놈 조각으로 실험을 시작했는데, 이 박테리
아의 게놈은 대장균의 게놈보다 훨씬 작았다. 게놈 연구소The Institute
for Genomic Research, TIGR의 연구팀 소속이었던 스미스는 1995년 2주
동안 M. 제니탈리움 게놈의 염기쌍 57만8000개의 서열을 밝혀 게
놈 전체의 염기서열 판독의 힘을 보여줬다(Fraser 외 1995). 이 팀은
실험에서 M. 제니탈리움에는 오직 470개의 유전자만 있으며, 박테

리아를 죽이지 않고 그중 100개를 제거할 수 있다는 것을 발견했다. 줄일 수 있는 최소한의 숫자까지 게놈을 줄여 그것을 합성하고 정리해 살아 있는 게놈으로 만드는 것이 이 연구팀의 목표다. 이 작업은 세포 단위 생명이 그 생명을 안정적으로 유지할 수 있는 최소 합성물을 더 잘 이해하는 유일한 방법이므로 유전체 생물학이 밟아갈 논리적인 단계라고 할 수 있다. 어떤 물질의 구조를 완전하게 이해했음을 증명하려면 그 물질을 합성할 수 있어야 하는 것이 화학의 기본원칙인 것처럼 게놈도 마찬가지다. 햄 스미스는 '괴물'이 나오는 것을 피하기 위해 실험실 바깥에서는 살지 못하는 유기체만 합성할 것이라는 점을 강조해왔다.

스미스의 계획은 DNA를 없앤 박테리아 세포에 합성 게놈을 집어넣고 그 세포가 자라는 것을 보여주려는 것이다. 하지만 그 계획이 성공한다고 해도 그것은 게놈을 합성한 것이지 생명을 합성한 것은 아니다. 바이러스가 아니므로 살아 있다고도 볼 수 없는데, 이유는 그 합성 게놈에는 전사와 번역을 하는 데 필요한 모든 세포 속 장치가 있어야 하기 때문이다. 하지만 일단 게놈을 합성했으니 가설을 검증하기 위해 변형을 하기도 쉽고 박테리아에 새로운 특징을 부여하기도 쉬울 것이다. 기술 변화의 속도가 빠르므로 한계가 향후 20년 뒤에 올지 아니면 50년 뒤에 올지 예측이 불가능하다. 복어의 게놈을 이루는 3억4200만 개의 염기쌍을 합성하는 것이 가능할까?

게놈 합성으로 물고기를 만든다는 생각은 참으로 흥미진진하다. 하지만 생명을 합성했다고 말하긴 어려울 것이다. 실험실에서 만들 수 있는 것은 게놈뿐이고 난자는 진짜 살아 있는 물고기에서 얻어야

하기 때문이다. 핵을 없앤 난자에 있는 장치는 게놈에 지시된 명령
을 판독하는 데 필수적인 요소다. 만약에 물고기 수컷과 암컷을 모
두 만들어낸다면 거기서 나온 난자와 정자의 소산은 전적으로 합성
된 게놈의 염기서열의 지시를 받을 것이다.

인간의 게놈은 복어의 게놈보다 10배가 더 크며 현재로서는 극복
하기 힘든 문제를 제기한다. 그런 점에서는 아직 사회 차원에서 이
에 대한 어떤 논의도 제기되지 않아 아무것도 결정되지 않은 상태이
므로 차라리 잘된 일이라고 할 수 있다.

우리가 우리 자신의 유전자를 조작하면 후손들에게 영향을 미칠
것이다. 그로 인해 그들에게 어떤 일이 닥칠지 알 수 없다. 아마도
그들에게 꼭 필요한 보호 장치를 제공할 수도 있겠지만 끔찍한 문제
를 안겨줄 수도 있다. 이번 장을 시작하며 언급했던 대장균같이 간
단한 박테리아가 먹는 양분을 조절하는 회로도 매우 복잡하다는 사
실을 고려할 때, 인간 유전자를 바꿀 경우 전혀 예기치 못한 결과가
나올 가능성을 배제하기 어렵다. 아직까지 우리는 유전자와 단백질
을 연결하는 망에 대해 제대로 이해하지 못하고 있다. 따라서 결함
이 있는 유전자를 대체하거나 보호 기능이 있는 유전자를 과도하게
발현시켰을 경우 결코 원치 않는 결과를 야기하지 않을 것이라고 자
신 있게 말할 수 없다. 오류를 고치기도 어렵고 또 적절한 시기에 고
치지 못할 수도 있다. 한 가지 사소한 변화가 큰 위험을 불러일으킬
수 있는 것이다. 지배 계층이 종종 오만과 무지를 보인다는 점을 고
려해보면 그 종은 돌이키기 힘든 피해로 고통받게 될 수도 있다. 그
런 모험을 시작할 때는 매우 신중해야 한다. 그 누구도 인류의 운명

을 자신의 어깨에 짊어지길 원하지 않는다. 그러니 우리가 판도라의 상자를 열 것이라면 아주 신중하고 조심스럽게 열자.

설계에 의한 게놈을 합성하지 않고 우리가 물려받은 게놈의 서열만 알게 되어도 온갖 종류의 문제가 제기된다(Kitcher 2001). 질병 유전자를 확인하기 위해 출산전 유전자 서열 검사가 보편화돼 태아에게 어떤 유전적 결함이 있는지를 정확하게 예측할 수 있게 되었다. 이런 경우 보통 문제를 해결하기 위해 할 수 있는 일은 아무것도 없다. 만약에 그 태아가 성장해 출생할 경우, 그 아기는 심각한 장애를 갖고 태어날 것이고 부모는 절망할 것이다. 그 경우 출산하기 전에 태아를 낙태시키는 것이 가장 일반적이며 당연한 반응으로 받아들여진다. 하지만 많은 사람이 그 태아의 생명도 어머니의 생명만큼 소중하다고 여겨 모든 낙태를 불법으로 규정하곤 한다. 정말 치명적인 결과를 야기하는 끔찍한 유전자에서부터 위험하진 않지만 단순히 사람들이 원하지 않는 유전자까지 협의해야 할 사항의 범위가 아주 넓다. 그리고 오른손잡이나 왼손잡이를 결정하는 유전자 같은 몇몇 유전자는 결과에 어떤 지시를 내리기보다는 그저 우연히 만들어진다. 성격과 사회적인 행동에 영향을 미치는 유전자는 확실한 한계를 긋지 않으면서 한 개인이 하나 혹은 그 이상의 방향으로 나가도록 하는 소인을 만들 수 있다. 다음 장에서 논의할 것의 주제가 바로 이런 것들이다. 의식, 기억, 삶의 질, 협력 같은 주제는 그에 대한 생물학적 기초를 이해해야만 완전하게 인식할 수 있다.

4장

게놈 빅뱅의 현장을 찾아서

개체성이란 무엇인가 | 낙태와 게놈의 관계 | 좋은 유전자와 나쁜 유전자

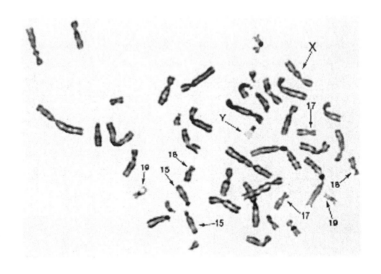

인간 염색체. 유전 정보는 22쌍의 상常 염색체와 한 쌍의 성性 염색체의 DNA 서열 안에 암호화된다. 15, 17, 18, 19번 염색체, 그리고 성 염색체 X와 Y가 보인다. ⓒ 로렌스 버클리 국립연구소

유전자 지도는 유전자가 염색체상의 어디에 있는지를 알려주며, 모든 유전 정보를 한눈에 볼 수 있게 구성되어 있다. 나는 지도를 좋아한다. 몇 년 전 스페인 마드리드 부근의 엘 에스코리알 궁전에 갔었는데, 그 궁전에는 16세기 펠리페 2세 시대에 제작된 다채로운 색깔로 신세계를 묘사한 지도로 벽면을 채운 방이 있다. 15세기와 16세기에 배를 타고 세계를 누빈 탐험가들이 새로운 정보를 안고 고향으로 돌아왔고 그 정보로 매년 해도海圖와 세계지도가 개정되었다. 유럽인들은 수많은 산, 강, 섬은 물론이고 완전히 새로운 세계에 대해 배웠다. 지도에 몇몇 섬의 위치를 잘못 기재했거나 이름이 슬쩍 바뀌는 등 오류가 없진 않았지만 그래도 전 세계를 알아보는 데는 문제가 전혀 없다. 내가 16세기에 살았다면 나도 마젤란과 함께 항해를 했을 것 같다. 마젤란은 서쪽으로 항해를 떠나 동쪽으로 돌아왔다. 마젤란의 탐험대는 남아프리카의 끝, 필리핀, 보르네오, 그리고 그 사이에 있는 많은 것을 해도에 기입했다. 지금은 세계의 모든 곳이 지도에 정확하게 기입되어 있으며 위성사진을 이용하기 때문에 오류가 나도 몇 미터 정도의 매우 근소한 차이만 날 뿐이다. 그런 까닭에 항해하기가 훨씬 쉽다. 하지만 그다지 재미는 없다.

게놈은 이 시대의 미지의 영역이자 개척의 대상이다. 1964년 처음으로 대장균 게놈 지도가 완성되어 발표되었던 때를 나는 기억한다. 그 지도는 표지 유전자gene marker 사이의 재조합 빈도에 근거해 제작되었는데, 빈자리와 오류가 많았지만 유전자를 제자리에 표시하기는 했다. 그 후 수년 동안 다양한 기술의 발달로 지도는 개선되고 더욱 정확해졌다(Taylor, Trotter 1967). 그리고 1997년 프레드 블래트너가 이끄는 연구팀이 대장균 게놈의 서열을 완전히 판독했다. DNA에 있는 463만9222개의 염기서열이 결정되었고 지도 제작도 끝냈다(Blattner 외 1997). 그동안 나는 토양 아메바 딕티오스텔리움 디스코이데움Dictyostelium discoideum을 연구하고 있었는데, 그 아메바의 6개 염색체 모두의 유전자 지도를 만들고 싶었다. 먼저 2배체인 DNA 가닥을 분리시킨 다음 염색체별로 표지 유전자를 배정했다. 1990년이 되자 특정 서열을 이용해 유전자 지도를 만들 수 있었다.

우리는 유전자 100개마다 표지 유전자를 하나씩 둬서 6개 염색체 각각의 유전자 지도 6개를 만들었다. 그리고 폴 디어Paul Dear가 고안해낸 해피 맵핑HAPPY mapping 기술을 이용해 계속해서 지도를 정밀하게 다듬어나갔다. 디어가 고안해낸 해피 맵핑은 물리적으로 DNA를 부쉬 작은 조각으로 나눈 후 그 작은 조각에 어떤 유전자가 여전히 같이 붙어 있는지를 알아내는 기법이다. 이 지도에는 유전자 5개마다 하나씩 표지 유전자를 뒀다. 그렇게 해서 유전자의 순서와 공간을 파악했고 그것을 이용해 DNA 서열을 정리했다. 표지 유전자의 순서와 간격은 이미 알고 있었기 때문에 이를 이용해 10여 개의 조각으로 나뉜 DNA 서열을 조합할 수 있었다. 2005년에는 3400만 개의 염기로 이루어진 딕티오스텔리움의 염기서열이 밝혀졌는데, 대단히 정확하고 신뢰도가 높다(Eichinger 외 2005). 지도 제작은 끝났다. 염기 하나하나까지 정확히 밝혀졌다. 다음은 이 모든 것이 무엇을 의미하는지 밝힐 차례였다.

인간 게놈 서열을 밝히는 작업 역시 이와 흡사했다. 2003년 연방 기금의 지원을 받는 연구소와 J. 크레이그 벤터가 이끄는 사설 연구소인 셀레라Celera가 동시에 인간 게놈 서열을 밝히는 프로젝트의 초안을 내놨다. 두 종류의 지도 초안 모두 대부분의 쟁점에서 같은 입장을 보였지만 현격한 차이도 있다. 그리고 그다음 몇 년간 공공기금의 지원을 받는 연구소가 두 연구소에서 제출한 염색체를 아주 면밀하게 조사했고 '최종' 서열을 접근하기 쉬운 파일로 만들었다. 인간 게놈 서열 프로젝트같이 커다란 계획의 문제점은 세세한 사항이 뒷전으로 밀려난다는 데 있다. 예를 들어 여러 사람이 공여한 DNA, 즉 남녀 모두가 공여했고 모두 각 유전자의 복제본 2개(모계에서 얻은 유전자 1개와 부계에서 얻은 유전자 1개)의 서열을 밝혀냈는데, 가장 일반적인 서열 뒤에 개인별로 조금씩 다른 서열이 많았다. 따라서 이것은 어떤 한 사람의 서열이 아닌 공여자들의 평균적인 서열인 것이다. 현재 서열이 밝혀진 사람들의 특정 부위가 얼마나 다른지를 밝히고 염색체마다 표지 유전자를 정하기 위한 서열화 작업이 진행 중이다. 새로운 서열 기술이 개발되기 전까지는 인간의 게놈 서열을 완전히 밝혀내기가 쉽지는 않을 것이다. 여러 유망한 기술이 있지만 아직까지 완벽하게 준비되지는 않은 상태다.

개체성이란 무엇인가

어떤 사람에게 그의 게놈 서열을 보여준다면 그 사람은 거기서 무엇을 보게 될까? 아마 A, T, G, C를 나타내는 굵직한 선이 염기 30억 개의 길이로 쭉 늘어서 있는 것을 보게 될 것이다. 그 서열이 그 사람을 정의하는 것이라 해도 그가 거기서 자아를 느끼진 못할 것이다. 게다가 그 게놈 서열은 컴퓨터에 저장해두고 필요할 때 열어봐야 하는데 그것을 컴퓨터 파일로 만들기도 어려울 것이다. 한 사람의 생명을 책으로 인쇄할 경우, 23개 염색체의 내용을 다 수록하려면 조그만 활자로 쳐도 3만 쪽 이상이 필요하다. 이 사람의 게놈 서열과 일반인의 것을 비교해서 작은 변이를 찾아내는 일도 컴퓨터를 이용해야 한다. 아마 2만 5000개 유전자 모두를 예상한 자리에서 발견하게 될 것이며, 유전자 사이에 언뜻 봐서 염기가 의미 없이 쭉 늘어서 있는 긴 부분을 발견하게 될 것이다. 쓸모없는 부위에 있는 염기라도 몇 개는 어떤 이유에서든 중요할 수 있다. 하지만 지금은 어디에서 그런 염기를 찾아야 할지 알 수가 없다.

가족의 역사를 추적할 때 개인 맞춤 염기서열을 이용할 수 있다. 많은 사람이 계보에 매력을 느끼는 이유는 계보를 보면 어떤 사람이

한 대가족의 일원이라는 소속감을 심어주기 때문이다. 염기서열에서 아주 드물게 일어나는 차이점은 게놈 복제 시의 오류 때문에 발생하며 그 차이점은 후손에게 전달된다. 그렇게 해서 5대 전까지도 추적할 수 있다. 그리하여 폴란드계 변이, 아일랜드계 변이, 콩고계 변이, 타이계 변이 등을 구분할 수 있으며 자신의 조상이 어느 지역에서 왔는지도 알 수 있다. 유전자 서열의 일부를 보고 유전자가 섞여 있다는 사실을 확인하면 대부분의 사람은 놀란다. 가령 자신에게 그리스인이나 중국인의 피가 흐른다는 것을 전혀 몰랐더라도 이 사실을 보여주는 변이가 뚜렷한 증거로 존재한다. 이런 증거는 전체 서열을 면밀하게 조사하면 더욱 명확해질 것이다.

  2만5000개의 유전자 중에서 비정상적인 DNA 서열이 몇 개 있을 수 있는데 이로 인해 단백질의 아미노산에 변화가 생길 가능성이 있다. 대부분의 사람이 가지고 있는 단백질 중 1퍼센트 정도는 변이된 것으로 추정되고 있다. 대부분의 변이는 대립 유전자 모두에서 돌연변이가 일어났다고 하더라도 별 문제가 되지 않는다. 그리고 나머지 것들 중 대다수의 돌연변이도 두 개의 대립 유전자 가운데 하나만 제대로 복제되면 상관없다. 두 개의 대립 유전자가 모두 해로운 돌연변이를 품고 있을 때만 개체에 영향을 미친다. 대부분의 질병은 그 근본 원인이 아직 밝혀지지 않았기 때문에 어떤 사람이 나쁜 유전자를 물려받았다고 해도 발병을 해야만 비로소 문제가 있다는 것을 알게 된다.

  더 많은 분석이 이루어지지 않은 상황에서, DNA 자체의 차이가 개체에 어떤 질병이나 이상을 초래할 위험을 뜻하진 않는다. 유전병을 일으키는 것으로 알려진 수천 가지 돌연변이 중 하나가 게놈에서 발견되어야만 걱정을 할 이유가 되는 것이다. 우리가 생명의 책을 읽는 법과 그 미묘한 차이를 이해한다고 해도 정작 알 수 있는 것은 우리 몸과 세포가 함께 잘 구성되어 있는가 하는 것 정도다. 배가 고 플지, 슬플지, 우리가 선택한 것의 결과가 어떻게 나올지 또는 신청한 보조금을 받을 수 있을지와 같이 우리 일상에서 중요한 것들에 대한 답을 알려주지는 않는다. 유전자 카드 게임을 하는데 안 좋은 패를 들고 있는지, 또는 우리를 비참하게 만들 돌연변이를 보유하고 있는지를 말해줄 수는 있다. 하지만 대부분의 경우 우리가 할 수 있는 일은 아무것도 없다.

낭포성 섬유증을 앓는 환자들은 CFTR 유전자에 생기는 24가지 돌연변이 가운데 하나를 자신이 보유하고 있다는 것을 알 수 있지만 그게 마음의 위안이 되진 않는다. 검사를 해보기 전부터 이미 병에 걸려 있었다는 것, 그리고 유전자 돌연변이를 고칠 길이 없다는 것을 알게 될 뿐이다. CFTR 유전자는 염화이온이 폐와 췌장세포로 들어가는 것을 조절하는 수송 단백질을 만든다. 그런데 과연 환자들이 508번 위치에 페닐알라닌phenylalanine[필수 아미노산의 일종]이 없다고 해서 그것을 걱정하고 고민할까? 환자들은 폐가 충혈되고 숨을 헐떡이고 소금기를 머금은 땀을 흘릴 때 이런 증세만으로도 충분히 알 것이다. 자신이 젊은 나이에 죽게 될 상황이지만 어떻게 손을 쓸 방법이 없다는 것을 말이다. 낭포성 섬유증 가족력이 있는 커플은 CFTR 유전자(전체 게놈이 아닌 딱 이 유전자)의 서열을 알아보라는 권고를 받는다. 만약에 이 커플이 CFTR의 나쁜 유전자 복제본과 좋은 유전자를 하나씩 가지고 있다면 이들은 건강하겠지만, 이들의 자녀에게서 낭포성 섬유증이 발병할 확률이 4분의 1이다. 이 커플이 낭포성 섬유증에 걸릴 수 있다는 고지를 받으면 이들은 자녀를 갖지 말든가, 갖는다면 임신한 다음 출산전 유전자 검사를 받아야 한다. 현재 미국 산부인과협회ACOG는 자녀 계획을 하는 모든 커플에게 낭포성 섬유증 검사를 받을 것을 권장하고 있다. 낭포성 섬유증을 유발하는 유전자를 보유하고 있을 확률이 낮다 해도, 아이를 낳았는데 낭포성 섬유증을 앓는다면 그 결과는 너무도 충격적이다. 그러니 출산 전에 미리 찾아내는 것이 최선이다.

어떤 집단은 결함 유전자를 보유하고 있는 사람의 비율이 비정상적으로 높다. 다시 한번 주지하자면 결함이 있는 유전자라도 두 개의 가닥 중 하나가 정상의 복제본이면 아무 문제가 없다. 하지만 자녀가 부모로부터 나쁜 유전자만 물려받으면 비극을 낳을 수도 있다. 테이삭스병Tay-Sachs disease[유아와 어린이에게서 일어나는 중추신경계의 유전적 질환. 발생 빈도는 낮지만 점차적으로 손상이 생겨 조기 사망의 원인이 됨], 고셔병Gaucher disease[지방질 대사 이상을 야기하는 상 염색체성 유전병. 효소의 결핍에 의해 일어남]과 같이 일부 잘 알려진 유전병을 일으키는 유전자는 아슈케나지 유대인(유대인의 세 부류인 아슈케나지 Ashkenazim, 세파라딤Sepharadim, 팔라샤Falashs 가운데 가장 다수인 부류로, 세계 유대 인구의 70퍼센트를 차지함)에게 특히 많다. 양친 중 한 명에게서 b-헥소사미니다아제b-hexosaminidase를 암호화하는 테이삭스 유전자의 돌연변이형을, 또 다른 한 명에게서는 정상적인 유전자를 물려받은 유대인들은 건강하며 심지어 결핵에 걸릴 확률이 훨씬 낮기 때문에 그런 점에서는 이점을 갖고 있다. 하지만 양친 모두에게서 돌연변이 유전자를 물려받은 아이들은 신경세포에 지방산이 과도하게 축적돼 생후 6개월 내로 뇌 기능을 잃어버린다. 그리고 몇 년 이상 살지 못한다. 아슈케나지 유대인의 10퍼센트는 선천성 결함과 조기 사망을 유도하는 유전자를 하나 이상 보유하고 있는 것으로 추측되고 있다. 아슈케나지 유대인 그룹에 속하는 이들은 자녀를 갖기전에 이런 유전병 검사를 해볼 것을 권고받는다. 남녀 모두가 무서운 질병을 유발하는 유전자를 보유하고 있는 것으로 판명되면 임신 3개월이 지나기 전에 태아의 유전자 구성을 확인해봐야 한다. 그 결과 태아의 대립 유전자 2개가 모두 결함이 있다고 밝혀지면 임신중절을 하는 것이 가장 합리적인 선택이다.

또 다른 끔찍한 유전병에는 카나반병Canavan disease[뇌가 스펀지처럼 퇴화하는 유전병]이 있는데, 이 병은 아스파르토아실라제aspartoacylase, ASPA라는 효소가 결핍될 때 발병한다. ASPA가 결핍되면 뇌의 백질을 파괴하는 화학물질이 축적된다. 이에 따라 뇌의 상태가 천천히 악화돼 아이가 죽음에 이른다. ASPA 유전자는 17번 염색체에 위치하며 간단한 검사를 하면 이 유전자의 돌연변이가 밝혀진다. 유럽 유대인의 2퍼센트가 ASPA 유전자 돌연변이를 보유하고 있다. 하지만 다른 대립 유전자가 정상이기 때문에 이들은 건강하고 필요한 만큼 ASPA를 만들어낼 수 있다. 그러나 만약에 한 쌍의 대립 유전자가 모두 열성이라면 카나반병이 발병할 것이다. 카나반병에 걸린 아기는 생후 몇 달 동안은 전혀 문제가 없다가 점점 머리를 가누지 못하는 모습을 보인다. 운동 기능이 계속해서 저하되고 청각은 손상되지 않지만 눈이 먼다. 또 음식물 섭취에도 문제가 생기고 경직되어 발작을 하다 결국에는 죽고 만다. 내 친구 부부에게 카나반병에 걸린 아이가 있었기에 그런 모습을 지켜보는 것이 얼마나 가슴 아픈 일인지 잘 안다. 자식을 살리기 위해서라면 어떤 일이라도 불사했을 이들이지만 할 수 있는 것이 전혀 없었다. 부부 가운데 한 명이 유대인 혈통도 아니었고 걱정할 일이 아니라고 여겨서 ASPA 관련 유전자 검사를 받지 않았던 것이다. 그 일이 있은 후 친구 부부는 잠재적으로 해로운 유전자를 가려내는 광범위한 검사를 받았고 다시 임신을 했다. 만약에 태아가 카나반병이나 다른 유전병을 일으킬 유전자를 보유한 것으로 결과가 나올 경우 낙태를 할 마음의 준비도 했다. 하지만 다행히도 현재 그 부부의 자녀 둘은 모두 건강하다.

　뉴욕 주는 신생아를 대상으로 50가지 유전병 검사를 실시하고 있다. 하지만 심각한 질병을 야기하는 유전자를 지닌 불운한 아기들 모두에게 도움을 주기에는 이미 너무 늦었다. 그들의 미래가 어떠할지는 확실히 예견할 수 있지만 그 미래를 바꿀 여지는 거의 없는 상황이다.

낙태와 게놈의 관계

　출생 시 결함과 심각한 유전성 질환을 야기하는 유전자에 대한 출산전 검사는 임신 15주에서부터 18주 사이에만 할 수 있다. 이때 태아 주변의 양수에서 세포를 약간 채취해 염색체 이상이나 특정 유전

자 결함을 찾아내는 게 가능하다. 그래서 심각한 유전적 결함이 예
상되면 낙태를 권유할 수 있다. 분석 결과 태아가 다운증후군, 이분
척추二分脊椎[척추의 뒷부분이 완전히 닫히지 않는 기형], 카나반병을 유
발하는 유전자를 보유하고 있거나 그 밖에 심각한 유전적 결함이 발
견되면, 의사는 대개 아이를 낳아 제약이 많고 고통스러운 삶을 살
게 하기보다는 낙태할 것을 부모에게 권유한다. 낙태 시술은 병원에
서 할 경우 비교적 안전하고 간단하다. 부모는 어느 정도 감정적인
희생을 치르기는 하지만 출산해 십수 년간 사랑으로 양육하다가 예
기치 않게 십대에 자녀가 죽는 경우에 비하면 그 정도는 아주 미미
하다고 할 수 있다.

　하지만 많은 사회에서 낙태를 바라보는 시각은 아주 첨예하게 대
립되고 있다(Gazzaniga 2005). 어떤 식으로든 간섭하는 것은 잘못됐
으며 자연의 순리에 맡겨야 한다고 말하는 사람들이 있는 반면, 알
면서도 결함이 있는 아이를 태어나게 하는 것은 불공평하다고 말하
는 이들도 있다. 많은 사회에서 낙태 지지자와 반대자들이 서로 대
립하며 갈등하고 있다. 낙태 반대자들은 낙태를 완전히 금지하고 싶
어한다. 하지만 임신 6개월 이내에 낙태할 권리를 지지하는 사람들
은 낙태는 임신한 여성 자신이 결정할 문제라고 주장한다. 낙태 지
지자들은 낙태와 같이 개인적인 문제에 어떤 방식으로든 정부가 개
입하는 것은 잘못된 일이라고 여긴다. 낙태를 불법화할 경우 강간이
나 근친상간 희생자에게 너무 심한 처사가 되며, 여성의 건강이 위
협받게 된다고 주장한다. 또 정신적인 상처만 받는다고 해도 낙태를
결심하기에는 충분한 명분이 된다고 여긴다. 좀더 강경한 낙태 지지

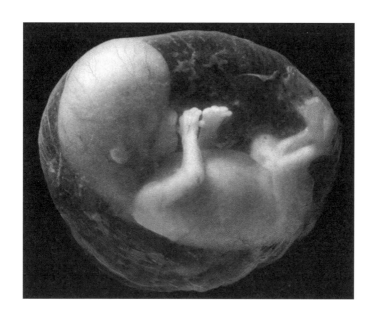

다양한 이유로 낙태가 이뤄지고 있으며, 과학의 발전과 무관하게 낙태를 둘러싼 논란은 언제든 재연될 것이다.

자들은 원하지 않는 아이를 낳을 경우 양육이 소홀해지고 방치되며 학대받기 쉽다고 주장한다. 그런 아이들은 사회의 가장자리에서 자라 소외되고 반사회적인 삶을 살다 결국 범죄자가 되는 경우가 허다하다. 하지만 낙태 반대자들은 수정이 되는 순간부터 생명이 시작되기 때문에 낙태는 살인이나 마찬가지라며 맞선다. 그들은 인간이 될 잠재성이 있는 모든 것은 반드시 보호되어야 한다고 본다. 그렇다면 인간의 생명은 언제 시작되는 것일까?

가톨릭교회는 그 역사를 살펴볼 때 '태동'이 있어 임신부가 태아의 움직임을 느끼기 전인 임신 후 약 20주 내에 낙태하는 것은 반대하지 않았었다. 최근까지 여성은 임신을 하고 처음 몇 달은 자신이 임신을 했는지 안 했는지 잘 알지 못했다. 그러다 속이 울렁거리고 월경이 없었다는 것을 깨달으면 그제야 임신했을지도 모른다고 생각했다. 아이를 원하지 않는 경우, 예를 들어 남편이 몇 달 동안 집을 비운 사이 임신한 경우 여성들은 한약이나 자연 유산을 유도하는 RU 486[임신 유지의 핵심 호르몬인 프로게스테론의 수용체를 차단하는 항프로게스테론제]과 같은 경구 피임약을 사용했다. 1869년 당시 인구가 줄어들고 있던 프랑스에서 가톨릭교회는 황제 나폴레옹 3세의 요청을 받아들여 낙태 금지를 선언했다. 교황 비오 11세는 생명은 수태되는 순간 시작되며 그때부터 보호해야 한다고 천명했다. 유대인 전통에 의하면 태아는 출생 후 30일까지는 아이를 낳은 여성의 한 부분이므로 그 여성이 원하는 대로 할 수 있다. 하지만 그러면서도 최초의 호흡을 한 순간부터 생명이 시작된 것이라고 간주하기도 한다. 어떤 경우든 낙태는 임신한 여성의 개인적인 문제다. 낙태에 대한 견해를 피력한 여러 문헌들이 있는데, 힌두교의 경우는 임신하고 다섯 달, 부풀어오른 배에서 태아의 태동이 느껴지는 때까지도 낙태를 허용하는 듯하다.

1995년 교황 요한 바오로 2세는 낙태에 대한 가톨릭교회의 입장과 가르침에 대해 "바뀌지 않았으며 바뀔 수 없는 것이다. 따라서 그리스도께서 베드로와 그 후계자에게 수여한 권한으로 나는 직접적인 낙태, 즉 목적으로서 그리고 수단으로서의 낙태 모두 무고한 인간을 고의로 죽이는 행위이므로 심각한 도덕적 장애를 낳는다고 선언하는 바이다. 이 교리는 자연법과 하느님의 말씀에 근거한 것으로 교회의 전통으로 전승될 것이며, 교회의 교학권敎學權에 포함되어 교육될 것이다. 이는 모든 인간의 가슴속에 쓰여 있고 이성으로도 알 수 있으며, 교회가 선포한 하느님의 법에 어긋나기 때문에 어떤 상황이나 목적, 어떤 법도 본질적으로 불법적인 행위를 적법한 것으로 만들 수 없다"고 선포했다('생명의 복음' 62). 상당히 강경해 보이지만 사실 1978년 이후 이탈리아에서 낙태는 합법화되었으며 1981년 국민투표에서도 낙태 합법화는 지지율 80퍼센트를 획득했다. 임신이 가능한 이탈리아 여성 중 약 1퍼센트가 매년 임신중절 시술을 받고 있다. 스웨덴과 미국의 경우 15~44세 여성의 낙태율은 2퍼센트다.

지난 30년간 임신진단 시약과 초음파 검사의 보편화로 임신 조기 진단이 활성화되었다. 자궁 속에 있는 땅콩같이 생긴 작은 세포의 집합체를 관찰하는 행위에는 부모로서의 감정을 자극하는 그 무엇이 있다. 여성은 자신이 임신했다는 것을 알면 대개 건강관리를 더 잘하고 태아를 보호하려 노력한다. 엄마와 미래에 태어날 아이 사이의 연대감은 병원에서 초음파 검사로 팔다리가 발달하고 심장이 뛰는 것을 볼 때마다 더욱 강해진다. 하지만 초음파 검사로 태아가 심각한 기형임을 알게 된다면 그 경우 엄마는 임신을 종결할 권리를 행사할 수 있지 않겠는가?

대부분의 국가가 낙태를 여성의 권리로 받아들였으며 필요한 경우 낙태에 드는 비용을 지원하기도 한다. 1970년대에 그리스 정교회와 키프로스의 소아과 의사들이 지중해빈혈Beta Thalassemias을 진단하기 위해 임신부들에게 출산전 검사를 받을 것을 권장하기 시작했다. 그 당시 키프로스 섬에서 태어나는 신생아 158명 중 1명이 헤모글로빈의 결함으로 생기는 지중해빈혈로 고통받고 있었다. 이 병에 걸린 아이들은 대개 빈혈로 괴로워하다가 다섯 살이 되기 전에 죽는다. 키프로스 교회와 정부는 전체 주민을 대상으로 검사 프로그램을 실행했고 필요한 경우 낙태 시술을 권장했다. 그 결과 키프로스 섬에서 새로 태어나는 모든 그리스계와 터키계 아기들은 거의 지중해빈혈증에 걸리지 않게 되었다.

1995년 터키 본토의 데니즐리Denizli 지역 보건당국은 지중해빈혈 발병률을 낮추려는 계획 아래 시범 프로그램을 실시했다. 혼인신고를 신청한 모든 부부는 검사를 받게 했고, 지중해빈혈에 걸릴 위험이 있는 부부는 상담과 출산전 검사를 받게 했으며, 태아가 이미 지중해빈혈에 걸린 경우는 낙태를 권유했다. 9902쌍의 남녀가 검사를 받았고 그중 514명에게서 지중해빈혈 유전자가 발견되었다. 남녀 모두 형질을 보유한 부부가 15쌍이었고 이 가운데 7쌍은 아이를 갖

Muslims called on to help save Ayesha

£200,000 campaign launched and community urged to take blood tests

by Callum Brodie

■ cbrodie@berksmedia.co.uk

MUSLIMS in Slough are at the centre of an emotional appeal to save the life of young girl from Pakistan who is in the grip of a fatal blood disease.

The campaign to raise £200,000 so that 14 year-old Ayesha Saleem can get treatment at a London hospital got underway in Slough in the same week that a leading medical expert spoke of the need for more blood-testing in the town.

This comes amid fears interbreeding could increase the risk of children being born with Thalassemia. One concerned resident has started a movement to raise awareness among fellow Muslims in Slough about the potentially devastating effect of starting a family with a cousin, commonplace in the culture.

He has urged members of the Pakistani community to check they are not carriers of the genetic blood disorder before having children.

Imran Aslam, who will be hosting a series of fundraising events alongside fellow campaigner Asim Khan, said: "It is critical that people are aware of the fatal nature of this disease and take the appropriate tests before starting a family.

"Slough has a big Pakistani community. People starting families with their cousins need to be aware of the potential risks if the family carry the disease.

"I am hoping to raise £200,000 to help Ayesha Saleem get the treatment she needs over here, she already needs her blood changed every month and has lost three sisters to the disease."

The dedicated campaign leader is hoping Slough residents will attend a Southall fundraiser on Sunday to help Ayesha, *pictured*, and

raise awareness about thalassemia, described as an inherited autosomal recessive blood disease.

Dr Aamra Darr, senior research fellow at the university of Bradford, said: "The issue is not necessarily about cousin marriage but more about the fact that genetic disorders

run in families. I would advise anyone who is concerned to arrange a blood test."

The fundraiser is at the Virsa restaurant in Southall Broadway from 6pm, tickets are priced at £25 and include an Iftar dinner. For more information call 07878 456666.

지중해빈혈을 앓고 있는 소녀에 대한 신문 기사.

지 않기로 결정했다. 나중에 실시한 출산전 검사로 나머지 부부 중에서 지중해빈혈에 걸린 태아를 발견했고 낙태 시술을 했다. 이 시범 연구 프로그램에서 부부들에게 지중해빈혈에 걸린 태아를 낙태시키라는 강압이나 압력은 전혀 없었다. 그저 그들에게 의학적인 사실에 대해 설명해주자 자발적으로 낙태하기로 결심하거나 아이를 갖는 것을 자제하기로 결정했다.

앞으로는 유전 질환과 관련된 돌연변이가 더 많이 알려질 터이므로 예후를 진단하기 어려운 사례에서 출산전 검사를 하는 경우는 더욱 증가할 것이다. 광범위한 검사를 할 수 있지만 심각한 결함이 발견될 때 도움이 될 만한 제안은 그리 많지 않을 듯하다. 낙태의 기준은 일시적인 유행 풍조나 편견에 따라 변할 것이다. 우생학의 그림자 속에서 유전적인 쟁점을 악용한 탓에 벌어졌던 암울한 과거가 상기된다.

지금도 태아가 여아라는 것 때문에 낙태시키는 일이 벌어지기도 한다. 기간을 다 채우면 건강한 여자아이로 태어날 텐데 부모가 남자 아이를 원해 아이를 지우는 것이다. 이는 일부 문화권에서 남아를 선호하는 사회적 압박에서 기인한 비이성적인 행위이다. 그런 문화에서는 낙태를 가볍게 여겨 태아가 여아이면 임신을 종결시켜버린다. 부모가 그다지 물려주고 싶지 않았던 유전자를 몇 개 물려받았다고 해서 태아를 낙태시키는 시대가 오게 될까? 심각한 결함이 있는 아이가 태어나는 것을 피하거나 산모를 보호하기 위해 낙태를 시술하는 것과 일시적인 부모의 생각 때문에 낙태를 하는 것은 경우가 다르다. 하지만 어느 한쪽을 통제하면서 다른 한쪽에 영향을 끼치지 않게 하기는 무척 어렵다. 아마도 선택은 여성이 하겠지만, 선택에 앞서 그 여성은 의학적인 사실과 그리 중요하지 않은 선호도의 차이점이 무엇인지를 잘 알고 있어야 한다.

　출산전 검사로 탐지해낼 수 있는 대부분의 유전 질환이 현재 우리의 능력 밖이고 우리가 내놓을 수 있는 유일한 해결책이 임신중절밖에 없다면 그렇게 많은 유전자 검사를 계속하지 않는 편이 나을 수도 있다. 낙태시킬 능력이 없다면 검사를 한다고 해도 고통받는 사람들의 수를 줄일 방법은 없을 것이다. 하지만 사람들이 낙태에 대해 저마다 다른 의견을 보이고 있다 해도 어떤 문제가 일어날지를 미리 알고 있는 것이 더 낫다고 본다. 예를 들어 페닐케톤뇨증尿症(phenylke-tonuria, PKU)이라고 불리는 흔치 않은 대사 관련 질환을 알아낼 수 있는 간단한 검사가 있다. PKU를 가지고 태어난 아이는 페닐알라닌이 낮고 아미노산의 한 종류인 타이로신이 높은 음식물을 섭취하지 않으면 출생 직후 엄청난 뇌 손상으로 고통을 받게 된다. 아이에게 맛이 이상하고 값은 비싼 PKU식을 먹이면 검사에서 PKU 양성이 나와도 정상적으로 지능을 발달시킬 수 있다. 하지만 특별식을 고수하려면 아이에게 훈련을 시켜야 하고 청소년기에 사회적으로 단절되는 결과를 초래할 수 있다. 부모의 잘못된 선택 때문에 치러야 하는 대가가 너무 큰 것이다.

　출산전 검사로 치유 불가능한 치명적인 질환에 걸릴 확률이 100퍼센트라는 확실한 증거가 나왔을 때 의학이나 과학 관련 문헌을 계속 접하지 않은 사람들은 유전자 결함이 금방 치료될 거라 믿을 수 있다. 20년 전에는 유전자 치료 요법의 전망이 괜찮아 보였고 자궁

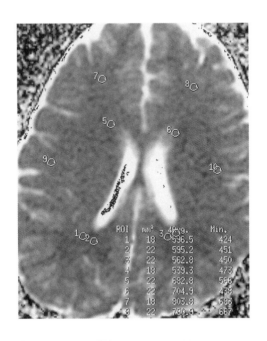

페닐케톤뇨증에 걸린 뇌의 촬영 사진.

내에서 유전 질환을 고칠 수 있을 것이라는 희망도 제기됐었다. 하지만 수많은 함정과 위험에 부딪히며 연구가 더뎌졌다. 아직까지는 페닐알라닌을 타이로신으로 전환시키는 효소를 만드는 유전자를 삽입해 PKU를 치료할 수는 없으며, CFTR 유전자를 삽입해 낭포성 섬유증을 치료할 수도 없다. 태아에게 카나반병이 있음을 알아냈을 때 ASPA를 만들어내는 유전자만 넣어줄 수는 없을까? 아직까지는 태아나 신생아에게 유전자를 삽입해 안정화시키는 안전한 방법을 찾지 못했기 때문에 이를 위한 작업이 계속되고 있다. 하지만 아직도 갈 길이 멀다. 당분간 가장 인도적인 방법은 낙태로 태아의 고통을 종결시키는 것이다.

좋은 유전자와 나쁜 유전자

전 세계적으로 천연두와 소아마비는 현재 거의 완전하게 박멸된 상태이며 한센병, 기니벌레병[사람·말의 발에 기생하여 종양을 일으킴], 샤가스병Chagas' disease[브라질을 중심으로 한 남미 및 중미에서 볼 수 있는 전염병. 브라질 수면병이라고도 함]의 경우에는 현재 박멸을 위해 노력을 기울이는 중이다. 나쁜 세균을 없애버릴 수 있다면 나쁜 유전자도 없애지 못할 이유가 없지 않겠는가? 문제는 대부분의 유해한 유전자는 열성인데, 양친 중 한쪽에게서 이런 열성 형질을 물려받아도 다른 한쪽에게서 정상적인 유전자를 물려받으면 별 문제가 없고 그런 형질을 보유한 상태로 전체 인구를 구성하는 일원으로 살아간다는 점이다. 양쪽 부모로부터 물려받은 유전자 한 쌍이 모두 돌연변이를 일으켰을 때만 그 사람에게 영향을 미치게 된다. 앞서 거론했던 유전성 질환들은 아주 심각해서 이로 인해 고통받는 사람들은 결코 자손을 갖지 못한다. 따라서 집단유전학의 관점에서 보면 이런 사람들은 태어나도 그다지 의미가 없다. 문제는 얼마나 많은 사람이 그런 형질을 보유하고 있느냐이다. 베타 지중해빈혈에 걸린 태아의 부모는 이를 유발하는 글로빈 유전자와 정상 유전자를 각각 하나씩 보유하고 있다. 복제본의 무작위 분포를 보면 자손이 정상일 확률은 75퍼센트가 될 테지만 그중 3분의 2는 베타 지중해빈혈의 보인자가 될 가능성이 있다. 그렇게 되면 이 병에 걸린 형제자매가 태어날 것이냐 아니냐가 문제가 될 것이다. 최초의 돌연변이가 키프로스와 지중해에 사는 인구 중에 축적되었는데, 그 이유는 이 유전자를 보유한 사람들은 말라리아에 덜 감염되었기 때문이다. 이제 유럽과 미국에서는 말라리아를 더 이상 찾아보기 힘드니 지중해빈혈 유전자를 보유하고 있어도 그다지 쓸모가 없다. 따라서 지중해빈혈 유발 유전자를 없애도 괜찮을 것이다.

나쁜 유전자를 없애버리는 유일한 방법은 앞 장에서 논의한 지시된 진화 기술을 사용하는 것이다. 하지만 그 기술의 대부분이 전혀 받아들여지지 않고 있다. 돌연변이 유전자가 없는 사람을 복제하면 나쁜 유전자를 박멸할 수 있다. 하지만 엄청난 단위로 복제를 해야 하므로 그와 관련해 역시 엄청난 문제가 발생할 것이다. 예를 들어 키프로스는 제한된 숫자의 복제 인간이 사는 곳이 될 것이며 이후에는 근친 교배로 고통받게 될 것이다. 돌연변이 글로빈 유전자를 줄기세포의 좋은 유전자 복제본으로 바꾼 다음 태아를 만들어내면 되겠지만, 키프로스 섬에 돌연변이 유전자를 보유한 사람은 약 1만 명이 있으므로 그들 모두의 자녀를 똑같은 방법으로 만들어내야 한다. 그렇다면 돌연변이 유전자 보유자들을 설득해 자녀를 갖지 않게 하는 것이 아마도 최선의 방법일 것이다. 부모가 되고 싶다면 아이를 입양해서 키우는 방법을 고려할 수 있다.

자녀를 입양한 불임 커플은 공개적으로는 축하를 받지만 사적으로는 불쌍하다는 반응을 얻는 경우가 많다. 사람들은 과도하게 자신의 유전자나 또는 스스로 생각할 때 자신의 유전자라고 여기는 것을 좋아하는 경향이 있다. 자기 자신을 좋아하는 사람들은 잘생긴 외모는 물론이고 좋은 형질이 모두 자손에게 전달되기를 바란다. 하지만 사람이 생식을 하려면 두 사람이 필요하고 파트너의 유전자도 후세에게 나타나게 된다. 그리고 앞서 언급했듯, 수많은 형질이 열성이라 잘생긴 남자라도 멍청해 보이는 얼굴이나 O자형 다리를 만들어내는 유전자를 전달할 수 있다. 정자는 두 개의 대립 유전자 중 하나만을 보유하므로 어떤 유전자가 자손에게 전달될지는 순전히 운에 달렸다. 엄마에게서 물려받는 유전자도 마찬가지다. 정자와 난자가 분화될 때 상동相同염색체 사이에 재조합이 일어나 유전자가 뒤섞이므로 생식세포에서는 부모의 유전자와 조합이 다른 염색체가 발견된다. 그러면 자녀는 엄마나 아빠, 또는 할아버지나 할머니가 보유하고 있는 것과는 다른 일단의 유전자를 물려받게 된다. 그러니 아기가 태어날 때 그 집안에 흐르는 형질, 말하자면 태어난 아기는 파란 눈에 고혈압인데 양친은 갈색 눈에 정상 혈압인 것이 전혀 놀랍지 않다. 요즘은 난독증難讀症과 같이 읽고 쓰는 데 문제가 있는 증상을 얼마든지 진단할 수 있으며, 몇 세대에 걸쳐 전해 내려왔는지도 알 수 있다. 난독증을 야기하는, 뇌의 비정상을 초래하는 유전자가 어떤 것인지는 파악하기 어렵지만 말이다. 하지만 이 증상은 유전자 개입을 고려해야 할 정도로 심각한 문제는 아니다.

　우리는 행동적인 특징, 말하자면 매력이 있다거나 인내심이 있다는 등의 특성에 대해 숙고할 때 그런 것들이 특정 유전자의 조합으로 생겨나는지 궁금해한다. 영국 작가로 프로방스에 대한 글을 쓴 피터 메일Peter Mayle이 "변호사들은 몽땅 다 거짓말쟁이다. 하지만 그 사람들도 어쩔 수 없다. 거짓말하는 인자가 유전자에 박혀 있어서 그런 거니까"라고 말했다지만 거짓말을 하거나 탐욕을 부리게 하는 유전자는 없을 것이다. 우리는 유전자가 시키는 대로 이리저리 흐느적거리며 조종당하는 꼭두각시가 아니다. 평생에 걸친 궁핍 혹은 호사스러움으로 인해 생긴 욕망이 유전자와 무관하게 우리 행동의 틀을 만들 수 있다. 이것은 18세기 철학자 데이비드 흄이 자유의지라고 말했던 개념이다.

　그리고 행동적인 특성에도 애매한 부분이 있다. 수년 동안 사람들은 일반인과 왼손잡이가 다른 이유에 대한 논쟁을 벌여왔으며 그 근거로 물려받은 유전자, 출산 시 스트레스, 또는 개인의 발달 상황 등을 들었다. 왼손잡이는 타고나는 것일까 아니면 양육에 의해 만들어지는 것일까? 세계 인구의 10퍼센트가 왼손잡이다. 수 세기 전 왼손잡이는 불길하거나 어눌하다고 여겨져 기피의 대상이었고, 그래서 아이들에게 숟가락을 쥐여줄 때도 항상 오른손에 쥐여줬다. 하지만 이를 거부하고 왼손으로 숟가락을 쥐는 아이도 있었다. 지금도 사회 환경에 맞춰 살기 위해 오른손잡이가 되라는 압력을 넣는 문화가 꽤 많다. 예를 들어 가위는 거의 모두 오른손잡이에 맞춰 제작된다. 그래서 왼손으로 가위질을 하면 가위 날이 제대로 맞물리지 않아 물건이 잘 잘리지 않는다. 최근에는 왼손잡이용 가위도 제작되고 있는데, 이 가위는 일반 가위와 달리 날의 방향이 반대로 돼 있어 왼손을 사용하면 물건이 잘 잘린다. 이렇게 전에 없던 현대적인 방식으로 응용을 하는 경우도 있지만 얼마나 많은 오른손잡이가 사실은 왼손잡이였는지는 분명하지 않다. 이렇게 주로 한쪽 팔을 쓰는 경향이 파란 눈처럼 유전되는 형질인지를 판단하는 것은 어렵다. 일란성 쌍둥이의 18퍼센트는 한 명이 오른손잡이고 다른 한 명은 왼손잡이다. 양친 모두가 왼손잡이인 집안의 자녀 중 50퍼센트만이 왼손잡이다. 그러니 이 유전 양식에는 뭔가 이상한 점이 있는 것이다. 이에 대해 명석한 효모 유전학자인 아마르 클레어Amar Klar는 무작위적 열성 모델이라고 부르는 논리를 답으로 제시했다(Klar 2004). 그의 모델에 의하면, 오른손잡이가 되게 하는 유전자가 있는데 이 우성 유전자가 있는 사람은 공을 던지고, 숟가락을 사용하고, 바느질을 하고, 씨를 뿌리고, 구슬을 치고, 볼링을 하고, 칼이나 가위로 무엇인가를 자르고, 망치질을 하거나 글을 쓸 때 언제나 오른손을 사용한다. 이 우성 유전자가 없는 사람은 열성 변종 유전자 2개를 보유하고 있으며 그들이 어떤 손을 더 많이 사용할지는 무작위로 선택을 하게 된다. 이 모델은 (주로 잘 쓰는) 한쪽 팔을 쓰는 경향의 유전 양상을 다른 모델보다 월등히 잘 설명해준다.

한번은 아마르와 내 아내와 함께 캘리포니아에 있는 우리 집 현관 테라스에서 와인을 마시며 이 모델에 대해 이야기를 나눈 적이 있다. 아내가 자신은 왼손잡이지만 다른 여자 형제들은 모두 오른손잡이라고 말했다. 장인어른은 왼손잡이셨지만 그분의 일란성 쌍둥이 형제분은 오른손잡이였다는 아내의 말을 아마르는 주의 깊게 듣고 있었다. 모든 것이 들어맞는다. 아마르는 내 아내가 왼손잡이였던 장인과 오른손잡이였던 숙부처럼 열성 유전자 2개를 보유하고 있으며, 장모님은 열성 유전자와 아마르가 R이라고 부르는 우성 유전자를 모두 보유하고 있다고 확신했다. 그러면서 아내가 오른손잡이가 될 확률이 50 대 50이었지만 아내의 경우는 왼손잡이가 된 것이라고 말했다.

한쪽 팔을 주로 쓰는 경향이 무작위로 일어난다는 이 열성 유전자 가설은 아직까지 정확하게 연구되지는 않았지만 아마르는 11번 염색체에서 증거를 찾고 있다. 아마르는 11번 위치에서 DNA의 두 가닥 중 분리된 한 가닥이 배발생이 진행되는 동안 불균일하게 분열하는 세포의 운명을 결정한다는 것을 증명하고 싶어한다(Armakolas, Klar 2006). 아마르가 맞다면 아주 흥미로운 주제가 될 것이다.

자신이 왼손잡이 혹은 오른손잡이기 때문에 문제가 있다고 생각해본 적이 있는가? 역사를 살펴보면 여러 영웅과 유명한 사람들 가운데 왼손잡이가 많았던 것을 알 수 있다. 거명해보면, 알렉산드로스 대왕, 율리우스 카이사르, 나폴레옹, 피델 카스트로, 마릴린 먼로, 그레타 가르보, W. C. 필즈, 찰리 채플린, 마크 트웨인, 레오나르도 다 빈치, 미켈란젤로, 피카소, 베토벤, 짐 왓슨, 지미 헨드릭스

등이 모두 왼손잡이였다. 이들의 업적은 대단하다. 하지만 왼손잡이라도 다 영웅일 수는 없듯 문제가 많은 경우도 허다하다. 가령, 왼손잡이는 오른손잡이보다 정신분열증이나 조울증에 걸릴 확률이 높다. 심각한 정신질환을 앓는 환자들이 왼손잡이일 확률은 일반인보다 세 배나 높다. 우성 유전자 R, 다시 말해서 오른손잡이 유전자가 없는 사람은 모두 미치광이가 될 것이라는 게 아니라 그럴 확률이 더 높다는 의미다. 몇 가지 다른 형질도 배발생 초기에 우성 유전자 R이 없으면 무작위로 나타나는 것으로 추정된다. 일란성 쌍둥이라도 완전히 똑같지 않을 수도 있다는 뜻이다. 정수리에 생기는 가마의 방향과, 언어 기능에 압도적으로 많이 사용되는 뇌의 반구半球를 선택하는 것도 여기에 포함된다(Klar 2005; Weber 외 2006). 대부분의 사람은 가마가 시계 방향으로 나 있지만 왼손잡이의 절반 정도는 가마가 시계 반대 방향으로 나 있다. 마찬가지 이치로 대부분의 사람은 언어 기능을 수행할 때 뇌의 왼쪽 반구를 압도적으로 많이 사용한다. 하지만 열성 유전자인 R을 두 개 가진 것으로 추정되고 가르가 시계 반대 방향인 사람들은 뇌의 양쪽 반구를 모두 쓰는 경우가 종종 있는 것으로 밝혀졌다. 그리고 그들 가운데 10퍼센트는 언어를 처리하면서 오른쪽 반구만 쓰는 것으로 드러났다. 몇 가지 형질의 유전 결정이 언제나 고정된 것은 아니며 우성 유전자 R을 보유하지 않은 사람들의 경우는 우연의 결과로 보인다. (이의 제기! 나는 오른손잡이지만 내 머리 가마는 시계 반대 방향으로 나 있다.)

어떤 특정 행동을 유도하는 유전자를 찾는 것은 일반적인 규칙이라기보다는 예외로 봐야 한다. 섭식 장애, 지능, 중독, 위험 감수, 춤

추는 능력, 동성애 취향과 같은 다양한 행동 형질의 가계를 추적하면서 어떤 유전적인 토대를 찾고자 했다. 그런데 그 자료가 너무 복잡해 유전학자들은 보통 이런 특징은 다수의 유전자가 조절한다고 결론 내렸다. 몇 개의 후보 유전자를 조사했지만 특정 변이가 행동과 상관관계가 있는지는 확실하게 알 수 없었다. 그리고 특정 변이가 단독으로 작용하지 않는다는 것은 명백하다.

한편 게놈 정보가 홍수처럼 쏟아지자 유전학자들은 특별한 질환을 치료하거나 완화시키는 특정 약물과 밀접한 상관관계를 나타내는 유전자를 인식하게 되었다. 우리는 맞춤의학의 시대로 들어서는 문턱에 서 있다. 암을 치료하는 약은 다양하지만 모든 암환자가 다 똑같은 반응을 보이는 것은 아니다. 어떤 약이 A환자에게는 효과가 있어도 B환자에게는 효과가 없을 수 있다. 또 보통 복용하는 양보다 훨씬 더 많이 복용해야 효과를 보는 경우도 있다. 약품 선택과 복용량은 의사가 환자를 면밀히 진찰한 다음에 결정한다. 이것이 바로 '추측하고 시험' 해서 과학에 접근하는 방법이며 적절한 치료법을 찾을 때까지는 이런 식으로 환자를 다룰 수밖에 없다. 질병을 진단하자마자 그에 해당하는 유전자의 특성을 파악하는 일이 부유한 국가에서는 곧 일상화될 것이다. 이렇게 맞춤으로 준비된 약을 처방하면 환자들도 그 이점을 누리게 될 것이다.

유전자 정보를 보고 어떤 사람이 환경 독소나 위험에 특히 민감한지를 알아내는 것도 가능하다. 개인화된 게놈 정보가 상용화되면 인간은 자신의 몸에 대해 자세하고 정확한 정보를 얻을 수 있으므로, 예를 들면 톨루엔[염료, 화약 원료] 냄새가 심한 페인트 가게에서는 일하지 말아야 한다는 결정을 내릴 수 있을 것이다. 이 달콤한 냄새가 나는 유기 화합물 액체가 법이 허용하는 기준치를 넘지 않는 정도에서라면 별로 신경 쓰지 않는 사람도 있겠지만, 민감한 사람은 메스꺼워하고 계속 노출되면 돌이키기 힘든 뇌 손상을 입을 수도 있다. 이런 사람은 톨루엔을 변형시키는 효소를 찾아 몸에서 제거할 수 있다면 그다음부터는 페인트 가게에 취직해도 괜찮은지 아닌지를 알 수 있게 된다. 톨루엔을 변형시키는 효소의 수치가 낮거나 결함이 있다면 마시는 물의 톨루엔 수치도 점검해봐야 한다. 그런데 마을에 딱 하나 있는 페인트 가게에서 톨루엔을 많이 사용한다면 어떻게 해야 할까? 짐을 싸서 마을을 떠나야 할까? 비슷한 맥락에서 페인트 가게 주인이 일자리 신청자의 게놈 정보를 볼 수 있어서 효소 활성이 낮은 지원자는 고용하지 않겠다고 거절하는 일이 생긴다면 어떨까? 이렇게 게놈 정보와 환경 정보를 하나로 모아두면 언젠가 구직자에게는 위험하지 않아 일을 할 수 있는데도 오히려 직장에서 그들을 거부해 근로자들이 제약을 받게 되는 날이 올 가능성도 있다. 지시된 진화에 대해 폭넓은 논의를 반드시 거쳐야 하듯 개인의 사생활과 게놈 정보에 대한 논의 역시 폭넓게 이루어져야 한다.

　또 한 가지 생각해볼 점이 있는데, 우리가 알고 있는 방식의 건강 보험 사업은 사실상 없어질 수도 있다(Kitcher 1996). 개인이 게놈 정보를 손쉽게 열람하는 것이 가능해지면 더 큰 단체에서 이루어지는 협력의 토대가 훼손될 수 있다. 현재 질병이나 사망 가능성에 대한 정보는 개인에게는 공개되지 않으며 보험 사업자만이 알 수 있다. 이런 상황이 게놈 정보를 해독하는 법을 배우면서 바뀔 것이다. 상당수의 치명적인 희귀 질환의 유전적인 기초가 이미 확립된 상태이고, 천천히 진행되는 유전병을 암시하는 징후를 식별하는 일도 가능해질 것이다. 그래서 어떤 사람이 그런 유전자를 보유하고 있다는 것이 알려지면 그 사람은 보험에 들기 어려워질 것이다. 우리는 곧 게놈을 면밀히 조사하고 수많은 일반적인 질환과 장애를 일으킬 만한 위험 사례를 선정할 수 있을 것이다. 그러면 보험회사는 어떤 식으로든 이 정보를 입수해 그에 맞춰 보험료를 청구할 것이다. 40세가 되기 전에 심장마비에 걸릴 확률이 다른 사람보다 두 배 높은 유전자를 보유한 사람은 생명보험에 가입할 경우 상당히 비싼 보험료를 내야 할 것이다. 또 면역반응이 약간 손상된 유전자를 보유한 사람의 경우는 아예 그에게 의료보험 상품을 파는 회사가 없을 수도 있다.

　과거의 보험산업은 일반인에게 일어나는 질환이나 사고의 빈도수를 모아 그 자료로 작성한 보험 통계표에 들어맞는 다수가 불운하게도 나쁜 형질의 유전자를 보유한 소수를 지원하는 체제였다. 누가 운이 좋고 나쁜지 먼저 알 수 없으므로 일률적으로 똑같은 보험료를 부과하고 모두가 이득을 보았다. 물론 보험회사도 이득을 보았다. 그런데 개인마다 조건이 다르다는 것이 알려지면 모든 것이 바뀐다. 바닥에 구멍이 뚫린 배를 보증할 회사는 없겠지만 튼튼한 배는 허리케인을 만나 입을 수 있는 피해에 대해 기꺼이 보장을 해준다. 암초에 부딪힐 확률은 낮고 또 예측할 수도 없다. 하지만 그렇게 해서 입은 피해도 보험회사가 책임져줄 것이다. 만약에 미래를 볼 수 있는 수정구가 어떤 배가 항해를 하다 폭풍우를 만나 침몰할지를 보여준다면 보험회사는 그 배와는 계약을 맺지 않을 것이다. 건강에 관련된 문제나 작업장 안전도에서 게놈 정보가 바로 수정구 역할을 할 수 있다. 게놈 정보 사용을 금지하는 법을 통과시킬 수 있겠지만, 지금과 같은 정보화 시대에 어떤 정보를 계속해서 비밀에 부쳐둔다는 것은 거의 불가능한 일이다.

내 생각에 유일한 해결책은 지난 몇백 년 동안 정립된 보험제도를 폐지하고 대신 정부가 기금을 출연해 모든 사람을 위한 안전망을 설치하는 것이다. 이제는 수많은 사람 가운데 누가 나쁜 유전자를 물려받게 될지 그 가능성을 상당히 정확하게 예측할 수 있다. 그렇게 해서 나쁜 유전자를 물려받은 사람들을 지원할 계획도 세울 수 있다. 사회 전체가 부담을 조금씩 나눠 지면 불운한 사람들을 도와줄 수 있으며 모두가 좀더 안정감을 누리게 될 것이다. 약자를 보호하지 않는 사회는 결코 문명화되었다고 자처할 자격이 없다.

인간의 게놈 정보를 완전하게 풀 수 있는 게놈 지도와 23개 염색체의 염기서열은 확보했다. 다만 문제는 우리가 그 정보를 어떻게 해석해야 할지 잘 모른다는 것이다. DNA 중 단백질을 암호화하는 것은 약 2퍼센트뿐이며, 언제, 어디에서, 그리고 어떤 수준까지 단백질이 발견될지를 결정하는 신호는 아직까지 알아내지 못했다. 더욱이 하나의 단백질은 단독으로 작용하지 않는다. 대부분의 기능은 다른 단백질과 복합체를 이뤄 작용하며, 이 복합체는 세포들이나 그 밖의 것들을 이어주는 연결망을 형성한다. 인간이 어떻게 살아가는지를 이해하려면 그저 어떤 단백질이 만들어지는가를 아는 것만 가지고는 부족하다. 다수결의 원칙, 거부권, 예산 부족, 공무원, 엄청난 비효율 등과 같은 것이 모두 합쳐져 있는 복잡한 민주주의 체제처럼 인간의 신체를 하나의 기능 체계로 볼 필요가 있다.

진화의 보존하려는 특성 덕분에 우리는 아주 오랜 옛날부터 생물이 보편적으로 가지고 있던 단백질을 암호화하는 유전자 몇천 개는 확실하게 알아낼 수 있었다. 이 단백질들은 대부분 세포가 성장하고 분열하는 데 필요한 기본적인 대사 과정을 수행한다. 우리는 박테리아와 모형 체계를 자세하게 연구해 이 단백질들이 작동하는 원리를 배웠다. 카나반병이 아스파르토아실라제ASPA를 만들어내는 유전자의 결함 때문이라는 것을 밝혀내자 그 생화학적 결함을 알아내는 것도 그리 어렵지 않았다. 마찬가지로 CFTR로 암호화되는 염화이온의 수송 단백질이 낭포성 섬유증 환자에게서는 비정상이라는 것을 알아내자 환자들의 호흡 문제를 설명하는 데도 도움이 되었다. 그래서 유전성 빈혈이 헤모글로빈 유전자의 결함에서 기인한다는 것을 알아냈을 때도 전혀 놀라지 않았다. 세포 단계에서는 모든 동물이 흡사하다고 볼 수 있는 것이다.

동물의 삶의 방식에서 나타나는 차이 가운데 몇 가지는 그 동물이 물려받는 유전자에 의해 결정된다. 어떤 어류는 혼자 살아가지만 무리를 이루는 것도 있다. 코요테는 일반적으로 혼자 사냥하지만 늑대는 무리를 지어 한다. 인간은 사회적인 존재로 이따금씩 다른 인간과 함께하지 못하면 불안감을 느낀다. 우리는 이렇게 감정과 행동을 관장하는 유전자에 대해서는 알고 있는 것이 거의 없다. 하지만 조금이나마 알려진 것에 대해 다음 장에서 논의해보도록 하겠다.

5장

사회생물학은 어디까지 왔는가

코브라의 사회적 유전자 | 무척추동물의 행동의 비밀
설치류의 광장공포증을 없애다

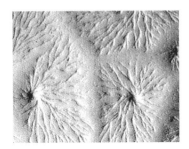

딕티오스텔리움 디스코이데움. 왼쪽 사진 ⓒ 윌리엄 루미스, 오른쪽 사진 ⓒ 래리 블랜턴

자연주의자와 진화생물학자들은 사회성 생물이 보여주는 협조적인 행동이 유전된다는 것을 설명하려고 노력해왔다. 이런 움직임은 이 학설이 다윈주의에 도전을 하고 난 후 시작되었다. 저명한 곤충학자인 에드워드 윌슨은 윌리엄 해밀턴이 1964년에 내놓은 포괄 적응도와 혈연선택 이론theory of inclusive fitness and kin selection을 이용해 다윈의 진화론으로 사회적 활동을 하는 곤충, 물고기, 새, 포유류에서 나타나는 족벌주의나 공격성을 설명할 수 있다고 강력하게 주장했다. 수많은 사회성 생물 종種 가운데는 남들이 그 자식을 기르는 것을 돕기위해 정작 자기는 자식을 갖지 않는 개체가 많이 있다. 이렇게 종의도우미 역할을 하는 개체들은 가까운 친척을 잘 알아보며 그들 덕분에 친척들은 이점을 누린다. 이런 도우미와 친척에게는 똑같은 유전자가 많으므로 이타적인 행위와 관련된 유전자가 계속해서 후손에게 전달된다.

윌슨은『사회생물학』의 마지막 장에서 인간의 행동에 이 개념을 접목시켰고 그로 인해 모든 문제가 시작되었다(Kitcher 1984). 진화 과학자, 인간 유전학자, 사회과학자, 철학자, 그 외의 많은 학자들이 곧바로 인간의 사회적 특성은 최근에 획득한 특성이며 진화의 압력 으로는 형성될 수 없는 문화적 소산일 뿐이라고 반박했다. 이들은 생물학적 결정론을 정치적인 허위라며 거부했다(Lewontin 1980). 하 지만 우리가 성별, 계층, 인종, 개인적 차이점 등에서 벗어나서 보면 기본적이고 무의식적인 행동을 유발하는 토대에 대해 사회생물학을 이용해 설명할 수 있는 것이 아주 많다. 인간의 세포와 조직은 다른 동물과 크게 다르지 않다. 동물과 구분되는 인간의 특징은 우리가 대단히 사회적인 존재로 살아가며 교류하고 미리 계획하고 배운다 는 점이다. 우리는 여러 단계로 작동하는 체계의 조합이다. 하지만 인간보다 훨씬 간단하면서 서로 협동하는 생물들을 모형 생물로 연 구하면 우리 자신에 대해 더욱 많은 것을 알 수 있을 것이다.

코브라의 사회적 유전자

토양 아메바인 딕티오스텔리움 디스코이데움Dictyostelium discoideum 은 제일 간단한 사회 체계 중 하나로 사회적 유전자를 아주 많이 가 지고 있다(Loomis 1975). 먹이가 풍부하면 아메바들은 혼자서 지낸 다. 이 아메바는 박테리아나 효모를 집어삼키며 계속해서 자라고 분 열하며 움직인다. 그러다 먹이가 줄어들면 아메바들은 서로에게 신호를 보내 반응한다. 이렇게 수많은 아메바가 뭉쳐 민달팽이처럼 생긴 생명체가 되어 다른 곳으로 이동하고 힘든 시간을 견뎌내며 배고픔을 이겨낼 수 있다. 이 종은 약 7억 년 전에 인간으로 진화되는 가지와 갈라졌지만, 그때나 지금이나 여전히 똑같은 신호 메커니즘을 보유하고 있다.

먹이가 떨어지자마자 딕티오스텔리움에서는 cAMP라는 작은 분자와 cAMP의 표면 수용체를 만들어내는 유전자가 활성화된다. 아메바가 cAMP를 배출하기 시작하면 주위에 있는 다른 아메바들이 cAMP가 있는 지역으로 이동해 그 지역의 cAMP 농도가 가장 높아진다. 이 반응은 cAMP가 표면의 수용체 분자에 결합하는 것으로 시작해 세포의 형태와 운동을 조절하는 내부의 변화를 일으킨다. 이 화학주성 반응으로 세포 수십만 개가 모여 서로 달라붙어 전체 세포 군체의 표면을 덮는 구조가 된다. cAMP를 만들지 못하는 아메바는 유전적으로 불안정하고 상당히 반사회적이며, 먹이가 떨어지면 그냥 그 자리에 가만히 있는다. cAMP 수용체를 만들지 못하는 아메바도 마찬가지다. 그런 것은 자연 상태에서는 그리 오래가지 못하고 아마 다른 세포에게 잡아먹힐 것이다. cAMP를 분해하는 효소를 만들지 못하는 아메바도 집합체가 되지 못한다. 이럴 경우 이 아메바의 문제는 cAMP에 휩쓸려 들어가 농도가 가장 진한 곳이 어디인지를 분간하지 못한다는 것이다.

cAMP를 이용하는 세포들 사이에서의 소통 작용은 신경과 근육 세포들이 주고받는 소통과는 다르지만 원칙은 같다. 동물의 신경이 아세틸콜린acetylcholine이라는 작은 분자를 배출하고 아세틸콜린이 아

세틸콜린 수용체와 결합할 때 근육이 반응한다. 신경은 아세틸콜린
에스테라아제acetylcholinesterase라는 효소를 배출해 신호를 끄기도 한
다. 초록 맘바 뱀의 독에 있는 독소와 같은 것에 의해 이 효소 배출
이 억제되면 근육이 마비된다. 코브라의 독에는 아세틸콜린 수용체
에 작용하는 억제제가 있다. 그래서 코브라가 방심하고 있던 먹이를
물면 먹이의 몸이 마비되는 것이다. 아세틸콜린 수용체와 아세틸콜
린에스테라아제를 만드는 유전자를 사회적 유전자로 생각할 수 있
지만 이 유전자들은 세포들이 통신하는 데 있어 아주 기본적인 부분
일 뿐이다. 이 유전자가 없는 척추동물은 반사회적일 뿐만 아니라
종국에는 죽고 만다. 신경과 세포의 통신은 심장이 뛰게 하는 등의
여러 중요한 기능을 작동시키기 위해 반드시 필요하다.

딕티오스텔리움 여러 개가 모여 하나의 집합체가 되면 조그만 민
달팽이같이 생긴 생명체로 변해 여기저기 돌아다니고 빛을 받기 위
해 토양을 뚫고 나온다. 그래서 땅 위로 올라오면 감마 아미노 부티
르산gammaaminobutyric acid, GABA이라는 또 다른 작은 분자를 배출하는
데, 이 분자는 오직 GABA에 맞는 수용체에만 붙는다(Anjard,
Loomis 2006). 이런 사실을 발견한 연구자들은 약간 충격을 받았는
데, 그 이유는 척추동물의 뇌에서 신경전달 체계를 조정하는 주요
신경전달물질로 오직 동물에게만 GABA가 있는 것으로 여겨져왔기
때문이다. 딕티오스텔리움 수용체는 전체 딕티오스텔리움 게놈의
염기서열이 밝혀졌을 때 발견되었다.

GABA가 수억 년 전 분기된 생명체의 신호로 사용된다는 사실은
이 신경전달물질이 아주 오랜 옛날부터 세포들이 서로 신호를 보내

초록 맘바 뱀(위)과 코브라의 독에는 사회적 유전자가 존재한다.

는 데 사용해왔다는 것을 보여준다. 발륨Valium과 같은 약물은 뇌가
GABA에 반응하는 방법을 변형시켜 졸음을 유발한다. 게다가 발륨
은 딕티오스텔리움을 휴면 포자로 바꿔준다. 발륨은 펩티드peptide[아
미노산의 중합체. 보통 소수의 아미노산이 연결된 형태를 펩티드라고 함]같
이 척추동물의 GABA 반응을 조절한다. 딕티오스텔리움 안에서는
거의 동일한 펩티드가 GABA에 반응해 만들어져, 가까이에 있는 세
포 표면의 다른 수용체에 붙으면 그 세포에서 휴면 포자의 형성을
유발한다. 포유류와 토양 아메바는 반응 회로가 약간 다르며 수용체
는 판이하게 다르다. 그런데 똑같이 수억 년에 걸쳐 신호를 보존했
다는 점이 그저 놀랍기만 하다.

만약 어떤 생명체가 좋은 신호 체계를 가지고 있는 것이 발견되면
그 생명체에서 진화된 모든 종이 똑같은 신호 체계를 보유할 것으로
추측된다. GABA를 만들어내지 못하거나 GABA 수용체를 만들어
내는 유전자가 없어진 딕티오스텔리움 돌연변이는 휴면 포자를 거
의 만들지 못한다. 게다가 실제로 휴면 포자 형성을 유발하는 펩티
드를 배출하지도 않는다. 이런 펩티드를 만드는 유전자는 신호 펩티
드와 그 수용체를 만들어내는 유전자와 함께 사회적 유전자로 생각
할 수 있는데, 그 이유는 휴면 포자를 만드는 공동의 작용에 참여하
기 때문이다. 이 작은 다세포 이동체를 이루는 어떤 세포는 포자를
만들지 않지만, 포자 알갱이가 토양 위로 올라갈 수 있도록 자루를
만든다.

GABA는 불안감을 줄여주고 정신을 또렷하게 만드는 식이요법
보조제로 광고되고 있다. 한방약은 GABA의 이점을 치켜세우지만

대사작용을 하기 전에 뭔가 작용을 한다는 증거는 조금 부족할뿐더러 뇌에 거의 영향을 주지도 않는다. 에탄올은 어떤 GABA 수용체에 영향을 미치는 것 같다. 그리고 확실하게 뇌에도 영향을 준다. GABA 신호의 결함은 간질이나 헌팅턴병과 관련이 있다. 환자의 뇌에 GABA를 전달하려는 시도를 계속해왔지만 결과는 언제나 실망스러웠다. 이런 유전자들에 문제가 있을 때 병증이 나타나므로 이 유전자들을 사회적 유전자라고 생각할 수 있다. 그러나 환자의 행동에 영향을 미쳐 병을 유발할 수 있는 많은 유전자는 튼튼한 다리나 온전한 정신을 만드는 데 필요한 유전자들과 크게 다르지 않다. 거의 모든 유전자에는 간접적이나마 사회적 유전자의 성향이 깃들어 있다.

사회생물학이 사용하는 딕티오스텔리움에는 또 다른 면이 있다. 똑같은 아메바의 단순한 집합체를 하나의 사회적 체계로 보기는 힘들 수도 있다. 하지만 변화 과정에서 포자가 되지 않고 자루가 되는 세포가 있다는 점을 기억하길 바란다. 이런 세포들은 자루 안에 갇혀 결국에는 죽기 때문에 새로운 자손을 만들 씨앗을 뿌릴 기대를 하지 않는다. 하지만 이들의 희생으로 다른 세포들이 이점을 누린다. 포자가 가늘고 긴 자루 꼭대기에 있다면 새로운 서식지로 좀더 쉽게 퍼질 수 있을 것이기 때문이다. 대부분의 경우 이 다세포 이동체는 모두 하나의 포자에서 무성생식으로 증식한 세포들로 이루어져 있다. 이 세포들의 유전자는 모두 같고, 자루가 만들어질 때도 손실되는 유전자가 거의 없다. 식물체에서 대부분의 세포가 자루가 되며 소수의 세포만이 꽃을 만드는 데 관여하는 것과 별로 다르지 않다. 식물은 전체가 하나의 생명체이고 잎은 그저 꽃이 자라는 것을 도울 뿐이다. 비슷한 이치로 당신이 죽을 때 뇌와 심장도 같이 죽을 것이며, 오로지 정자와 난자만이 다음 세대로 유전자를 전달할 수 있다는 사실을 알아도 그다지 개의치 않는다. 당신의 심장, 뇌, 그 외 다른 신체 기관들은 모든 신체 세포에 공통으로 들어 있는 유전자가 후대로 전달되게 돕는 이타적인 행동을 한다. 친구가 자신에게 이득이 되는 것이 전혀 없는데 당신을 돕는다면 우리는 그 이타적인 행동에 감사한다.

우리는 모든 사람이 이타적이길 바라지만 안타깝게도 사기꾼이 있다. 딕티오스텔리움에도 사기꾼이 있다(Strassmann, Zhu, Queller 2000). 친척관계가 아닌 세포가 붙어 집합체를 만들려고 할 때 자루 형성에 필요한 세포를 충분히 만들어내지 않는 식으로 '사기'를 치는 집단이 있다. 그러면서 이 집단은 원래 정해진 분량 이상의 포자를 만든다. 이런 상황이 오랫동안 지속되면 포자를 만들지 못한 세포들을 대체하게 된다. 그런데 대부분의 사기꾼은 혼자 힘으로는 잘 자라지 못한다. 따라서 사기꾼과 이를 몰아내려는 저항군 사이의 유전자 전쟁은 끝났고, 딕티오스텔리움의 집단은 대부분 평화롭게 같이 살고 있다. 우리는 어떤 세포가 포자를 만들지 말지를 결정하는 유전자에 대해 별로 아는 것이 없다. 그런 까닭에 이런 토양 아메바를 연구해도 그것이 인간의 사회적 유전자를 공부하는 데 많은 도움이 될지 알 수가 없다. 하지만 이런 미생물의 양적인 연구를 통해 사회성을 확보하는 데 필요한 요소는 무엇이며, 유전자가 거기에 어떤 영향을 미치는지에 대한 통찰력을 키울 수 있었다.

   수많은 곤충의 종이 고도로 구조화된 사회를 이뤄 살고 있는데 그 중에도 사기꾼이 있다. 일부 곤충사회에서는 가장 우수한 개체가 열등한 개체보다 자신의 유전자를 후대에 전할 확률이 높다. 하지만 열등한 개체가 우성 신호를 취해 자손을 번식할 기회를 늘리기도 한다. 일시적인 신호를 만들어내거나 우성이 되기 위한 형질이 없으면서 표면상으로만 비슷한 유전자 표식을 해서 눈속임을 하는 행위가 이런 속임수에 해당된다. 하지만 이런 사기 행각은 대부분 다른 개체들에게 발각되고 성공하는 사례가 드물다. 그래도 사기 치는 유전자는 계속해서 유전되기에 이런 행위는 지속된다. 문제는 이런 사기 치는 유전자가 어떤 모습인지 전혀 모른다는 것이다. 곤충의 사회학에 주목하는 사람들은 아이디어는 많지만 곤충의 행위가 어떤 식으로 통제되는지 또는 사회적 유전자는 어떤 것인지를 입증할 실질적인 증거는 거의 하나도 제시하지 못했다. 그래도 사회적 상호작용의 양상이 유전된다는 것은 확실하다. 판독은 순전히 본능적일 수 있지만, 그렇다고 해서 그것이 그 종이 생존하는 데 덜 중요하다는 것은 아니다. 사기를 치고 사기꾼을 잡는 것도 삶의 일부인 것이다.

   기억도 사회적 행동의 또 다른 일면이다. 딕티오스텔리움은 가장 원시적인 분자 단계만을 기억한다. 발달을 하는 몇 시간 동안 세포는 체내에서 생성되지 않는 단백질을 계속 먹기에 새로운 단백질을 축적한다. 그 단백질들이 모두 함께 섞인다면 성장하는 세포들은 시작을 순조롭게 해 정해진 양보다 더 많은 포자를 만들어낼 것이다. 단백질은 몇 시간 동안 가기 때문에 발전의 기록이 중요하다. 하지만 이런 종류의 분자 단위의 기억은 우리가 말하는 시간의 경과에 따른 기억과는 다르다. 우리는 어떤 장소와 시간, 혹은 우리가 했던 일이나 다른 사람이 했던 일을 기억하는 것에 관심을 가진다. 이런 것들을 기억하려면 뇌가 필요하다. 놀라울 정도로 간단한 생물의 뇌도 기억을 하고 이를 다시 되살려낼 수 있다.

무척추동물의 행동의 비밀

예쁜꼬마선충Caenorhabditis elegans은 목 주변에 고리 모양으로 신경이 달린 뇌가 있다. 예쁜꼬마선충의 신경세포는 302개밖에 없으며 많은 신경세포가 펼쳐져 있다. 이 신경세포들은 모두 합해 4000번 정도 연결을 이룬다. 고리 모양 신경에서는 3~4개의 세포가 하나의 단위체로 연결망을 이뤄 정보를 처리하고 저장한다. GABA, 아세틸콜린, 글루타민산염, 도파민 등의 다양한 신경전달물질이 신경 사이에 오가는 대화를 더욱 원활하게 만든다. 뉴욕 록펠러 대학의 코리 바그먼Corey Bargmann과 동료 연구원들은 이 예쁜꼬마선충이 좋은 먹이와 나쁜 먹이의 차이를 배울 수 있다는 것을 입증했다(Zhang, Lu, Bargmann 2005). 이 연구팀은 네 시간 동안 예쁜꼬마선충에게 유해한 박테리아를 주고 그다음 네 시간 동안은 유해하지 않은 박테리아를 먹였다. 그런 다음 예쁜꼬마선충에게 좋은 박테리아와 나쁜 박테리아를 선택하게 하자 거의 모든 선충이 좋은 박테리아를 골랐다. 후천적으로 얻은 조건에 따라 화학 신호를 기피한다는 것이 명확하게 증명된 것이다.

예쁜꼬마선충의 신경. 왼쪽에 입이 있고 기력이 상당히 쇠한 상태다. 신경 고리는 머리 바로 뒤에 있다. 복부 신경색이 길이 1밀리미터인 선충의 몸 전체에 퍼져 있다. 신경체 전체에서 GFP유전자 (하얀색)를 발현하고 있다. ⓒ 하랄트 후터

　수컷 선충이 교미를 할 잠재성이 있는 암컷의 생식기를 찾는 데도 화학 신호를 사용한다. 이 화학 신호는 수컷 꼬리의 뉴런에 있는 특별한 수용체가 받는다. 그리하여 일단 생식기의 위치를 알아내면 수컷은 교미침spicule을 삽입하고 정액을 배출한다. 특별한 신경세포들이 교미침의 행동을 자극하는 신경전달물질인 아세틸콜린을 이용해 교미침의 길이를 조절한다. 교미 기능이 손상된 돌연변이 개체를 조사해 교미와 관련된 유전자 28개를 찾아냈다. 이 유전자의 많은 수가 다른 행동 양식이나 신경 기능에는 일정한 역할을 하지만 성性 기능에는 기여하지 않는다. 하지만 예쁜꼬마선충의 사회생활에는 분명 영향을 미친다.

　곤충은 지렁이 같은 연충보다 뉴런이 더 많으며 대개는 머리 부분에 집중되어 있다. 곤충 가운데는 학습과 기억을 요하는 어려운 일을 할 수 있는 종種도 있다. 사하라 사막의 평평하고 특색 없는 지형을 마구 뒤지고 다니는 개미가 있다. 이 개미는 집 주변에서 다른 곤충의 잔해를 찾아 자신의 집으로 끌고 와 먹는다. 이런 먹이 찾기 여행은 한 시간 정도 걸리며 약 500미터의 반경을 뒤진다. 그래서 먹을 것을 찾으면 그것을 끌고 집으로 돌아오는데, 이때는 거의 직선 거리로 온다. 엄청난 방향 감각을 소유한 것이다. 이 개미들은 빛에 따라 하늘 지도를 읽는 보기판을 가지고 태어나는 것 같다. 이들은 지평선을 이용해 태양빛 나침반의 눈금을 맞추고 돌아다니는 동안 자신이 본 것과 비교한다. 이 개미들은 낮 동안 태양의 움직임을 읽는 법을 타고난 것 같다. 낮 동안 태양의 움직임을 본능적으로 알고 이를 계산에 적용한다. 먼저 태양의 움직임을 계산한 다음 자신이 돌아다닌 경로를 종합한 뒤 집으로 돌아가는 길을 직선거리로 정확하게 알아낸다.

개미들이 방향 자료를 모아서 처리할 때는 외부의 기준에 맞추기보다는 자신을 중심으로 만든 기준에 맞춘다. 개미가 그런 것을 생각하지는 않겠지만 본능이 거기에 초점을 맞추는 것이다. 정확한 계산으로 개미는 집으로 통하는 작은 구멍을 찾는다. 구멍을 놓치면집 가까이에 있는 공간을 단서로 이용한다. 집을 떠날 때 주변에 있는 자갈이나 모래에 난 구멍의 배열을 기억해뒀다가 이를 하늘에 있는 방향 지도와 합쳐 입구를 찾는 것이다. 이런 행위는 이 개미가 전지구의 신호를 따르는 정교한 계산 메커니즘과 함께 비교적 장기 기억을 보유하고 있음을 알려준다. 개미들은 경로에 바탕을 둔 정보와자신이 걸어간 걸음 수에 근거한 이동거리를 결합한 벡터 지도를 만들어내는 것 같다(Wittlinger, Wehner, Wolf 2006). 만약에 이 방법이실패하면 그들이 집이라고 생각하는 지점에서 시작해 그 탐색 경로를 점점 더 키워나간다. 개미들이 먹이를 찾아나서는 거리가 멀면멀수록 만들어내는 경로도 그만큼 커진다. 멀리 나갈 때 저지르는오류도 잘 계산해둔다. 사하라 사막 같은 지형에서는 집으로 돌아오느냐 돌아오지 못하느냐는 죽느냐 사느냐의 중요한 문제다. 이 개미들은 특별한 환경에 적응할 여러 방법(서브루틴)들을 모두 연결시키도록 선택되었다. 각각의 방법은 저마다 한계가 있지만 모두 합치면문제를 해결할 수 있다. 개미들은 기억하고 있는 공간의 단서를 이용하는 것은 물론, 내재되어 있는 하늘 지도를 읽어서 진짜 하늘에서 보는 것과 비교한다. 그다음에 그것을 내부의 주행기록계와 합친

다. 이 조그만 곤충이 작은 뇌를 이용해 엄청난 정보를 처리하는 것
이다.

초파리의 성적性的 취향은 '불임 유전자fruitless' 라고 부르는 유전자
의 돌연변이로 인해 수정된다고 알려졌다. 이 불임 유전자는 뇌에
있는 약 500개의 세포에서만 발현되며 오로지 수컷에게만 효과가
있는 단백질을 만들어낸다(Kimura 외 2005). 암컷 초파리에는 이 단
백질이 없으며, 이 단백질을 가진 뇌세포가 있다고 해도 그 세포는
곧 죽는다. 이렇게 수컷에만 있는 신경은 구애하기, 핥기, 암컷에게
교미 시도하기 등 수컷만 하는 행위를 위해 반드시 필요한 것이다.
불임 수컷을 야생종 암컷 초파리와 함께 두면 이런 행동은 급격히
줄어든다. 게다가 불임 수컷은 수컷과 암컷을 가리지 않고 모든 초
파리에게 구애를 한다. 불임 수컷이 그룹을 이룰 때는 수컷-수컷 구
애 사슬을 만들기 때문에 수컷이 구애를 하고 받는 것 두 가지를 다
한다. 뇌세포의 작은 연결망이 초파리의 사회생활에 상당히 중요한
역할을 하는 것이다.

설치류의 광장공포증을 없애다

생쥐는 아주 사회적인 동물로, 새로운 생쥐가 기존의 생쥐들이 사
는 환경(우리)에 들어오면 기존의 생쥐들은 새로운 생쥐와 알아가기
위해 그 생쥐에게 다가간다. 기존의 생쥐들은 새로운 생쥐를 건드리
고 핥는데, 새로운 생쥐가 어린 생쥐일 때 특히 이 행동이 두드러진

우리는 유전자 연구를 통해 초파리의 구애활동을 이해할 수 있게 되었다.

다. 하지만 정신지체와 관련되는 Fmr1 유전자에 결함이 있는 생쥐
들은 이런 행동을 하지 않는다. 이런 생쥐들은 신참 생쥐들보다는
움직이지 않는 물체와 시간을 더 많이 보낸다. 이런 돌연변이 생쥐
는 정상적인 Fmr1 유전자를 돌연변이 유전자로 바꾸는 분자유전 기
술로 변형된 배아줄기세포에서 유래했다. Fmr1 유전자에 돌연변이
가 발생하면 인간에게는 프래자일 X 증후군fragile X syndrome으로 알
려진 정신지체 현상이 일어난다. 프래자일 X 증후군은 유전에 의한
정신지체 현상 중에서 가장 흔하다. 이 증후군의 영향을 받은 많은
남자 아이들은 돌연변이 생쥐의 행동을 연상시키는 자폐 증상을 보
인다. 자폐 증상이 있는 아이들은 사회성이 크게 떨어지며 심한 장
애를 겪는다. Fmr1 유전자 돌연변이가 나타나는 개체의 뇌에 정확
하게 어떤 점이 잘못된 것인지는 알 수 없지만 적절한 사회적 반응
을 하지 못하는 듯하다. Fmr1 유전자는 mRNA의 수준을 조절하는
단백질을 암호화한다. 하지만 정확히 어떤 mRNA가 Fmr1의 소실
에 민감한지를 알려주지는 않는다. 인지에 결함이 있는 것과 더불어
프래자일 X 증후군을 겪는 환자의 반은 평발에 귀가 크고 목소리 톤
이 높다. Fmr1가 없을 경우 여러 과정이 잘못되는 듯 보인다. 핀란
드와 이스라엘에서는 임신부의 Fmr1 유전자를 검사해 비정상적인
Fmr1 유전자를 갖고 있다고 판명되면 출산전 진단을 거쳐 필요한
경우에는 임신중절을 하도록 권하고 있다. 이에 Fmr1 유전자 검사
와 출산전 진단을 받는 경우가 많으며, 이로 인해 비극적인 사태를
피할 수 있었다.
  생쥐를 새로운 환경에 풀어놓으면 구석에서는 활발하게 활동하

지만 중앙에 확 트인 넓은 공간으로 나오는 것은 두려워한다. 이런
행동에 관한 분자 단위 기초 연구가 빛을 보기 시작한 것은 두려움
을 거의 느끼지 않는 돌연변이 연구가 이루어진 다음이었다. 내재적
인 두려움이 있다. 높은 곳에 올라가면 느끼는 공포감, 개방된 공간
에 대한 공포감, 포식자의 그림자를 보면 느끼는 공포감 같은 것이
그런 예이다. 반면 삶을 체험하며 알게 되는 두려움도 있다. 공포에
대한 기억은 쉽게 각인되고 보통 동물들이 살아가는 동안 계속된다.
뇌의 특정 부분인 편도扁桃 외측핵은 두려움에 관련된 기억이 성립되
는 데 특히 중요한 역할을 한다. 두려움을 일으키는 원리를 밝히기
위한 첫 번째 단계로 먼저 편도 생성에 관여하는 유전자가 결여된
배아줄기세포로 생쥐를 만들어냈다. 편도 생성에 관여하는 유전자
중 하나인 스타스민stathmin이라는 유전자가 없는 생쥐들은 개방된
공간에서 두려움을 느끼지 않는 것으로 나타났다(Shumyatsky 외
2005). 상자를 열어놓고 한가운데에 이런 생쥐를 놔뒀지만 개방된
공간에 그렇게 있는 것에 대해 별로 개의치 않는 듯했다.

　또 스타스민 돌연변이 생쥐는 검사실에 넣고 아주 가벼운 정도의
충격을 주었을 때 그것을 싫어했던 것을 기억하지 못하는 듯했다.
반면 야생 생쥐에게 같은 실험을 하고 다음 날 다시 똑같은 검사실
에 두자 고통스러웠던 경험을 기억해내고는 두려움에 몸이 굳어졌
다. 하지만 스타스민 돌연변이 생쥐는 그렇게 굳어져 있는 시간이
훨씬 짧았고 곧 움직이기 시작했다. 또 다른 일을 수행하는 능력은
전혀 영향을 받지 않는 듯했다. 두려움을 기억하지 못하는 것 빼고
는 뇌 기능도 전혀 손상되지 않았다. 이런 결과는 뇌에서 정보교환

소 역할을 하는 부분 중 하나인 편도의 작용이 생존과 사회적 행동에 필수적인 감정인 두려움(타고나는 것과 학습으로 얻어지는 것 모두)에 반드시 필요하다는 것을 알려준다. 우리는 기본적인 행동과 감정에 관여하는 유전자 몇 가지를 알게 되었다. 하지만 좀더 복잡한 사회적 상호작용도 모두 유전적으로 조절되는 것이라고 속단해서는 안 된다.

지난 100년 동안 개미, 벌, 그 외 다른 곤충의 사회적 행동에 관한 연구가 광범위하게 진행되었고 거기서 놀라운 사실과 통찰력을 얻어냈다. 어떤 한 개체가 친척을 위해 자신을 희생하는 사례가 아주 많이 나타났으며, 이런 이타적인 행동은 혈연선택을 통해 설명되고 받아들여졌다. 이런 행동으로 가까운 친족과 공유하고 있는 유전자를 후대에 전달할 확률을 높인다면 개체 하나의 희생이 그 종 전체에 이익이 되는 것이다. 이와 마찬가지로 협동하는 그룹이 반목하는 그룹을 침입해 승리했을 때 목숨을 걸고 하는 경쟁이 약점이 된다는 것도 확실해졌다. 곤충의 사회학에서 알게 된 사실을 인간 사회에 적용하고 싶기는 하지만, 인간의 행위는 학습된 것이 많은 까닭에 그렇게 하면 결함이 많을 것이다. 또한 사회성이 전혀 없는 생쥐와 두려움을 모르는 생쥐의 실험을 보고 이를 자폐증을 앓는 사람과 람보같이 겁 없는 사람의 경우에 끼워 맞추는 것 역시 오해를 일으킬 소지가 다분한데, 인간은 의식적인 결정을 통해 계속해서 자신의 행동을 수정하기 때문이다.

20세기 전반의 연구자들은 순수한 단백질을 얻어 그 특성을 파악하는 데 엄청난 노력을 들였고, 20세기 후반에는 그런 단백질을 암

호화하는 유전자와 그것을 조절하는 방법을 알아내는 데 역시 지난
한 노력을 기울였다. 그런 환원주의적인 방법은 세포의 성분 목록을
정의하는 데는 성공을 거뒀으나, 상이한 세포의 특성을 설명하거나
하나 또는 그 이상의 세포 성분이 변화해서 생긴 결과를 예측하는
데는 별로 효과가 없었다. 하나의 개체는 단순한 유전자의 조합이
아니라는 것이 확실해졌다. 가장 간단한 형태의 세포에서도 유전자
는 단백질을 만들어내는 일만 할 수 있을 뿐이다. 그렇게 해서 만들
어진 단백질이 통합된 연결망 안에서 세포가 할 일을 실행한다. 다
른 세포 유형으로 구성된 생명체에서는 선택의 단위가 세포가 아닌
생명체이기 때문에 이야기는 더욱 복잡해진다. 살아 있는 생명체의
기본 토대라도 이해하려면 전체를 보는 시각에서 접근할 필요가 있
다. 지금까지 생화학과 유전학 기술을 배발생과 같이 복잡한 과정에
성공적으로 적용해왔지만, 그 결과는 분자 단계에서 세포 단계, 나
아가 생명체 단계까지 다양한 수준에서 해석되어야 했다. 분자 단계
의 다양한 정보를 사용해 이를 모의 대사작용, 세포의 성장과 분열,
세포 간 통신을 사용하는 시스템 접근법에 적용해 생명체를 보는 새
로운 방법을 제시할 수 있었다.

　모든 다세포 생명체의 표면에는 외부 신호에 반응하고 세포 반응
에 영향을 미치는 다양한 종류의 단백질 수용체가 있다. 딕티오스텔
리움의 표면에 있는 GABA 수용체는 인간의 뇌세포 표면에 붙어 있
는 GABA 수용체와 비슷하다. 우리 뇌가 GABA에 반응하게 하는
메커니즘은 10억 년 동안 그리 많이 변하지 않았다. 하지만 그다음
에 뇌에서 일어나는 일은 종種과 세포 종류에 따라 달라진다. 딕티오

스텔리움은 GABA 신호에 결함이 있을 때는 간질을 일으키지 않는
다. 하지만 인간의 뇌는 GABA를 만들고 반응하는 능력에 따라 달
라질 뿐만 아니라 뇌의 특정 부위에 있는 특정 뉴런의 상태에 대한
반응에 조심스럽게 적응해야 한다.

　우리 인간은 상한 음식을 보면 싫어하는 반응을 보이는데 이는 단
순한 벌레도 마찬가지다. 똑같은 신경전달체를 사용하지만 전달망
의 배선은 완전히 다르다. 예쁜꼬마선충의 경우에는 잠재적으로 나
쁜 박테리아를 먹었다는 것이 세로토닌[포유동물의 혈액·뇌 속에 있
는 혈관 수축 물질]에 반응하는 한 쌍의 신경에 기록된다. 이 단순한
연결망으로도 벌레가 조건반사적으로 혐오감을 나타내기에는 충분
하다. 사람도 세로토닌으로 미각 신호를 전달하지만 세로토닌에 민
감한 뇌세포의 숫자는 수십억 개에 달한다. 확실히 인간의 뇌의 회
로망은 벌레와는 다르다. 상한 음식은 구역질은 물론 심한 경우 두
려움을 불러일으키며 뇌로 가서 마지막에는 이렇게 말하게 만든다.
"아니, 됐어요. 전 그건 못 먹겠어요."

　Fmr1 유전자의 돌연변이를 가진 생쥐의 비정상적인 사회적 행동
과, 같은 유전자가 돌연변이를 일으켜 프래자일 X 증후군을 겪는 사
람의 행동에 나타나는 놀라울 정도의 유사점은 신경에 작용하는
Fmr1 단백질의 기능이 생쥐와 사람에게 똑같이 보존되어왔다는 것
을 말해준다. 하지만 이것이 인간과 생쥐의 뇌의 결함이 완전히 똑
같다는 것을 의미하진 않는다. 이 생쥐를 이용해 쥐의 신경에 있는
Fmr1 단백질이 작용하는 곳을 찾는 데 주력해야 한다. 그래야만 인
간의 치명적인 정신장애를 이해하는 데 도움이 될 것이기 때문이다.

낙관론자들은 Fmr1 돌연변이 생쥐를 대상으로 약물 연구를 하면 비슷한 증상의 인간을 치료하는 방법을 밝힐 수 있을 것이라고 말한다. 포유류의 기본적인 중추신경계의 작용 가운데는 5000만 년의 시간에 걸쳐 진행되어온 진화에도 거의 변한 것이 없는 부분이 있을 수도 있다.

파리의 성적 취향에 영향을 미치는 유전자가 인간의 행동과 연관이 있을 가능성은 거의 없다고 볼 수 있다. 하지만 이 연구를 통해 오로지 본능으로 움직이는 아주 단순한 생명체에도 복잡한 행동을 하게 하는 유전적 기초가 있다는 것을 알게 된다. 인간사회에서 짝을 선택하는 일도 여러 단계에서 인간이 받아들이는 정보를 토대로 이루어지며, 본능적인 부분에 의지하는 비율은 극히 낮을 것이다.

스타스민은 아주 오래전부터 지금까지 보존되어온 단백질이며 인간과 생쥐에서 아미노산 서열이 95퍼센트나 일치한다. 생쥐가 타고난 두려움과 학습된 두려움을 느끼는 이유는 이 스타스민 유전자가 없기 때문임이 확실하다고 해도 사람이 두려움을 느끼는 것과 스타스민은 관련이 없을 수도 있다. 스타스민은 세포 안에 있는 세포 골격의 요소를 전반적으로 조정하는 역할을 하는데, 행동에서의 역할과는 무관하게 척추동물은 스타스민을 보존하도록 유도되었을 수도 있다. 이 유전자가 편도 외측핵에서 발현되는 현상은 아마 생쥐에게만 나타나는 것 같다. 우리 인간이 두려움이라는 감정을 만들어 낼 때는 비슷한 신경 연결망을 쓸 수도 있고 그러지 않을 수도 있다. 인간에게도 공포 반응이 내재되어 있지만 대개는 이성적으로 생각해 극복할 수 있다.

인간 역시 유인원은 물론 파리와 생쥐를 발생시킨 생명체에서 비롯되었으며, 그 당시 진화의 단계에서 당면한 도전에 대처하도록 선택된 수많은 유전자를 물려받았다. 중간에 나타난 생명체가 살아가는 방식에 적절하지 않은 역할을 하던 유전자는 사라져버렸다. 기본적인 사회 작용은 여전히 우리 안에서 돌아가고 있으며, 우리는 단순히 더 많은 것을 더하는 것이다.

우리가 더한 것 중에 가장 중요한 것은 언어다. 인간은 추상적인 개념과 개인의 감정을 다른 이와는 물론 자기 자신과 토론할 수 있는 유일한 종이다. 언어는 서술 기억의 기초이자 보다 높은 의식의 토대가 된다. 하지만 문법적으로 정확한 담화를 이끌어낸 진화의 단계는 아직 확실하게 밝혀지지 않았다. 필요한 범위의 소리를 만들어내기 위해서는 수많은 해부학적 변화가 필요했지만, 아직까지는 7번 염색체에 있는 FOXP2 유전자가 언어와 직접적으로 연관이 있다는 정도가 밝혀졌을 뿐이다. 이 유전자에는 인간 계통에서 진화된 전사인자가 암호화되어 있는데, 이 전사인자는 의사소통을 좀더 확실하게 하게 해준다. FOXP2 돌연변이가 유전되는 가계는 언어와 문법을 구사하는 데 심각한 어려움을 겪는다. 이 FOXP2 돌연변이가 몇 가지 유전자가 발현되는 것에 영향을 주기 때문에 언어 문법 구사에 어려움을 느끼는 가족이 생기는 것이 분명하다. 우리는 언어를 구사하는 것을 당연시하며 우리 자신과 주변의 것을 정의하는 데 언어를 사용한다. 다음 장은 이런 문제와 그 과정에 초점을 둔다. 다른 사람을 정의할 때 우리는 그들을 판단한다. 그 판단에는 좋은 것도 있고 나쁜 것도 있다. 우리는 누가 공짜로 무엇인가를 얻는지 알아내고 거짓말쟁이를 찾아 벌주는 데 많은 시간을 보낸다. 다음 장에서는 인간사회에서 학습된 행위가 주는 이점에 대해 논의 하겠다.

6장

의식에 대한 논의들

동물의 행동 | 뇌 | 자아 | 사고와 기억 | 안락사

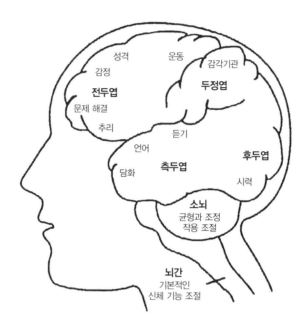

성격　운동　감각기관

감정

전두엽　**두정엽**

문제 해결

추리

듣기

언어

측두엽　**후두엽**

담화

시력

소뇌

균형과 조정

작용 조절

뇌간

기본적인

신체 기능 조절

뇌 ⓒ 사우스캐롤라이나 장애 및 특수교육 부서

의식이 완전히 살아 있는 존재는 인간이 유일한 것 같다. 우리는 우리가 무엇인가를 인식하고 있다는 것을 알고 우리를 우리답게 만드는 특별한 무언가가 있다는 것을 느낀다. 많은 사람들이 영혼을 우리 존재와 삶에서 중요한 부분으로 받아들인다. 하지만 우리는 그것이 무엇인지 모른다. 근래 들어서야 의식 연구를 과학으로 받아들이게 되었는데 이는 뇌를 이해하는 방법이 진일보한 결과다. 이미지 떠올리기와 같은 현대적인 기법을 이용해 우리는 감정이나 느낌과 같은 정신의 영역을 엿볼 수 있으며, 음악을 듣고, 결정을 내리고, 어떤 장면을 응시하거나 즐거운 소식을 들을 때 반응을 보인다(Moll 외 2005; Hsu 외 2005). 우리는 공포, 혐오, 분노, 슬픔, 놀람, 행복감, 비통함, 자존심, 그리고 그 밖의 다른 감정의 신경 구조를 전보다 더 잘 이해하고 있지만 아폴론 신전의 상인방[문·창 등의 위를 가로지른 나무]에 새겨진 "너 자신을 알라"는 델포이의 신탁을 완전하게 수행하지는 못하고 있다.

나는 프랜시스 크릭Francis Crick 덕분에 처음으로 의식에 대해 양적 量的으로 생각하게 되었다. 크릭은 30년 이상을 과학적으로 실험할 수 있는 의식의 개념을 형식화하려고 노력했다. 1953년 짐 왓슨Jim Watson과 함께 유전자의 이중나선 구조를 풀어낸 이후 크릭은 그 어떤 제한이나 구속 없이 이론생물학을 연구할 수 있게 되었다. 1976년 크릭은 내가 일하는 곳으로 이사 왔고, 이후 우리는 이따금씩 만났다. 유전의 구조적인 토대를 풀어낸 후 크릭은 그만큼 어렵고 흥미로운 분야인 정신에 대해 연구하고 싶어했다. 1976년부터 2004년 타계할 때까지 크릭은 캘리포니아 공과대학Caltech의 신경과학 교수인 크리스토프 코흐Christof Koch와 협력해 의식의 의미에 대해 연구했다.

1997년 크릭은 샌디에이고 소재 캘리포니아 대학에서 '의식: 문제의 특징'이라는 제목으로 강연을 했다. 강연에 앞서 그는 "의식에 대해 이야기하겠지만 그렇다고 의식에 대해 정의를 내리라고 요구하지는 말아달라"는 단서를 달았다. 그것을 들으면서 나는 강연장에서 빠져나가고 싶은 마음이 굴뚝같았다. '이건 과학이 아니야!'라는 생각만 들었기 때문이다. 하지만 크릭을 존경하는 마음에 자리를 지키고 있었다. 크릭의 강연을 경청하며 나는 내 나름대로 의식을 정의해보려 했지만 실패하고 말았다. 의식을 측정하는 법을 생각해보는 게 내가 할 수 있는 최선이었다. 우리 모두는 돌멩이나 죽은 동물에게는 의식이 없고, 완벽하게 깨어 있으며 유창하게 이야기를 풀어내는 프랜시스 크릭에게는 의식이 있다는 것에 동의한다. 이에 나는

임의로 센티-크릭centi-Cricks이라는 의식 측정계를 만들었으며 그것
으로 의식을 측정할 수 있다. 이 측정계의 눈금 100에는 프랜시스가
있고 0에는 돌멩이가 있다. 잠자는 사람이라도 꿈을 꾸고 있다면 완
전히 의식이 없다고 할 수 없다. 그렇다면 꿈을 꾸는 사람은 5센티-
크릭이나 15센티-크릭을 주면 어떨까? 이렇게 해서 최소한 일종의
정량적인 토론이 가능해졌다.

저명한 신경학자인 안토니오 다마지오Antonio Damasio는 뇌 손상을
입은 환자를 병원에서 수년간 관찰한 결과를 토대로 의식에 대한 명
료한 아이디어를 냈다. 다마지오는 핵심 의식core consciousness과 확장
의식extended consciousness으로 의식을 나눴다. 그는 의식이 뇌의 특정
부위의 손상 정도에 따라 조금씩 차이 날 수 있다고 생각한다. 다마
지오는 1999년의 저서 『무엇인가 일어날 것 같은 느낌The Feeling of
What Happens』에서 "의식과 주의력은 두 가지 모두 일정 수준과 등급
별로 일어난다. 의식과 주의력은 동일한 것이 아니며, 일종의 상승
하는 방향으로 서로에게 영향을 미친다"고 밝혔다. 나는 다마지오가
자신의 환자를 센티-크릭 측정계 눈금의 어디에 놓을지 궁금하다.

감각에 의해 뇌에 전달되는 정보는 대부분 무시되고 더 이상 처리
되지 않는다. 하지만 주의력의 조명을 받으면 감각 정보는 분류·강
화되며, 종종 '긴 파장의 빛에 반응하는 망막세포에 빨간색으로 넣
어준다'든가 '가시에 찔렸을 때 느끼는 고통'과 같이 상징적으로 표
현되기도 한다(Damasio 1999; Koch 2003). 신경계가 있는 대부분의
생명체들은 이 정도 수준까지 감각 정보를 처리하며 자신의 필요를
충족시키는 환경을 알아내지만, 그 모든 일은 무의식적으로 일어난

다. 핵심 의식은 인식, 감정, 기억이 합쳐져 생긴다. 핵심 의식은 감정이나 기억의 모든 면을 필요로 하지는 않지만 센티-크릭 측정계에 등록을 시작할 정도는 필요하다. 처리된 감각 정보는 자아의 기억에 투영될 때 확장된 의식에 이를 수 있다. 지각知覺은 의식의 흐름을 만들어내는 데 신호를 보내는 외부와 내부 신호의 변화로 계속해서 새롭게 변화된다. 뇌에 언어로 떠오를 경우, 계획이나 추상과 같이 높은 수준의 의식을 지각으로 수행할 수 있다. 나는 우리 인간이 현재 센티-크릭 측정계에서 중간보다 위쪽에 위치한다고 말하고 싶다.

우리의 감각을 기록하는 인식도 의식에 반드시 필요한 요소이며 몸이 계속해서 뇌에 보내는 무의식적인 신호에서 비롯되는 자아 감각도 꼭 있어야 한다. 위장이 울렁거리거나 심장의 박동, 혈액의 온도와 팔다리의 위치 같은 수많은 신경 신호들이 뇌간에 도달해 우리의 존재를 확인시켜준다. 우리는 어디가 위이고 어디가 아래인지에 관한 정보를 중력을 통해 계속해서 받아들인다. 본능적인 감정이 '건강하다'거나 '아프다'고 알려준다. 우리는 대개 그런 감정에 개의치 않으며 몸이 알아서 한다. 본능적인 감정은 우리의 삶을 채색해주는 배경 같은 느낌이다. 이것들은 자세, 움직임의 속도, 목소리 톤 등에 영향을 미친다. 피로감, 흥분, 긴장, 조화, 불화 등이 배경 감정에 영향을 미치고 우리의 충동, 목적, 기분 등을 자극하거나 억제한다. 핵심 의식이 거의 없거나 전혀 느끼지 못한다고 해도 우리는 주의력과 정서로 핵심 의식을 만들어낼 수 있다. 어떤 정서가 만들어지기 전에 반응이 일어나듯 동작을 위한 계획은 동작을 하기 전

센티-크릭

의식 측정계. 돌멩이는 의식이 없다. 하지만 완벽하게 깨어 있는 프랜시스 크릭은 100센티-크릭에 둔다. 왼쪽 사진 ⓒ 프란시스코 레인킹, 오른쪽 사진 ⓒ 셀크 생물연구소에 수립된다.

확장 의식은 핵심 의식과 기억으로 들어오는 느낌에 따라 달라지는 듯하다. 그리고 느낌은 기억 속에서 곰곰이 생각될 수 있다. 말하자면 평생에 걸쳐 작성한 자서전을 보관해뒀다가 미래에 참고할 일이 있을 때마다 꺼내서 보는 것이다. 우리는 언어를 이용해 우리의 의식을 나타내는 내적 이미지인 '머릿속에 있는 한 편의 영화'에 대해 이야기할 수 있다. 또 언어를 이용해 추상적인 개념을 구체화할 수도 있고 사적인 감정을 다른 사람들과 나눌 수도 있다. 우리의 의식이 개입하기 때문에 다른 사람의 의식에 들어갈 수는 없겠지만 나는 내 생각을 말하려 노력할 것이다. 그리고 당신의 생각도 나와 함께 나누기를 바란다.

다마지오는 핵심 의식은 어떤 사람의 내부와 외부에서 투입되는 정보로 계속해서 만들어진다고 생각한다. 단 1초 동안에도 수많은 핵심 의식이 생성되며, 기억 속에 있는 자서전적인 자아가 보내는 신호가 계속해서 이를 알려준다. 그러나 핵심 의식은 계속되는 자서전적 기억에 따라 달라지지는 않는다. 다마지오는 자신의 환자 가운데 한 명을 예로 들었는데, 이 환자는 그 어떤 것이든 1분 이상은 기억하지 못하는 사람이었다. 다마지오가 데이비드라고 부르는 이 46세의 환자는 바이러스성 뇌염을 앓아 기억을 관장하는 중요한 해마를 포함해 뇌의 양쪽 반구의 상당 부분이 파괴되었다. 데이비드는 자신의 이름을 기억하지 못했고 새로운 사실을 배울 수도 없었다. 하지만 걷고 말하고 먹고 마시는 일은 아무런 문제없이 잘했다. 그는 점잖은 사람이지만 아내나 자녀, 또는 예전에 자신이 알고 있던 것들은 하나도 기억하지 못했다. 그렇다 해도 단기기억은 손상되지 않아 잘 돌아다니고 몇 초 전에 들은 내용은 기억을 해냈다. 그러나 1분이 지나면 무슨 일이 벌어지고 있는지 전혀 알지 못했다. 그는 전적으로 현재를 살았지만 그의 핵심 의식은 전혀 손상되지 않았다. 아침에 일어났을 때는 정신이 또렷하고 기민하며 즉각적으로 반응했다. 어떤 일에 주의를 기울이고 집중하는 것도 가능했다. 하고 싶을 때는 체커(서양장기)를 둘 수 있었고 이기면 아주 즐거워했다. 하지만 게임의 이름이 무엇인지는 전혀 몰랐다. 데이비드는 의식적인 기억의 도움 없이 감정을 만들어낼 수 있는 듯 보였다. 어떤 사람은 데이비드가 완전히 의식이 있다고 생각하지만 그의 손상된 기억력은 그의 자서전적 자아가 절대 새롭게 변하지 않으며 이전 자아의 확장된 의식도 잃어버렸다는 것을 의미했다. 만약에 당신이 몇 분 동안 데이비드와 이야기를 나눈다면 그를 정상이라고 생각하지 않을 것이고, 데이비드가 당신과 함께 거기 있지 않다는 결론을 내리게 될 것이다.

약 45초 정도 지속되는 데이비드의 단기기억의 창 안에 있는 감각 입력과 반응은 다른 사람의 것이 아닌 데이비드의 것이다. 핵심 의식은 어제나 내일이라는 개념 없이 의식의 흐름으로서 존재할 수 있다. 데이비드에게는 어떤 개인이나 특정 물건이 전혀 중요하지 않았다. 어떤 특정 장소나 사람이 그를 즐겁게 혹은 괴롭게 만드는 이유를 말해보라고 했을 때 그는 이유를 대지 못하고 그저 즐거워하거나 괴로워하기만 했다. 심한 뇌 손상으로 인해 데이비드의 확장 의식은 대부분 사라졌다. 하지만 핵심 의식은 후뇌의 남아 있는 기본

구조만으로도 잘 돌아간다. 또렷하게 깨어 있는 데이비드와 혼수상
태에 있는 사람 또는 식물인간을 비교한다면 데이비드는 센티-크릭
측정계에서 눈금 25쯤에 자리잡을 것이다. 하지만 데이비드와 같은
사례가 더는 많지 않은 상황에서 어떻게 측정계를 맞춰야 할지 알
수가 없다.

동물의 행동

도저히 있을 수 없다 싶을 정도로 복잡한 문제에 접근할 때 나는
언제나 가장 간단하고 쉬운 단계에서 시작해 한 단계씩 차근차근 올
라간다. 아메바나 박테리아에 의식이 있다고 주장하는 사람은 아무
도 없겠지만, 단세포 생명체는 반응을 하고 자신들에게 필요하지만
의식이라고 부르기에는 모자라는 의도적인 행동을 한다. 대장균과
아메바 딕티오스텔리움은 주위 환경에서 특정 화학물질에 반응하여
농도가 가장 높은 곳으로 이동할 수 있다. 이 세포들은 잠들어 있는
것이 아니며 죽지도 않았다. 먹이 공급원이나 협력할 수 있는 세포
들과의 관계에 적응하는 행동을 보인다. 하지만 그것은 정보 처리에
한해서다. 인식을 할 때도 비슷한 세포 반응이 필요하지만 그러려면
일정한 핵심 의식의 기반을 형성할 중추신경계가 있어야 한다.
벌레나 파리의 경우 의식이 있다는 증거는 없지만 제한된 범위의
자의식은 나타내는 것 같다. 수컷 벌레는 교미를 하려 할 때 의도적
으로 움직이며 꼬리부터 머리까지를 인식한다. 파리에게도 자신의

몸 상태에서 비롯되는 본능적인 정서가 있는 듯 보인다. 파리는 자신이 양껏 먹었다는 것을 감지할 수 있다. 또 충격을 받았던 것도 기억하기 때문에 같은 장소로 돌아가면 공포를 느끼며, 페로몬에 반응해 전형적인 방법으로 구애를 한다. 하지만 주의력은 딱 파리만큼만 있으며 감정을 느끼는 것은 고사하고 핵심 의식이나 감정이 시작된다는 기미도 보이지 않는다. 나는 또렷하게 깨어 있는 파리라도 센티−크릭 측정계에서 10분의 1점도 줄 수 없다.

사하라 사막에 사는 개미의 방향 탐지 기술, 바다에서 자신이 태어난 강으로 돌아와 알을 낳는 연어, 철새의 이동 모두가 본능의 힘을 강조하는 사례다. 이 동물들은 공간 정보에 본능적으로 반응하는 신경망이 고도로 진화되었다. 이들은 기본적인 지능을 이용해 가고자 하는 곳으로 가지만, 융통성은 별로 없고 무슨 일이 일어나고 있는지를 느끼는 내부 조절도 하지 못한다. 그래서 센티−크릭 측정계에 표시할 수 없다.

양치기 개인 보더 콜리Border collie의 지능은 가히 놀라울 정도다. 양치기가 휘파람을 한 번만 불면 이 목양견들은 목초지에서 양들을 몰아 길을 잃어버리는 일 없이 다른 목초지로 이동시킨다. 그러고는 한군데에 자리잡고 앉아 양들을 지켜본다. 양떼가 움직이는 방향을 예견하는 보더 콜리의 능력은 먼저 양떼의 움직임을 주의 깊게 관찰한 데서 비롯된 것이지만, 보더 콜리는 수대에 걸친 품종 계량을 통해 선택된 늑대의 본능을 표현하는 것뿐이다. 집에서 키우는 보더 콜리는 맛있는 것을 얻기 위해 행복한 척하고 애정을 받기 위해 슬픈 척할 것이다. 개는 주인으로부터 자신이 원하는 것을 얻기 위해

뛰어난 지능을 소유한 보더 콜리.

필요한 행동을 터득하는 데 탁월하다. 한마디로 속이는 솜씨가 기가 막히게 좋은 재간꾼인 것이다. 개는 똑똑하고 충성스러우며 사랑이 많다. 하지만 그들의 감정, 느낌, 기억, 생각이 우리 인간과 같은지는 확실하지 않다. 인간의 최고의 친구인 개는 핵심 의식 같은 것은 가지고 있다. 하지만 확장 의식도 가지고 있을까? 개를 센티-크릭 측정계에 둔다면 어디쯤이 적당할까? 눈금 5에 두면 맞을까?

인간에 가장 가까운 침팬지는 어떨까? 침팬지는 확장 의식이 있을까? 그리고 자신이 무엇인가를 인식하고 있다는 것도 알고 있을까? 침팬지들도 우리 인간처럼 미소 짓거나 찡그려 감정을 표현하므로 그들도 행복하거나 슬플 때가 있다는 것은 의심할 여지가 없다. 침팬지들 스스로도 그런 사실을 알고 있는 듯하다. 침팬지들은 종족의 우두머리와 만날 수 없게 되자 상처받은 감정을 표현해 자신의 감정 상태를 인식할 수 있고, 또 주변의 다른 침팬지에게 그런 감정을 표현하는 것도 보여줬다.

침팬지는 기억력이 뛰어나며 시간에 대한 관념도 아주 좋다. 어린 침팬지들은 부모나 다른 침팬지가 도구를 사용하는 것을 보고 배워 사용하기 힘든 어려운 도구도 이용하는 법을 터득한다. 또 야유를 하거나 으르렁거리기도 하는데 모두 의미가 있다. 하지만 후두 구조상 인간처럼 발성을 하지는 못한다. 그런데 사람에게 양육된 침팬지는 수화로 단어 수십 개를 배워 새로운 상황에 사용했다. 아마도 침팬지에게 진짜 언어가 있지는 않겠지만 확장 의식의 다른 모든 특성은 보유하고 있는 듯하다(Seyfarth, Cheney 1997). 우리가 침팬지와 좀더 원활한 의사소통을 할 수 있을 때까지는 침팬지에게는 임시로 센티-크릭 10을 주겠다.

영역, 자원 그리고 짝을 얻기 위한 경쟁 때문에 인간의 의식은 엄청나게 발전해온 것 같다. 자신의 감정을 알고 있으면 다른 사람의 감정도 추측할 수 있고 그들이 어떤 식으로 반응할지도 예상 가능하다. 따라서 핵심 감정과 정서는 다른 사람들과 흡사하다고 추측할 수 있다. 자아를 성찰하면 감정이라는 개인적인 정신적 경험에 대한 정보를 얻을 수 있는데 이것으로 다른 사람들이 느끼는 바를 알 수 있다. 다른 사람이 감정적으로 곤경에 처해 있는 것을 볼 때 그 힘들어하는 감정을 공유하게 되는 경우가 종종 있다. 그렇게 우리 안에 내재되어 있는 공감하는 심정으로 협동을 하고 그렇게 해서 약자는 보호받는다(Gazzaniga 2005). 내부의 갈등이 최소한일 때 종족 내의 협력과 조화는 증대된다.

경험을 통해 우리는 다른 사람이 위협이나 유화책에 어떤 식으로 반응할지를 예측하는 것이 가능하다. 그런 예측이 언제나 맞는 것은 아니지만 전혀 안 하는 것보다는 낫다. 다른 부족이 침입했을 때 그들을 겁먹게 하는 방법을 알고 있다면 좀더 쉽게 적을 물리칠 수 있다. 침입자들의 반응을 예측하는 방법 중 하나는 세력 과시나 허풍을 자신이 어떻게 느끼고 반응하는지를 아는 것이다. 자신의 감정 반응을 알고 있으면 좀더 적절한 결정을 내릴 수 있다.

어떤 부족의 구성원들이 모닥불 앞에 모여 앉아 자신들의 감정과 생각을 묘사하는 방법을 배우면 집단의식을 형성할 수 있게 되는데, 그런 집단의식은 어떤 한 개인의 경험보다 훨씬 더 효과가 있다. 부족 내에 문제가 발생했을 때 또는 경쟁관계에 있는 다른 부족과 마주쳤을 때 축적해둔 부족의 지혜를 이용할 수 있다. 어디에서 먹을 것을 찾고 동굴로 무엇을 가져갈지에 대해서만 이야기하는 게 아니라 모호한 감정과 혼란스러운 느낌에 대해서도 서로의 생각을 나눠야 한다. 궁극적으로 호모 사피엔스를 탄생시킨 대형 유인원의 혈통이 끊어졌기 때문에, 즉 초기부터 호모 사피엔스 중간에 있었던 호모 하빌리스Homo habilis, 호모 에렉투스Homo erectus, 네안데르탈인 Homo neanderthalensis이 모두 멸종해버렸기 때문에 우리는 언어가 어떻게 진화했는지 전혀 알 수가 없다. 호모 하빌리스는 현생인류의 뇌와 비교해 반밖에 안 되는 크기의 뇌를 가졌었는데, 그런 까닭에 아마 미묘한 생각을 나누기에는 능력에 한계가 있었을 것이다. 호모 하빌리스는 아프리카에서 220만 년 전에 살다가 160만 년 전에 사라졌다.

화석을 통해서 볼 때, 호모 에렉투스는 약 100만 년 전 아프리카, 중국, 그 외 세계 곳곳에 나타났던 것 같다. 호모 에렉투스의 뇌는 거의 현생인류만 하고 직립보행을 했으며 몸집도 우리 인간과 비슷했다. 호모 에렉투스의 후두는 상대적으로 납작해서 만들어낼 수 있는 소리가 제한되었을 것이다. 우리 기준에서 볼 때 호모 에렉투스의 언어구사 능력은 아주 기초적인 수준이었겠지만 더 이상은 알아볼 길이 없다. 나중에 네안데르탈인이 유럽으로 이주했고 3만 년 전까지 추운 기후에서 뿌리를 내리고 번성했다. 네안데르탈인은 불을 다루고 이용할 줄 알았으며, 창을 만들어 썼고 죽은 자를 묻을 때 의식을 치렀다. 또한 복잡한 구조의 주거지를 만들었다. 슬로베니아의 디위바베Divje Babe 동굴에서는 네안데르탈인의 유해와 원시적 형태의 피

리가 발견되었는데, 이로써 약 6만 년 전으로 추정되는 시기에 그들
이 음악을 즐겼고 아마 노래도 했을 것이라는 주장이 제기되었다.

　이스라엘의 케바라Kebara 동굴에서 발견된 화석화된 네안데르탈
인의 설골舌骨은 현생인류의 설골과 거의 일치했다(Arensburg 외
1989). 이 U자 모양의 뼈는 후두의 모양을 결정하고 혀뿌리를 고정
시킨다. 이 뼈의 크기와 형태는 비록 목소리의 톤이 높고 어느 정도
비음이 섞이긴 했겠지만 네안데르탈인도 우리처럼 또렷하고 정확하
게 말을 할 수 있었음을 말해주는 증거다. 네안데르탈인의 뇌는 현
생인류의 뇌보다 약간 컸지만 그들의 언어가 우리 언어처럼 풍부하
고 정교했을지는 확실하지 않다. 또 몇천 년 동안을 현생인류와 거
의 나란히 살았지만 소통은 없었던 듯하다. 현생인류와 네안데르탈
인의 DNA 염기서열을 비교하니 종이 섞였던 증거는 나타나지 않았
다. 그리고 네안데르탈인은 지금은 멸종했다.

　현생인류의 언어는 상당히 높은 수준까지 발전했고 그래서 다른
종족에게 이야기를 들려줄 수 있었다. 암시, 은유, 직유는 이야기의
수준을 높인다. 구句 안에 구를, 또는 절節 안에 절을 삽입함으로써
전달자는 이야기를 정확하게 전달할 수 있었다. 예를 들어 같은 부
족민들에게 그 지역에 먹을 수 있는 동물이 있다고 말하는 것과 그
들을 잡아먹는 동물이 있다고 말하는 것에는 확연한 차이가 있지 않
은가? 그런 차이를 구분할 정도까지 언어가 정확해진 것이다. 수 세
기에 걸쳐 언어는 점점 더 정제되어 법을 제정하고 거래를 성사시키
는 정도가 되었다. 솜씨 좋은 이야기꾼에게 자식이 더 많았는지는
알 수 없지만 아마 우수한 제자는 더 많이 뒀을 것이다.

케바라 동굴에서 발견된 네안데르탈인의 화석화된 뼈.

우리의 감각이 어떤 사건을 기록할 때 처음에는 소리 형식이 아닌 것으로 인식하지만, 일단 우리 안에 들어와 기억에서 그 사건을 선택해 다시 설명할 때는 구두口頭 형식으로 급속하게 전환된다. 우리는 이름을 알기 전에 사물을 먼저 알지만 우리가 기억하는 것은 이름이 붙은 사물이다. 어떤 경험을 언어화하는 것을 고의적으로 중지시킬 수 없으므로 기억 속으로 들어오는 것 대부분은 구두로 표현된 이미지다. 영화의 경우 어떤 것은 소리가 없기도 하지만 대부분은 발성 영화인 토키talkie다. 우리가 안으로 흡수한 기억을 인식하므로 우리의 느낌이 변하고 이야기에는 아마 채색된 감정이 더해지기도 할 것이다. 그렇게 구두로 표현한 이미지를 다시 말할 때는 맨 처음 했던 경험과 똑같지 않을 수 있고 이야기는 시적 파격으로 인해 바뀔 수도 있다. 어떤 것이 어떻다고 말한다고 해서 그것이 꼭 사실인 것은 아니듯이 말이다(이 이야기도 여기에 포함된다).

뇌

뇌는 정신이 자리잡는 곳이다. 뇌는 두개골로 둘러싸여 있으며 등을 따라 내려가는 척수를 포함해 눈, 귀와 같은 여러 감각기관과 연결되어 있다. 생쥐의 두개골 안을 들여다볼 때마다 나는 뇌의 아름다움과 복잡함에 탄복하곤 했다. 뇌를 파악하려면 도대체 어디에서부터 시작해야 할지 모르겠다. 신경생물학자들도 뇌를 보면 그저 단순하게 컴퓨터에 비유할 수 없는, 그 이상의 엄청난 것이라며 경탄을 금치 못한다. 뇌에는 1000억 개의 세포가 있고, 동시에 또는 연속적으로 작용하는 수백 개의 다른 세포와 연결된다. 심지어 연결되는 세포의 수가 수천 개에 이르기도 한다. 신경 돌기를 따라 거의 빛의 속도로 신호가 전달되며 반응은 '1000분의 1초 단위로' 측정된다. 하지만 현대 기술의 발달로 지금은 살아 있는 뇌의 영상을 나타낼 수 있으며 주어진 시간에 어떤 구역이 활동하고 있는지도 상당히 정확하게 알아내게 되었다. fMRI라고 부르는 이 영상 기술은 자기공명을 이용해 뇌에서 신경활동을 수행하는 혈류를 측정한다. 골무정도 크기의 구역을 따로 구별해 해부학적으로 분석할 수 있다. 그동안 비밀에 싸여 있던 뇌의 작용이 서서히 밝혀지는 것이다.

따로 분리되어 있는 신경집단을 연구하니 어떤 것은 자극을 일으키고 어떤 것은 억제하는 것으로 나타났다. 이 신경집단들은 각기다른 화학 신호를 사용하는데, 다른 신경 표면에 있는 특수화된 수용체를 이용해 이 신호를 받는다(Rose 1992). 자극 신경이 다른 신경두 개(이 두 신경끼리도 서로 연결되어 있다)와 연결되어 있는 경우가 있다. 만약 그 두 개의 신경 중 하나가 억제 뉴런일 경우 신경 자극이 일어나면 겨우 몇 밀리 초 만에 짝을 이룬 신경에 의해 억제가 일어날 것이다. 이런 식의 피드포워드feed-forward[실행 전에 결함을 예측하고 행하는 피드백 과정의 제어] 억제는 신호가 뇌를 통과할 때 제시간 안에 정확하게 표현될 수 있게 한다.

전문가들은 인간 뇌의 특성을 구분하는 해부학적 표식을 알아볼수 있으므로 어디에서 일이 벌어지고 있는지 정확하게 파악 가능하다. 뇌의 전면, 측면 그리고 두개골 뒤에는 특화된 엽葉이 있으며 이름도 위치한 장소에 따라 붙여졌다. 전두엽은 인간 뇌의 영광이 정점을 이루는 곳으로 영장류의 진화 과정에서 세 배 이상 커졌다. 하지만 뇌 전체를 보여주는 지도 없이 뇌를 제대로 파악하기란 어려울 것이다. 자세한 부분에 대해 알아볼 때는 대개 신경학자나 신경생물학자에게 의존하게 되지만, 뇌가 작동하는 전체적인 방식에 대해서는 우리 자신이 곰곰이 생각해볼 수 있다.

뇌 가운데에는 시상視床이라 불리는 구조가 있는데 여기가 의식과 관련되는 중요한 부분 같다. 충격을 받거나 어떤 이유 때문에 시상이 손상되면 환자는 자아는 물론 주변에 대한 인식까지도 모두 잃어버린다. 핵심 의식이 사라지면 확장 의식 역시 없어진다. 시상은 모든 감각기관에서 입력되는 것을 받아 정보를 처리하고 대뇌피질로 전달하는 중앙 스위치 역할을 한다. 왼쪽 측두엽과 두정엽에는 브로카 령領이라고 부르는 시상보다 더 특별한 구역이 있다. 프랑스의 신경외과 의사인 폴 브로카Paul Broca가 이 부분이 언어를 구사하고 이해하는 데 필수적인 곳이라고 밝혀 그의 이름이 붙여졌다. 대화를 할 때 fMRI 촬영을 해보면 브로카 령이 활동한다는 것이 나타난다. 그리고 브로카 령의 활동으로 자극을 받는 부분도 활성화되는 것으로 나타난다. 이 부분에는 정중선正中線에 해마같이 생긴 구역이 포함된다. 대화를 포함해 모든 종류의 기억이 이 해마를 거쳐 처리된다 (Rose 1992).

다마지오가 에밀리라는 환자의 이야기를 해줬다. 에밀리는 후두엽과 측두엽이 만나는 곳의 초기 시각 피질 양쪽이 손상되었다 (Damasio 1999). 에밀리는 주변 사물을 완벽하게 보고 그것이 무엇인지 확실하게 인식하지만 나란히 있는 두 사람을 구별하지 못했다. 에밀리에게는 어떤 사람과 그 얼굴을 연결시키는 연상 기억이 완전히 사라져버렸던 것이다. 심지어 에밀리는 거울에 비친 자신의 얼굴도 알아보지 못했다. 딸의 사진과 낯선 사람의 사진을 같이 보여줬을 때 에밀리는 사랑하는 딸의 얼굴을 집어내려고 무던히 애를 썼지만 실패하고 말았다. 그것이 얼굴이라는 것은 알았지만 누구의 얼굴인지는 몰랐다. 자신의 장애를 잘 알고 있었지만 에밀리가 할 수 있는 일은 아무것도 없었다. 에밀리가 가지고 있던 시각 이미지에 대한 기억, 특히 얼굴을 알아보는 능력이 사라진 것이었다. 에밀리의 사례는 얼굴 이미지를 연상해 기억해내는 데 필수적인 영역이 뇌에 있다는 증거가 된다. 후두엽과 측두엽이 만나는 곳에 친구나 지인의 초상화 전시관이 있다는 것이 아니라, 이 구역에 있는 회로가 어떤 사람의 얼굴을 보고 그가 누군지 알아보는 데 중요한 역할을 한다는 의미다.

초기 시각 피질이 얼굴을 인식하는 것과 관련되어 있다는 결론은 fMRI를 이용해 뇌의 활동을 직접 측정한 결과 입증되었다. fMRI를 받는 피실험자에게 다른 사람의 얼굴 사진을 보여줬더니 피실험자의 뇌의 일정 부위가 밝아졌는데 그곳은 에밀리의 뇌 손상 부위와 정확하게 일치했다. 식물인간 상태의 무의식 환자에게도 똑같은 실험을 했더니 역시 같은 부위가 밝아졌지만 신호는 거기에서 멈췄다. 뇌의 이 특정 부위는 핵심 의식, 느낌 또는 기억과는 독립적으로 작용하는 것 같았다. 하지만 어떤 정보를 쓸모 있는 형태로 만들기 위해서는 뇌의 다른 많은 부위가 필요하다.

우리 조상들이 나무에서 내려오기도 전에 같은 부족민과 침입해
오는 낯선 자들을 구별해낼 줄 알아야 하는 선택적 압력이 심했다는
것을 감안할 때, 인간이 안면 인식에 필요한 신경 연결망을 특별히
발달시켰다는 사실은 그다지 놀랍지 않다. 낯선 이를 그저 한번 보
기만 해도 그가 잠재적인 적인지 아닌지를 알 수 있다. 실수를 하면
그 대가가 클 것이며 결정도 빨리 내려야 한다. 우리는 낯선 사람과
아는 사람을 구별하지 못하는 실수는 좀처럼 하지 않으며 또 얼굴은
좀처럼 잊어버리지 않고 잘 기억한다. 최근 프랑스에서 이루어진 부
분 안면이식 수술에 대해 논의가 무성했던 이유도 여기에 있을 것이
다. 어떤 여성이 얼굴을 심하게 다쳐 성형수술로도 손상된 부분을
복원할 수 없을 정도였다. 그래서 이 여성은 당시 사망한 지 얼마 안
된 다른 여성의 얼굴을 이식받았다. 두 여성은 연령, 체격, 전반적인
외모 면에서 비슷했지만 두 사람을 보고 혼동할 정도로 닮지는 않았
다. 수술이 끝난 후 이 환자의 얼굴은 손상되기 전의 얼굴과 비슷하
지 않았으며 안면을 기증한 사망 여성의 얼굴과도 비슷하지 않았다.
그래도 다치기 전보다는 훨씬 나았고, 몇 주가 지나자 친구들과 가
족도 그녀의 새로운 얼굴에 익숙해졌으며 새로운 얼굴을 그녀로 인
식하기 시작했다. 일부 윤리학자들이 이렇게 발달한 기술을 이용해
얼굴이 손상된 여성을 안면이식으로 치료한 것에 문제를 제기했다.
그들은 한 여성의 정체성이 수술용 메스에 난도질당했으며 그 여성
에게는 어떤 식으로든 안면 기증자의 감정적이거나 정신적인 특성
이 나타난다고 주장했다. 우리는 기본적으로 어떤 사람의 눈, 코, 입
술, 광대뼈 등을 보고 그 사람을 인식하는 게 사실이지만, 그렇다고

해서 그것이 그 사람을 정의하는 것은 아니다. 이식된 조직은 그저 두개골 바깥쪽만을 변화시킬 뿐 그 사람의 내면과 정신은 그 사람의 것이다.

우리가 얼굴에 초점을 맞추는 능력을 타고나듯, 일정한 맛을 좋아하거나 싫어하는 것 역시 타고난다. 설탕물을 한 컵 주면 아기는 그 물을 마실 것이다. 하지만 소금물을 주면 마시다가 뱉어내고 얼굴을 찡그릴 것이다. 어른 역시 비슷한 반응을 보인다. 그런데 이런 반응을 보이지 않는 예외적인 사례가 있었다. 피실험자 B라고 불리는 노인은 바이러스성 뇌염을 앓아 뇌의 많은 부분이 복구 불가능할 정도로 손상되었고 그로 인해 기억상실증에 걸렸다(Adolphs 외 2005). 앞서 언급한 환자 데이비드처럼 이 노인도 1분 전의 무엇인가도 제대로 기억하지 못하며 가까운 사람들을 알아보지 못했다. 새로운 것을 알아도 그것을 기억하지 못하고 예전 기억도 불러낼 수 없었다. 또 단맛이나 짠맛 등을 구분하지 못해 모두가 다 그저 '맛있다'고 했다. 소금물도 설탕물 마시듯이 전혀 서슴없이 마셨고 마실 때마다 기분 좋은 표정을 지었다. 이 노인과 비교하기 위해 실시한 대조군의 피실험자 중에는 뇌 손상을 상당히 크게 입은 사람들도 포함되어 있었는데, 그들은 소금물을 먼저 한 모금 마셔본 다음 더 이상은 손대지 않았다. 하지만 설탕물을 줬을 때는 다 마시고 나서 달콤하다고 말했다.

B 노인의 뇌를 MRI 촬영했더니 미각을 처리하는 데 관여하는 상위 부위가 손상된 것으로 나타났다. 하지만 대조군 피실험자들의 뇌는 MRI 촬영을 해보니 그 부위가 손상되지 않았다. 놀랍게도 B 노

인은 여전히 맛의 차이는 구분해냈다. 설탕인지 소금인지를 구분하지는 못했지만 컵 여러 개에 색깔을 칠해 구분해놓고 반에는 설탕물을 나머지 반에는 소금물을 넣은 다음 노인에게 마시게 하자 노인은 두 번째 시음을 할 때 영락없이 설탕물을 선택했다. 첫 번째 마신 것이 소금물이었으면 내려놓고 다른 색깔의 컵을 집어들었다. 하지만 첫 번째 마신 것이 설탕물이었을 때는 계속해서 그 물을 마셨다. 이 B 노인의 사례로 행동의 선호도와 인지 사이에 관계가 없다는 것을 알 수 있다. 특정 음식을 선호하는 것을 관장하는 뇌의 영역이 손상되어 어떤 맛이 좋은지에 대한 기억은 없어도 여전히 결정은 내릴 수 있다.

곡조나 선율, 사람 목소리의 억양은 뇌의 다른 부위에서 인식한다. 어떤 오페라 가수가 뇌에서 청각을 관장하는 부분의 기능이 손상되는 바람에 음악을 감상할 수 없게 된 비극적인 이야기가 있다. 이 가수는 완벽하게 들을 수는 있었다. 하지만 자신이 들은 것을 뇌를 다치기 전까지 그가 축적해온 모든 음악적 지식이나 자신의 음악적 재능과 조합시키는 능력을 잃어버렸다.

자아

언젠가 시골길을 따라 자전거를 타고 가다가 내가 나 자신을 인식하고 있음을 깨달은 때가 있었는데 그 순간이 지금도 기억난다. 그때 나는 기껏해야 아홉 살 먹은 어린애였지만 자신을 인식하는 자아의식을 갖는 것이 중요하다는 것을 알았다. 수년 동안 나는 아침에 일어날 때 내가 살아 있다는 것을 느꼈고 잠자리에 들 때면 내 의식이 희미해진다는 것도 알고 있었다. 하지만 매일 아침에 일어나는 것이 똑같은 나, 똑같은 자아라는 것을 알아도 그에 대해선 전혀 놀라지 않았다. 내 자서전적 자아와 그 자서전을 쓰는 저자가 합쳐진 것이었다. 자아를 인식한다는 것이 무슨 말인지 전혀 몰랐지만 그게 한 개인, 다 자란 성인이 되는 것과 연관이 있을 거라고 어렴풋이 생각했다. 수년이 흐른 후 나는 사람들이 몇백 년 동안 자아와 의식에 대해 연구하고 씨름해왔다는 것을 알게 되었다.

그리스의 철학자 아리스토텔레스는 살아 있는 존재에는 육체 이상의 그 무엇이 있다는 것을 알았다. 아리스토텔레스에 의하면, 육체는 꼭 필요하며 정신을 형성한다. 하지만 정신에서는 무엇인가 물질적이지 않은 것이 형성된다. 그는 이 '물질적이지 않은 무엇'을 영혼이라고 명명했고 그것을 촛불의 불꽃에 비유했다. 초에는 밀랍과 심지가 반드시 있어야 하지만 불꽃이 없으면 그 초는 빛을 낼 수 없다. 마찬가지로 영혼이 있기 때문에 인간은 자아를 인식하고 살아 있는 존재가 되는 것이다. 아리스토텔레스의 저서 『영혼에 관하여De Anima』는 다양한 각도에서 영혼에 접근했지만 확실하게 정의를 내리지는 않았다. 그 후 1500년 동안 세계 곳곳의 다양한 종교가 영혼의 특별함을 강조하며 영혼 구원의 방법을 제시했다. 1996년 교황 요한 바오로 2세는 다음과 같이 말했다. "인간이 진화의 과정을 통해 발전해왔을지 모르지만 인간의 영혼을 만드는 것은 하느님만이 하실 수 있다." 독실한 신자들은 자신의 영혼에 책임을 져야 하며 미리

정해진 방법대로 살아야 한다는 말을 들어왔다.

17세기의 프랑스 철학자 데카르트는 개인의 자아에 초점을 맞췄다. 그는 "나는 생각한다. 고로 나는 존재한다"라는 유명한 금언을 남겼다. 데카르트는 자신이 스스로를 인식하고 있음을 알고 있었다. 그는 자신의 정신 속에서 온전히 자기 자신으로 있었다. 다마지오는 『데카르트의 오류Descartes' Error』라는 책에서 데카르트가 자아를 느끼지 않으면서 자아를 정의 내린 방법에 의문을 제기했다. 현대 신경생리학은 정신은 뇌가 없이는 존재하지 않으며 자아를 느끼는 것이 개인의 정신에서 생성된다는 것을 입증했다.

18세기에 칸트는 자아의식을 내적 자아의식(반성하는 '나')과 외적 자아의식(행동하는 '나')의 두 가지 형태로 나눴다. 이런 이원성은 자아의 존재를 '부분적으로는 객체로 또는 주체로' 생각될 수 있게 한다. 이와 관련해 칸트 사후 100년 뒤 철학자 윌리엄 제임스Willam James는 다음과 같은 식으로 말했다. "며칠 전 나는 내 자신에 대해 이렇게 생각했다." 하지만 칸트는 우리가 생각하는 우리가 아닌, 있는 그대로의 우리 자신을 알 수 있을지 의심했다. 신경생리학이 발전하면서 자아의 한계를 객관적으로 정의하기 시작했고 심지어 어디에서 느낌이 시작되는지도 알아냈다. 칸트는 죽음의 공포와 자아 붕괴의 부담을 짊어졌지만, 그의 저작으로 인간은 계몽의 문을 열고 더 넓은 지평으로 나아갔으며 현대 인지과학의 토대를 형성했다.

지금까지 살펴온 바와 같이 뇌와 신체에서 나오는 신호에 의해 생성되는 감정의 개인적인 정신 경험이 존재와 앎을 알아가는 문턱에서 감정을 만들어냈다는 것이 확실해졌다. 기억과 연결될 때 이런 감정은 다시 자아의식을 포함하는 확장 의식으로 연결된다. 그래서 현재와 미래의 자아를 포함하는 정보를 처리해 적절한 결정을 내릴 수 있게 되는 것이다. 또한 가능한 행동을 고려하고 비교해 결정을 내리게 된다. 1초도 안 되는 짧은 순간에 우리는 반응한다. 그리고 반응 자체가 기억 속에 저장되어 있다가 나중에 결정을 내릴 때 필요한 기초를 형성한다. 삶이 지속되는 가운데 자아도 계속해서 자신의 자서전을 개정한다. 자아 덕분에 우리는 뇌 속에 있는 나만의 영화 속으로 들어갈 수 있는 것이다.

작은 발작petit mal 또는 방심 간질epileptic absence이라 불리는 병리학적 상태가 있는데, 환자가 이 상태에 빠지면 일시적으로 자아를 인식하는 모든 감각을 잃어버린다. 팔다리는 계속 움직이고 균형도 잡지만 환자는 무슨 일이 벌어지는지 또는 그다음에 무엇을 어떻게 해야 할지 전혀 알지 못한다. 이런 현상은 대개 20초에서 30초 정도 지속되며 단순한 응시 발작staring spell처럼 보인다. 이 증상이 일어나는 동안 환자는 반응을 보이지 않으며 감정 표현 역시 전혀 없다. 이런 현상이 다 끝나도 환자는 발작이 일어났었다는 사실을 알지 못한다. 이 증상이 일어나는 동안 환자는 자신을 전혀 조절하지 못하며 운동 기능도 자동 조정 상태가 된다. 환자가 자전거를 타거나 차를 운전하는 중에 발작이 일어난 게 아니라면 별 문제는 없을 것이다. 발작이 일어나는 짧은 시간 동안 그 환자는 의식이 없어지고 무엇인가를 응시하면서 서 있으며, 깨어 있고 집중하지만 의식이 없다. 즉 자아가 없는 상태로 있는 것이다.

대부분의 사람은 아주 확실하게 자아를 느낀다. 우리는 매일 아침 일어날 때 살아서 존재한다는 것을 인지하며 그런 감각이 우리의 감정과 행동을 조정한다. 내가 한 사람으로서 존재한다는 인식 때문에 내 행동에 대한 책임의식을 느끼게 된다. 우리가 내린 결정이 우리의 결정이라는 기분이 든다. '내가 다칠 위험이 있더라도 낯선 사람을 도와야 할까?' '잔돈을 더 받았는데 이걸 돌려줘야 할까?' 등 자신이 한 선택에 따라 상을 받거나 벌을 받을 것이라는 느낌에 따라 우리는 행동한다. 하지만 우리 마음의 이면을 들여다보면 전에 했던 경험들, 예를 들어 쿠키상자에 손을 집어넣는 순간 들켰던 일, 혼잡한 군중 속에 있을 때 누군가에게 떠밀렸던 일 등 수많은 경험에 따라 행동한다는 것을 알 수 있다. 우리가 하는 모든 일들은 미리 결정되어 있는 것일까? 아니면 우리에게 자유의지가 있는 것일까?

우리 주변 세계를 돌아보면 자연스럽게 풀리는 일들이 있음을 발견하게 된다. 손잡이를 돌리면 문이 열린다. 이는 아주 간단한 인과관계를 보여준다. 우리 손이 손잡이를 잡고 근육이 손을 돌리면 걸쇠가 풀리면서 문이 열린다. 그렇게 하지 않았다면 문은 열리지 않았을 것이다. 우리는 손잡이를 돌리면 문이 열리는 것을 아주 당연하게 받아들인다. 하지만 사실 이런 인과관계가 성립되지 않으면 이치에 맞는 것은 아무것도 없다. 당구공이 움직일 때 어떤 각도에서 공이 옆으로 튈지를 예측할 수 있다. 만약에 그 공이 다른 공을 칠경우 두 개의 공 모두의 방향도 예측 가능하다. 포켓볼을 잘 친다면 목표로 하는 공을 구멍에 넣을 수 있을 것이다. 우리는 신뢰할 만한 것에 의지한다. 우리는 운동량보존법칙을 알고 있으며 각도를 아주 정확하게 계산할 수 있다. 쳐야 할 공을 쳤는데 그 공이 사라졌다가 목표하는 공 뒤에 다시 나타난다면 더 이상 당구를 칠 수 없을 것이다. 사실 인과관계가 우리가 사는 세상을 조정한다고 생각하지 않는다면 우리는 당구를 포함해 다른 어떤 게임도 하지 않을 것이다. 아마 계속해서 본능에 따라 먹고 마시고 움직이겠지만 절대 미리 계획하거나 경험에서 무엇인가를 배울 거라고 기대하지는 않을 것이다.

　어떤 사건이 앞선 원인 때문에 일어나는 것 같아서 우리는 감각이 말하는 것을 믿는다. 모든 원인을 다 파악할 수는 없지만 모든 것이 모여 결과를 결정한다고 믿는다. 간단한 인과관계의 결과를 예측하는 능력에 따라 매일 우리가 무엇인가를 결정할 때 어디에 의지해야 할지가 달라진다. 하지만 그런 능력은 우리가 모는 이 배의 선장이 바로 우리 자신이라는 존재감, 즉 우리가 가고 싶은 데로 배를 조종해가고, 암초를 피해서 안전한 곳으로 간다는 느낌과는 대립된다. 그렇다면 무엇이 우리를 그렇게 특별하게 만들어 인과관계의 연결망 밖에 있게 하는 것일까? 전에 벌어진 사건에 의해 조종되는 꼭두각시가 아니라 우리가 원하는 대로 할 수 있는 특권을 어디에서 얻을 수 있을까? 유감스럽게도 이 질문에는 확실한 답이 없는 것 같다.

　우리는 당구공의 움직임이 확실하게 결정되어 있다는 사실을 아주 편안하게 받아들이며, 그와 동시에 당구채로 어떻게 공을 겨냥할지를 스스로 선택한다고 생각한다. 그렇게 했는데 공을 못 치면 우리는 스스로를 탓한다. 또 우리가 공을 제대로 치지 못할 수많은 경우가 이미 결정되어 있기 때문에 공을 구멍에 집어넣을 가능성이 사실상 없다고 의심하는 것도 말이 된다. 가능한 원인의 수가 너무 많으면 무시해야 한다. 다음번에 다시 공을 놓칠지, 칠 수 있을지를 예측할 방법은 없다. 그래서 그냥 계속 재미삼아 당구를 치는 것이다.

하버드대 심리학과 교수인 스티븐 핑커는 뇌는 스스로 자유로운 선택을 한다고 느끼도록 구성되어 있다고 한다. 그리고 뇌가 우리에게 말하는 것에 귀 기울여야 한다고 주장한다. "뇌가 어떻게 작용하든 선택을 경험하는 것은 허구가 아니다. 이는 실제 신경 처리 과정으로, 예측 가능한 결과에 따라 행동을 선택하는 명백한 기능이다" 라고 말했다(1997). 우리가 하는 행동이 모두 과거의 사건에 의해 결정될지 그렇지 않을지는 중요하지 않다. 우리는 자유의지를 가지고 있는 것처럼 행동해야 한다. 그리고 사회의 법과 규정은 모든 개인이 자신의 행동에 대한 책임을 져야 한다는 전제에 입각해야 한다. 규칙이 자유의지를 당연한 것으로 받아들이면 그 단계에서 규칙을 바꾸기는 어려울 것이다.

사고와 기억

감정, 느낌, 기억, 그리고 자아의 의식을 만들어내는 복잡한 뇌를 가진 인간은 지구상에 존재하는 최고의 생각하는 기계다. 사고를 하면 공상과 창의력의 세계가 열린다. 우리는 사슴 사냥을 하고 해변에 누워 책 읽는 모습을 상상할 수 있다. 마음 내키는 대로 자유롭게 영화를 찍으며 그 영화에 나오는 등장인물이 어떤 식으로 반응할지를 상상해볼 수도 있다. 그래서 정말 숲속에 있는데 사슴이 나타나면 전에 마음속으로 그려봤던 사냥꾼의 역할을 재현해 바로 사슴에게 화살을 날릴 수 있다. 윌리엄 제임스는 지능이 저마다 특별한 문제에 적응하면서 진화된 신경회로 집단을 활용한 결과 생겨났다고 주장했다. 앞서 언급했던 안면 인식이 바로 이 예에 해당된다. 새로운 도전에 대한 응전으로 모듈[독자적인 기능을 가진 교환 가능한 구성요소]이 조금씩 첨가될 수 있고, 평생 동안의 경험으로 새로운 모듈이 만들어질 수도 있다(Koch 2003). 인간은 그런 모듈을 계속해서 더해나갔다. 그리고 다수의 모듈을 합해서 사용하는 기법을 완벽하게 연마한 다음 여러 가지 문제를 풀어내는 식으로 융통성 있게 해결책을 만들어 우수한 지능을 획득했다. 모듈을 개선해 더하는 방식은 완성된 컴퓨터 프로그램에 서브루틴을 첨가해 응용 프로그램을 돌릴 때 자유롭게 사용할 수 있게끔 하는 것과 비교할 수 있다. 모든 기능을 무의식적으로 수행할 수 있는 특정 신경회로를 많이 그리고 빨리 만들어내는 세대가 필요한 것 같다. 침팬지와 인간이 같은 조상으로부터 갈라져 나온 뒤로 고작 600만 년이 흘렀을 뿐이지만 두 종의 지능에는 엄청난 차이가 있다. 침팬지는 네 살 먹은 아이처럼 간단한 퍼즐을 풀 수 있지만 영리한 청소년과는 경쟁이 안 된다. 그러니 로켓을 만드는 과학자와는 게임이 될 리 만무하다. 그렇다면 600만 년이라는 짧은 시간 동안 그 새로운 모듈들은 모두 어디에서 생겨났으며 어떻게 뇌 속에 자리잡은 것일까?

지능을 측정하는 것은 아주 어려운 일이지만 현대 교육을 받은 성인은 5만 년 전 수렵-채집을 하며 살던 인간보다는 훨씬 영리하다고 볼 수 있다. 오늘날의 일반인들은 시간을 정확하게 말할 수 있고 복잡한 도구를 만들어 사용하며 읽고 쓰기를 한다. 동굴에서 생활하던 원시인이 적절한 교육을 받는다면 이런 기술을 배우는 게 가능할까? 우수한 학생이 새로운 목적에 맞춰 먼저 만들어져 있던 수많은 모듈을 간단하게 사용한다면, 그런 모듈을 일반적인 목적을 위한 뇌 기능 수준에 맞춰 격하시키는 것은 아닐까? 내 생각에는 최대 질량의 특화된 모듈이 서로 연결망을 형성했다는 개념이 전전두엽 피질 prefrontal cortex에 뉴런의 수가 증가해 전반적인 연결 상태가 좋아졌다는 것보다 지능을 더 잘 설명해주지는 못하는 것 같다. 인간의 뇌를 컴퓨터에 비유하는 것이 컴퓨터 과학자에게는 흥미를 돋울지 모르나 컴퓨터 프로그램의 지능과 프로그래머의 지능에는 질적인 차이가 있다. 인간 지능의 기초는 다른 곳에서 찾아봐야 할 것이다.

　침팬지의 게놈과 인간의 게놈은 99퍼센트가 일치한다. 하지만 1퍼센트의 차이 때문에 3만 가지의 변화가 생겼는데, 이 3만 가지 변화가 인간에게는 전부 중요할 수 있다. 샌디에이고 소재 캘리포니아 대학의 아짓 바키Ajit Varki 교수와 연구팀은 인간에서만 특별히 돌연변이가 일어난 후보 유전자candidate gene를 발견했다(Gagneux 외 2003; Varki, Altheide 2005). 이 유전자는 당 화합물을 세포 표면의 단백질에 첨가할 때 필요한데, 그렇게 해서 광범위한 영향을 미치는 결론을 얻을 수 있었다. 약 200만 년 전 유인원에서 갈라져 나온 후 오직 인간 계통에만 이 유전자 결실缺失이 일어난 것으로 추정된다 (Chou 외 1998). 침팬지, 고릴라, 오랑우탄은 모두 이 효소를 가지고 있어 특정 당을 첨가해 세포 표면 단백질을 수정하는데 인간은 그렇게 하지 못한다. 이 유전자에서 결실이 일어나자마자 인간의 뇌가 커지기 시작했다. 단백질의 변형은 성장과 발생을 조절하는 구실을

하므로 이 단백질의 감소가 인간의 뇌 진화에 결정적인 구실을 했을
수도 있다.

　시카고대학 인간유전학 학부의 브루스 란Bruce Lahn은 실험적 방법
과 컴퓨터 기술을 이용해 쥐, 생쥐, 원숭이, 침팬지, 그리고 인간의
유전자를 비교했다. 란은 뇌에서 작용하는 유전자에 초점을 맞췄는
데, 유난히 커다란 뇌처럼 인간에게만 있는 특징을 설명해줄 차이를
발견하길 바랐다. 란의 실험팀은 뇌 발달에 관련된 유전자 소그룹을
찾아냈는데, 이 소그룹은 설치류보다 영장류에서 더 빨리 진화하며
인간 계통에서는 그 변화율이 한층 가속화되는 것 같았다(Gilbert,
Dobyns, Lahn 2005). 이 소그룹은 신경 수용체 유전자, 발전 신호 전
달 유전자, 뇌 성장에 관련된 것으로 알려진 유전자 두 개를 포함하
고 있다. 뇌의 크기를 조절하는 유전자 중 하나인 마이크로세팔린
microcephalin은 오직 인간에서만 변이체가 나타난다. 이런 특정 돌연
변이가 3만7000년 전 하나의 개체에서 발생해 종 내에 퍼져나간 듯
하다. 그리고 약 6000년 전 뇌의 크기를 조절하는 또 다른 유전자의
염기서열에 작은 변화가 일어났고 그 후 세계적으로 상당히 자주 변
화가 일어났다(Mekel-Bobrov 외 2005). 유전자 변화는 대부분 퍼져
나가지 않으므로 이것은 이례적인 경우다. 이렇게 변형된 유전자를
보유한 개체는 자연선택에서 대단한 이점을 보였는데, 그 이유는 아
마 이런 개체들의 뇌가 더 크고 우수했기 때문일 것이다. 란은 인간
의 두뇌가 아직도 적응 진화를 하고 있다고 본다. 나는 우리 인간이
1만 년 뒤에는 어떤 식으로 사고할지 궁금하다.

　커다란 뇌를 가진 우리 인간은 정보를 더 많이 처리하고 배우며

더 많이 기억할 수 있다. 기억은 해마에 통합된 감각과 감정 정보가 들어와 신경회로를 활성화시킬 때 형성된다. 해마는 뇌의 다른 구역으로 기억을 분산시켜 저장하는 정보교환소 역할을 한다. 기억은 전체 신경활동 중 아주 작은 부분이다. 신경은 흥분하고 반응하지만 안정적인 흔적은 전혀 남지 않는다. 하지만 신경이 반복적으로 다른 신경을 자극하면 두 신경 사이의 연결이 강화될 수 있다. 영향력 있는 캐나다 출신의 심리학자 도널드 헵Donald Hebb은 1949년 저서『행동의 구성The Organization of behavior』에서 신경을 지속적으로 자극하면 자극하는 뉴런과 거기에 연결되어 있는 다른 뉴런 사이의 연결의 효율성이 증대될 수 있다는 주장을 설득력 있게 펼쳤다. 헵은 신경을 연결하는 시냅스에서 분자의 숫자와 배열이 자극을 받은 후 바뀌고 또한 사건을 기억하게 한다고 말했다. 후속 연구에 의하면 해마 안의 장기간 강화 작용은 신경 흥분 자극이나 뉴런 다발에서 거의 동시에 전달되는 신경 자극에 의해 바뀐다는 것이 밝혀졌다.

일부 시냅스의 변화는 단백질 키나아제를 비롯한 주요 효소가 활성화되어 일어났다는 사실이 생화학 연구를 통해 밝혀졌다. 초기의 생화학적 변화는 거꾸로도 일어날 수 있기 때문에 어느 정도 시간이 지나면 깨끗하게 지울 수가 있다. 헵의 학습Hebbian Learning은 새로운 정보가 국지적인 시냅스의 강도 변화에 의해 암호화된다고 주장한다. 또한 음식과 종소리를 동시에 들려주는 유명한 파블로프의 개 실험처럼, 두 가지 자극을 동시에 주는 학습, 즉 연관에 의한 학습이 가능하다고 말한다. 파블로프의 실험에서 개는 종소리가 들리면 곧 먹을 것이 나올 것으로 예상하게 됐고 그래서 종소리를 들으면 자연스럽게 침을 흘렸다. 이런 조건반사의 첫 번째 단계가 뇌의 해마에서 일어나는 헵의 학습이었을 것이다. 거기에서 장기 기억을 관장하는 뇌의 넓은 부분으로 정보가 퍼져나간다.

20년도 더 지난 일인데, 언젠가 파리에서 점심으로 크로크무슈를 먹은 적이 있다. 그런데 먹고 나서 한 30분 뒤 심하게 탈이 났다. 그 후로 몇 년 동안 나는 크로크무슈를 먹을 수가 없었다. 이 사건은 내가 크로크무슈를 싫어하게 된 이유로 상당히 그럴듯한 근거처럼 들린다. 하지만 사실 그때 내가 그렇게 욕지기가 나고 아팠던 것이 크로크무슈랑은 전혀 상관이 없다는 것을 알고 있었다. 그전에도 크로크무슈와 비슷하게 그릴에 구운 햄과 치즈가 들어간 샌드위치를 먹었지만 아무런 문제가 없었다. 게다가 내 딸아이가 같은 날 위장염에 걸렸고 그다음 날에는 아내에게도 전염됐다. 물론 모든 일이 그저 우연일 뿐이지만 내 뇌는 크로크무슈가 나를 아프게 만들었으니 그것을 먹지 말라고 이미 등록을 해버린 것이었다. 지금은 이 크로크무슈라는 특정 샌드위치에 대한 혐오감을 극복했지만, 싫어하게 됐던 그때 일을 오늘날까지도 나는 여전히 기억한다. 헵의 연결이 성립되면서 연관에 의한 학습이 시작돼 메뉴판에서 크로크무슈를 볼 때마다 기억에서 과거의 경험을 다시 끄집어내는 것이다.

우리 뇌 속에서는 많은 일들이 무의식적으로 일어난다. 우리가 주목하지 않은 경험을 통해 얻는 완전하게 형성된 이미지와 신경 패턴이 있다. 이런 것들은 분명히 드러나지 않으면서 형성되고 재생되는 듯하며, 기억 속에 저장돼 유전된 본능만큼 우리의 사고 패턴에 영향을 미칠 수 있다. 우리는 그저 이것을 모르고 있을 뿐이다.

  다마지오의 환자 데이비드같이 해마가 심하게 손상된 환자들에 대한 연구 결과를 보면 해마 속의 신경회로에 따라 장기기억이 수립된다. 병이나 부상으로 인해 대뇌피질 부분이 손상된 환자들을 실험한 연구에서는 특정 인물이나 사물의 이름은 잊어버리고 그 외의 다른 것들에 대한 기억은 전혀 손상되지 않은 것으로 나타났다. 이 결과를 두고 고유명사는 뇌의 특정 부분에 저장되고, 과일과 야채 이름 같은 것들은 다른 곳에 저장되어 있다고 해석해서는 안 될 것이다. 다만 이런 이름들을 생각할 때 뇌의 특정 부분을 지나가는 것이다.

  우리는 저장된 표식의 연결망에 기억장치의 신호를 보내 상기시키는 작용을 기억이라고 생각해왔다. 실험 대상에게 어떤 사람의 얼굴, 장소, 사물을 기억하게 한 다음 fMRI를 보니 분류한 범주별로 뇌에서 조금씩 다른 부위가 활동하는 것으로 나타났다. 실험 대상에게 어떤 사람의 얼굴을 기억해보라고 하자 얼굴에 대한 정보를 저장하는 뇌 부위가 활성화되었다. 특정 장소와 사물을 기억하라고 말했을 때도 마찬가지였지만 활동하는 뇌 부위가 아주 조금 달랐다. 주어진 범주의 활동 패턴이 다시 나타난 때는 기억을 말로 되뇌기 몇 초 전이었다. 마치 기억에서 일정한 패턴을 복원시키는 데 특정 범주에 맞는 신호가 사용되는 것 같다. 뇌가 재빨리 분류 작업을 해 질문에 맞는 답을 찾는 것은 여러 기억 중 하나를 선택하는 것이라고 나는 생각한다. 대부분의 기억이 순식간에 거부되고 선택할 것은 아주 조금만 남는 것이다.

  최근에 개발된 신경촬영법으로 60세까지는 뇌의 용량과 인지 능력이 잘 보존된다는 사실이 밝혀졌다. 뇌의 용량과 기능 둘 다 서서히 저하되지만, 그래도 사람은 긴 세월 동안에도 심각한 장애를 겪지는 않는다. 뇌가 건강하게 노화되는 현상은 처음부터 뇌의 크기가 큰 까닭에 치매로 발전할 가능성을 줄였기 때문으로 추정된다. 우리 인간은 필요 이상으로 큰 뇌에서 출발한다(Allen, Bruss, Damasio 2005). 그러다가 나이가 들어가면서 기억력이 쇠퇴한다. 조금 놀라운 것은 노인들은 아주 오래전 어릴 때 일어난 일보다 최근에 일어난 일을 잘 기억하지 못한다는 사실이다. 가장 일반적인 노인성 치매는 알츠하이머병으로, 현재 85세 이상 노인의 50퍼센트 넘는 이들이 이 병을 앓고 있다. 누구나 잠시 동안 뭔가를 잊어버렸다가 나중에 다시 기억해내지만 알츠하이머병을 앓는 사람들은 기억을 해내지 못한다. 그들은 같은 것을 묻고 또 물으며 답을 듣고도 곧바로 잊어버린다. 또한 아주 간단한 단어도 잊어버리고 익숙하게 다니던 곳에서도 길을 잃는다. 병이 계속 진행되면서 숫자가 의미하는 것, 설탕 그릇에 들어 있는 것도 다 잊어버리고 점점 더 짜증을 내고, 의심이 많아지며, 소심해진다. 사랑하는 사람들이 문을 열고 들어올 때도 "당신 누구요?" 하고 소리를 칠 것이다. 결국 자신이 누구인지 망각하고 자의식 역시 사라져버린다. 이 시기에 들어서면 먹고 입는 것 등에서 전적으로 타인의 도움을 필요로 하게 된다. 이런 말기 단계가 몇 년씩 지속될 수 있으며, 환자는 점점 더 많은 도움을 받아야 하는 상태에 이른다. 결국 존엄성은 온데간데없이 사라지고 육신만 남겨진 상태가 된다.

안락사

인공호흡 장치나 정맥 내 영양 공급과 같은 현대 의료기술 덕분에 예전 같으면 조기에 사망했을 환자들이 생명을 유지한다. 가족과 담당 의사들은 생명을 유지시키기 위해 이런 가외의 노력을 기울일 것인지, 아니면 치료를 끝내고 환자가 헛되이 생명을 연장하기보다는 존엄성을 지키며 영면하게 할 것인지를 결정해야 한다. 회복 불가능한 상태의 환자가 의미 있는 삶을 누릴 만큼 회복하긴 어렵다는 것이 명백할 경우, 환자가 인위적인 방법으로 계속해서 생명을 유지하길 원하지 않는다는 의사를 미리 확실하게 밝혔다면 결정을 내리기가 약간은 수월할 수도 있다. 하지만 사람들 대부분은 그런 상황을 생각하기 싫어하기 때문에 그런 일이 발생했을 경우 어떻게 해달라는 요구 사항 같은 것을 남기는 예가 흔치 않다. 또 환자가 자신의 의사를 표현할 수 있어 가능한 한 생명을 연장하고 싶다고 한다면 환자의 의견을 따르면 된다.

몇 해 전 내가 아끼고 사랑했던 분이 심각한 뇌졸중을 일으켜 의식 불명인 상태로 병원에 실려갔다. 심각한 상황에서 그분은 침상에 누워 있고 가족들은 주변에 둘러서서 환자를 떠나보낼 준비를 하고 있었다. 뇌파측정기에는 뇌의 활동이 전혀 나타나지 않고 있었다. 계속해서 0을 가리키는 심전도를 보고 의사는 환자가 뇌사 상태라며 가족들에게 인공호흡 장치를 끌 것을 권유했다. 더 이상 생명이 지속되거나 회복될 가망이 없었다. 가족들은 옆방에서 상담을 받았고 결국 환자를 떠나보내기로 결심했다. 인공호흡 장치가 꺼졌고 환자는 곧 사망했다. 그렇게 하는 것이 옳은 결정이라는 데는 이견이 있을 수 없겠지만, 그래도 그런 결정을 내려야 한다는 것은 정말 슬프고 고통스러운 일이다.

하지만 대부분의 경우 이 문제는 간단치 않다. 뇌졸중이 일어나면 의식은 전혀 없지만 생명은 유지되는 혼수상태에 놓일 수 있다. 환자는 이따금씩 반사적인 동작을 보이며 주변 사람들에게 희망을 주는 듯하지만 실은 거짓 희망일 뿐이다. 가끔 몇 주 후 뇌졸중 환자가 차도를 보이고 기본적인 신체 기능을 되찾기도 한다. 시간이 지나 몇 가지 기능이 개선돼 육체와 정신 기능을 회복하는 경우도 있다. 하지만 인지 능력을 상실한 채 식물인간 상태에 들어가는 경우도 많다. 그 상태에서도 호흡을 하고 무의식적인 움직임을 보이기도 한다. 이렇게 식물인간 상태에 들어가면 뇌활동은 전혀 보이지 않는다. 살아 있다고 하지만 사실상 죽은 것이나 다름없다. 이런 상태로 몇 달씩 정맥 내 영양 공급으로 생명을 연장하고 있을 경우, 환자 자신이 사전에 그러한 상황을 예상하면서 만일 자신이 그러한 지경에 처하면 무의미하게 연명하고 싶지는 않다고 확실하게 의사표시를 했다면 가족들이나 의사는 인공적으로 생명을 연장시키는 모든 조치를 끝내야 할지를 숙고해야 한다(Gazzaniga 2005). 이런 경우에는 대부분의 사회가 환자를 떠나보내는 것을 용인하고 있지만 소수의 반대 의견도 분명히 존재한다.

참기 힘들고 오랫동안 지속되는 고통에 시달리는데도 별다른 수가 없는 환자들은 죽음을 맞는 데 도움을 청할 수 있다. 현재 벨기에, 네덜란드, 스위스에서는 이런 경우 자발적 안락사를 허용하고 있다. 미 오리건 주에서 존엄사법Death with Dignity Act이 발효되고 난 후 첫 7년 동안 의사의 도움을 받는 자살 건수가 208건 보고되었다. 하지만 몇 세대 동안 그다지 많은 논의 없이 의사의 도움을 받는 자살이나 안락사를 받아들여 시행해온 곳이 세상에는 아주 많다. 고대 그리스와 로마에서는 불치의 병으로 고통받는 사람의 자살을 용인했고 도움이 필요할 때는 의사가 그들을 돕게 했다. 중세와 르네상스 시대에는 자연의 순리를 거스르지 않고 개입하지 않는 것이 일반적이었다. 하지만 때때로 죽음을 앞당기기 위해 특별한 약을 처방하기도 했다. 도움을 받아 죽는 것에 반대하는 입장은 최근에 생긴 조류로, 이에 반대하는 사람들은 불치병 환자를 안락사시키는 것은 사랑이 아닌 탐욕에서 비롯된 행동이라고 주장하고 있다. 환자에게서 상속받을 것이 있는 사람들은 환자의 조속한 죽음을 조장할 수 있으며, 장기이식을 원하는 의사들은 죽어가는 환자에게서 필요한 장기를 얻기 위해 죽음을 도울 수도 있다는 것이다. 하지만 자발적인 안락사를 허용하는 곳은 그것을 시행할 때 따라야 하는 엄격한 지침을 세웠다. 이 지침에 의하면 자발적인 안락사를 시행하려면 먼저 환자가 의식이 맑은 상태에서 자신의 죽음을 잘 숙지한 다음 자발적으로 결정을 내렸다는 것을 확실하게 밝혀야 한다. 그리고 환자의 고통이 극심한데도 이를 경감시킬 다른 방법이 전혀 없는 상태여야 하며, 마지막으로 환자의 상태가 치료 불가능하다는 담당 의사의 진단을 다른 의사가 확인해야 한다. 이 세 가지 조건에 모두 해당되어야만 자발적인 안락사가 허용된다. 이런 지침이 있지만 아직도 수많은 나라에서 안락사를 허용하는 법이 통과되지 못하고 있다.

  정신적 혹은 육체적으로 심각한 문제가 있는 환자가 갇힌 상태로 약물을 투여받으며 연명하는 것을 견디지 못해 죽기를 원할 경우에는 상황이 더욱 복잡해진다. 이런 사람들은 고통이 심하거나 불치병을 앓는 것은 아니지만 침대나 휠체어에 감금되는 것은 삶의 의미를 강탈당하는 것이나 마찬가지다. 그런 상태에 있으면 아주 작은 일도 다른 사람들에게 굴욕적으로 의존할 수밖에 없다. 따라서 이런 사람들은 그렇게 사느니 차라리 죽기를 희망할 것이다. 목 아래로는 아무것도 움직일 수 없는 사지 마비 환자는 하루 종일 TV만 쳐다보며 계속해서 호흡기의 일정한 리듬 소리를 듣는 것에 지칠 수 있다. 계속되는 욕지기, 실금失禁, 약물에 의한 졸림 현상들이 견디기 힘들어질 수 있다. 또 지속적으로 끔찍한 환각에 시달리기 때문에, 생각하고 반응하는 능력을 모두 빼앗아가버리는 약물에 의존해야 하는 사람이 약을 끊었을 때는 죽음을 선택할지도 모른다. 이 가련한 영혼들이 요청한다면 죽을 수 있게 도와줘야 할까? 수많은 사람이 일시적으로 중증의 우울증을 앓을 때 우리는 그 사람들이 회복되도록 도와주고 싶어한다. 안락사는 마지막 수단이며 일단 실행하면 돌이킬 수 없다. 이런 중대한 문제에서는 절대 실수가 있어서는 안 된다. 그리고 환자가 원하는 대로 따라야 할지 아니면 무시해야 할지 그 선을 확실하게 긋는 것은 대단히 어렵다.

  안락사를 강요하는 경우도 있었다. 나치 시대의 독일을 포함한 전체주의 정권들은 심한 불구자나 정신지체가 있는 사람들을 으레 안락사시켰다. 태어날 때의 결함 때문에 조기 사망할 가능성이 큰 사람들, 뇌가 제대로 기능하지 않는 사람들, 사고로 심한 불구가 되어 회복될 가망이 없는 사람들이 사회의 안녕을 위한다는 미명하에 안락사당하기도 했다. 이 위험한 파멸의 길에 들어선 정권에 인종을 '정화'하겠다는 비정상적인 소수가 합류했다. 그들은 우생학적인 논리를 내세워 안락사 관행을 정당화시켰으며 그에 반대하는 것은 위험한 일로 간주했다. 인류 역사의 이 유감스러운 사건으로 인해 이후 나온 생명의 권리와 관련해 내려진 수많은 결정에 오점이 남게 되었다. 야만인의 혈통을 피하기 위해 안락사를 실행해야 한다는 주장에 대해서는 강력하게 반대해야 한다. 하지만 환자 자신, 가족, 대리인 그리고 담당 의사가 심사숙고한 끝에 내릴 온당한 결론이 안락사일 경우에는 올바른 절차를 따라 이를 실행해야 할 것이다.

뇌 손상으로 의식이 없을 경우 생명이 계속된다고 할 수 있을까? 인공적으로 신체 기능이 돌아가게 하는 경우 그를 사람이라고 정의할 수 있을까? 지속적으로 식물인간 상태에 놓인 환자는 자아가 결여되어 있으며 슬픔이나 행복을 느끼지 못한다. 그 사람의 육체에는 아무것도 없는 것이다. 비싼 대가와 비용을 치러가며 기계에 의존해 간신히 호흡만 유지하는 상태를 지속시켜야 하는 이유가 무엇인가? 이를 지켜보는 가족과 사회 모두가 고통스럽고 엄청난 비용까지 지불해야 하는 상황을 왜 지속시켜야 하는가? 기적을 바라는 이도 있겠지만 기적은 그렇게 자주 일어나지 않는다. 건강할 때와 같은 삶의 질을 되찾을 가능성을 차단해버리는 불치의 병이나 부상을 제대로 인식한 후 환자의 뜻에 따라야 할 것이다.

오늘날까지 의사들은 히포크라테스의 선서를 따라왔다. 그들은 "나는 내 능력과 판단에 따라 환자의 유익을 위한 섭생과 처방을 내릴 것이며, 어느 누구에게도 해를 가하지 않을 것이다. 누군가가 원한다고 해서 치명적인 약물을 처방하지 않을 것이며, 죽음에 이르게 할 조언도 하지 않을 것이다"라고 선서했다. 하지만 시대가 변했고 기술이 발달해 이제는 죽어가는 생명을 연장시킬 수 있는 정교한 기계가 발명되었다. 그리고 자아는 사라져버렸지만 호흡만 유지하는 상태로 살아 있는, 도저히 살아 있다고 하기 힘든 사람이 병균에 감염되지 않게 하는 약품도 만들 수 있다. 따라서 생명이 무엇이고 의식이 무엇인지를 제대로 이해하고 내린 결정이 환자는 물론 의사에게도 새로운 규칙이 될 수 있는 것이다.

　우리는 자유의지를 가진 것처럼 행동하기 때문에 늘 무엇인가 결정을 해야 한다는 부담감에서 자유로울 수 없다. 결정을 내릴 때 다른 이를 연민하는 마음을 가지려고 아무리 노력한다 해도 결국 우리는 언제나 자신의 이익을 도모하는 쪽으로 결정을 내리는 경향이 있다. 진화는 그 개체가 성공적으로 번식하는 쪽으로 선택되어왔으며, 본능에 의해 조절되는 모든 작용과 반작용은 그 목표를 달성하는 데 초점이 맞춰졌다. 우리 인간에게는 의식과 양심이 있으며 그것들이 우리를 인도한다. 하지만 절대로 본능을 과소평가해서는 안 된다. 호모 사피엔스를 낳은 영장류의 최근 진화에서 드러난 선택의 경향을 살펴보면 일정한 상황에서 협동을 선호하는 것으로 나타난다. 그리고 인간은 이런 긍정적인 특성을 강화해 큰 집단을 이루고 조화롭게 사는 법을 배웠다. 삶은 개인의 단기적인 이점과 집단의 장기적인 이점을 극대화하는 과정에서 벌어지는 갈등의 연속으로 채워져 있다. 개인과 집단의 이점은 모든 사회 성원의 존재에 영향을 주는 절대적이고 상대적인 윤리와 관련된 수많은 논란을 불러일으킨다.
다음 장에서는 이런 문제에 대해 논의해보겠다.

7장

생명들의 사회학적 게임

이기심과 협동심 | 혈연선택 | 협력의 진화 | 문명

엘 그레코의 「성흔을 받는 성 프란체스코」. 종교는 세계 곳곳에서 신도들을 안내하는 중요한 역할을 하고 있다. 하지만 이제 그것은 사회가 기능하는 데 그 중요성이 떨어지고 있다.

도덕은 삶에서 중요한 부분이다. 아니, 가장 중요하다고 보는 사람
도 있다. 사회적인 존재로서 우리는 모두 함께 효율적으로 기능하는
원칙을 필요로 한다. 도덕과 윤리는 문화적인 영역의 문제로 취급되
지만 기초 생물학의 관점에서도 고려해볼 만하다. 고등학교 때 나는
여러 가지 도덕적 문제를 제기하고 일정한 해결책도 제시하는 훌륭
한 책을 많이 읽었다. 그리고 수업을 마치고 늦은 시간까지 친구들
과 그 문제에 대해 토론하며 대부분의 사춘기 청소년들이 그렇듯 그
문제와 관련된 여러 가지 농담, 익살스러운 선언문은 물론, 심각한
성명문 따위를 만들어내곤 했다. 대부분 엉뚱한 것들이었지만 지금
까지도 잊히지 않고 기억나는 것이 하나 있다. 그때나 지금이나 변
함없는 것은 세상에 완벽하게 이타적인 행동은 없는 것 같다는 점이
다. 우리가 자유의지를 가지고 있다고 가정할 때, 우리가 하는 모든
행동은 전부 우리의 선택에서 비롯된다. 노부인이 길을 건너는 것을

돕는다거나 불우한 환경의 어린이들에게 공부 지도를 해주는 것이
이타적이기만 한 행동은 아니다. 그렇게 하면 기분이 좋아지기 때문
에 그런 행동을 하는 것이다. 친구와 후식을 반씩 나눠 먹는 행위에
도 나중에 친구가 자기 후식의 반을 나에게 줄 것이라는 희망이 어
느 정도 묻어 있다. 내가 진정 이타적이라고 생각하는 것은 넘어져
있는 낯선 사람의 팔을 잡아주고 나중에 그런 행위를 했던 사실을
잊어버리는 것같이 본능적이거나 조건반사에 의한 행동뿐이다. 만
약에 그렇게 한 것을 나중에 기억하고 착한 일을 했다고 자처한다면
그때 이타적인 행위를 했다는 만족감이 새삼스레 들면서 그만 이기
적인 행위로 바뀌어버리기 때문이다. 따라서 뭔가 정말로 이타적인
행동을 했다면 그걸 기억할 수 없다.

　반면 확실하게 이기적인 행동도 있다. 남들에게는 해로운데 나에
게 이익이 되기 때문에 어떤 일을 한다. 나 역시 그런 일을 한 적이
있다. 또 누군가는 해야 하지만 해도 보답이 없는 일을 피한 적도 있
다. 실험실에서 음식을 먹고 남은 그릇을 치우지 않아 다른 사람들
이 씻게 했던 경우가 있고, 또 다른 사람들은 내가 집에 가길 원하는
데 그냥 사무실에 늦게까지 남아 글을 쓰기도 했다. 분명 다른 사람
들이 내가 이기적으로 행동했다고 생각할 만한 경우가 많다. 다른
사람이 이기적으로 구는 것을 생각해내기는 참 쉽다. 줄을 서 있는데
새치기를 하는 이기적인 사람은 분명히 기억하는 반면, 자신이 무심
결에 줄에 끼어들었던 것은 잊어먹는 경향이 분명 우리에게 있다.

　협력하지 않고 자기만의 이익을 위해 행동하는 것처럼 보이는 사
람을 이기적이라고 한다. 반면 협력은 하지만 이타적으로 행동하지

는 않는 사람이 있는데, 이 경우는 협력하는 것이 자신의 이점과 직
결되므로 그 사람이 희생하는 것은 없다. 동물의 세계에 순수한 이
타주의는 아주 드물거나 아예 없다(Hammerstein 2003; Gazzaniga
2005). 서서 망을 보다 하늘에 매가 날아다니는 것을 보면 휘파람을
불어 경고를 하는 프레리도그prairie dog[쥐목 다람쥐과의 작은 포유류이
며 울음소리가 개와 비슷하여 도그라는 이름이 붙었다]의 행위는 분명 자
신은 위험한 지경에 처하면서도 다른 프레리도그가 숨을 곳을 찾도
록 돕는 것이다. 하지만 휘파람 소리를 들을 수 있는 거리에 사는 프
레리도그의 대부분은 파수꾼 역할을 하는 녀석과 서로 혈연관계에
있다. 이들이 생존하면 공통으로 보유한 게놈이 후대에 퍼지고 종족
이 유지될 가능성이 늘어나는 것이다. 이것을 혈연선택이라고 한다.
혈연선택을 하면 본능적으로 이타심을 발휘하게 하는 유전자가 만
들어질 수 있지만, 이것은 오직 가까운 친족 사이에서만 나타나는
이타주의다.

  미래에 어떤 호의나 은혜를 예상할 경우 서로 친척관계가 아닌 개
체 사이에도 상호 이타주의적인 행위가 일어날 수 있다. 한 개체가
이타적으로 행동해 치르는 대가는 그에 상응해 돌아오는 이득으로
상쇄된다. 이렇게 하려면 다른 한편이 공정성에 입각해 신뢰할 만한
모습을 보여야 하는데, 이런 상호 신뢰는 이점만 챙기고 떠나는 사
기꾼 때문에 쉽게 깨질 수 있다. 사회는 상호 이타주의를 유지하기
위해 사기꾼을 징벌하는 방법을 반드시 확립해야 한다. 그런 제재
조치가 없다면 협력하기를 좋아하는 사람들이 무임승차하는 이들까
지 부양하다 지쳐 결국에는 그들도 사기를 치는 데 가담할 수 있다.

프레리도그의 이타심은 가까운 친족 사이에만 나타난다.

보통 사기꾼을 알아보고 배척하려면 몇 번은 겪어봐야 한다.

이기심과 협동심

상호반응의 결과를 예측하기 위해 사람들은 이기심과 협동심의 심리학을 이해하려는 노력을 많이 해왔다. 미국의 랜드 연구소Rand Corporation[1948년에 미 공군의 위촉을 받아 민간 과학자와 기술자들이 창설한 비영리적 연구개발 기관]가 1950년대에 냉전 시대의 상호작용에 관한 전략을 구축하기 위해 만들어낸 죄수의 딜레마Prisoner's Dilemma라는 게임이 있다. 군산복합체의 핵심 부서에서 연구를 하는 과학자들이 정치가나 일반 시민이 반응하는 방법에 대해 고도로 교묘한 규칙을 만들어냈다.

죄수의 딜레마 이론의 상황은 다음과 같다. 은행에서 체포된 두 명의 강도 A와 B를 따로 감방에 가둔다. 감방에 갇히기 전에 A와 B는 협력해 서로를 밀고하지 않기로 약속했다. 하지만 검사는 A와 B를 각각 따로 불러놓고 그들에게 죄를 자백하면 감형해주겠다고 약속한다. 검사는 A와 B가 서로를 배신해 상대방을 밀고하기를 바란다. 사실 이 검사는 A에게 그가 죄를 자백하고 B를 배신할 경우, B가 결백을 주장하더라도 A의 증언으로 사건을 종결시키고 A는 바로 풀어주겠다고 약속한다. 그리고 검사는 똑같은 제안을 B에게도 한다. A와 B 둘 다 결백을 주장(둘이 서로 협력)하면 사건이 성립되기 어려워져 둘 다 1년형을 선고받게 된다. 만약에 둘 다 자백하면(이전에 한 약속을 깨면) 두 사람 모두 감옥에서 2년형을 산다. 한쪽이 자백하고 파트너를 밀고하지만 그 파트너가 이전에 한 약속을 지켜 계속 결백을 주장하면, 자백하고 밀고한 강도는 풀려나고 결백하다고 주장한 그 파트너는 은행 강도짓과 거짓말을 한 대가로 3년형을 살게 된다.

이를 산술적으로 계산할 때 논리적인 행동은 죄를 자백(배신)하는 것이다. 그럴 경우 파트너가 하는 말에 따라 형을 살지 않거나 2년형을 살게 된다. 하지만 만약에 하나가 결백(파트너와 협력함)하다고 주장할 경우 파트너가 하는 말에 따라 1년형이나 3년형을 살아야 한다. 평균을 내봤을 때 결백(협력)을 주장하는 쪽이 더 위험하다. 파트너가 어떻게 할까를 생각해보면, 파트너가 배신을 해 둘 다 2년형을 선고받게 될 가능성이 높다는 결론을 내릴 수 있다. 반면 A가 B를 믿고 협력해 결백을 주장해도 B 입장에서는 자백을 하면 감옥에서 풀려날 수 있으므로 자백하는 게 더 낫다. A와 B 둘 다 결백하다고 주장하면 둘 모두 1년형을 산다. 이 경우 협력해서 서로에게 이득이 되려면 파트너의 협력에 의존해야 한다. 따라서 A, B가 둘 다 심적으로는 협력하고 싶어도 배신을 택하게 된다.

죄수의 딜레마 이론을 변형시켜 흥미로운 결과를 내놓은 사례가 아주 많다. 그중 한 가지는 죄수들이 감옥에서 형을 사는 동안 이 게임을 많이 해서 그들이 형량을 줄이게 하는 것이다. 죄수들에게 스무 번의 기회가 있다고 말할 경우, 보통 그들은 처음에는 서로 협력하다가 후반부로 가면서 배신을 한다. 게임이 진행되는 동안 fMRI 촬영을 해봤는데, 서로 협력을 하는 동안에는 보상 처리와 연관이

죄수의 딜레마

죄수의 딜레마. 이 사회학적 게임에는 두 명이 참여한다. 게임을 하여 나올 수 있는 결과인 복역 기간이 4개의 칸에 나와 있다.

있는 뇌의 부위가 활성화되는 것으로 나타나 신경망이 상호 이타주
의를 강화한다는 것을 시사했다(Rilling 외 2002).

죄수들에게 몇 번의 기회가 있다는 말을 해주지 않고 게임을 시작
하자 그들은 시작부터 서로 협력해 상대방이 배신하지 않고 협력하
는 한 계속해서 서로 돕는 모습을 보였다. 그러다가 파트너가 배신
을 하면, 다른 죄수들도 배신을 해 먼저 배신을 한 파트너를 징벌하
고 협력할 것을 장려했다. 죄수들은 게임이 끝날 때까지 다른 죄수
가 이끌어가는 대로 따라가는데, 배신을 하는 죄수가 생길 때만 협
력을 한다. 이렇게 변화를 준 게임을 컴퓨터 시뮬레이션으로 돌려보
니 이런 '관대한 보복' 전략이 감옥에서 형을 최소한도로 줄일 때까
지 계속되는 것으로 나타났다. 구약성경의 '눈에는 눈' 논리를 적용
시켜 사람들의 비협조적인 행위를 처벌하고 저지하는 것과 섬뜩하
리만치 유사하다.

더 큰 규모의 집단에서는 사실상 많은 사람이 협력하지 않는 사람
들을 징벌할 것이다. 사람들은 이타적인 맥락에서 하는 징벌은 사기
꾼의 수를 줄여주므로 사회 전체의 이익을 극대화한다고 생각한다.
실험에 의하면 사람들은 대개 공공을 위한 희생을 하고 주변 사람들
이 그 희생을 감사하게 여길 경우 더 큰 대가라도 감수할 의향을 보
이는 것으로 나타났다. 그리고 뇌에 있는 배부 선조체dorsal striatum라
는 부위의 활동을 살펴보면 규칙을 위반한 사람들을 징벌할 때 사람
들이 만족감을 느낀다는 것을 알 수 있다(de Quervain 외 2004;
Camerer, Fehr 2006).

게임에 참여하는 사람들이 서로에 대해 잘 알면 알수록 협력도 많

이 하는 것으로 드러났다. 서로를 잘 아는 소규모 공동체에서는 행동 규범이 발달해 협력을 증진시키는데, 이는 도덕률과 잘 구분이 되지 않는다(Shermer 2004). 사람들은 연줄이 닿아 있으면 배신하기보다는 협력을 한다. 낯선 사람과 함께하는 경우라도 그 사람이 같은 문화적 전통을 공유한다는 것을 알게 되면 주로 협력한다. 사람들은 비슷한 외모, 같은 언어, 공통된 행동을 추구하며, 그런 것을 공유하는 사람들이 게임을 할 때 공정하게 임할 것이라고 여기기 때문에 전혀 다른 부류라고 여기는 사람들보다 훨씬 믿음직하다고 인식한다. 사람들은 모두가 똑같은 도덕적 가치를 공유하지 않는다는 것을 본능적으로 알고 있다. 게임에 임하는 이들은 자신의 도덕적 가치는 옳다고 확신하지만 다른 문화권에 속한 사람은 믿지 않는다. 그래서 자신이 잘 모르는 도덕적인 가치를 추구하는 사람과 협력하는 도박을 하지 않으려 할 것이다. 확실히 이럴 때 문화적 상대주의가 주는 깊고 보편적인 감정을 느낄 수 있다.

이런 도덕적 딜레마에 대한 이야기는 수 세기 동안 반복적으로 회자되어왔다. 이런 이야기를 이기심이나 이타주의에 관한 의문과 연관지을 필요는 없지만, 즉각적인 반응에 대한 의문과는 관련이 있다. 이런 문제에 어떤 답은 맞고 어떤 답은 틀리다는 식의 평가를 할 수는 없지만 어떤 식으로든 답은 해야 할 필요성은 있다. 다음에 소개할 이야기는 약간의 변화로 전혀 다른 반응을 일으킨다는 점에서 대단히 흥미로운 예시다(Gazzaniga 2005).

빈 궤도 전차가 좁은 길을 질주해 내려오고 있다. 그 길 끝에는 급커브가 있고, 또 다섯 사람이 서 있다. 궤도 전차가 길 끝에 있는 급커브에서 튕겨나와 거리를 덮쳐 다섯 명을 치면 그들 모두 죽게 될 상황이다. 도로 중간쯤에 어떤 여자 한 명이 길을 건너고 있는데 그녀는 자기에게 임박한 위험을 전혀 모르고 있다. 이때 당신이 누르기만 하면 전차를 탈선시키는 스위치가 가까이에 있다. 스위치를 누르면 전차는 탈선해 도로 끝까지 내려오지 않을 테니 그 끝에 있는 다섯 명의 목숨을 구하게 될 것이다. 하지만 그렇게 하면 안타깝게도 도로 가운데를 건너고 있는 여자는 탈선한 전차에 치여 죽게 될 것이다. 이 경우 당신이라면 어떻게 하겠는가? 스위치를 누르겠는가? 대부분의 사람이 한 사람의 생명을 희생시켜 다섯 명을 구하는 것이 타당하다고 생각해 스위치를 누를 것이다. 하지만 이 상황을 약간 바꿔 스위치가 없고 도로 중간에 길을 건너는 여자도 없는 상황에서 전차가 질주해 내려오고 있다고 해보자. 그 상황에서 전차를 탈선시킬 유일한 방법은 당신이 앞에 있는 사람을 전차 선로로 밀어 넣는 것뿐이라면, 대부분의 사람은 전차를 탈선시키려 하지 않는다 (Shermer 2004). 아무리 다섯 명의 목숨을 구할 수 있다고 해도 아무런 죄도 없는 사람을 희생시킨다는 것은 생각조차 하기 힘들다. 이 딜레마가 규정하는 규칙 중 하나는 당신 앞에 다른 사람이 서 있기 때문에 당신이 몸을 던져 스스로를 희생하고 사람들을 구하고 싶어도 그렇게 하지 못한다는 점이다. 그래서 길 끝에 있는 사람들을 살리려면 당신 앞에 있는 사람을 실제로 밀어야 한다. 이런 경우 그 일을 실행할 수 있다고 생각하는 사람은 거의 없다. 이는 대부분의 사람이 직접적인 물리 접촉으로 다른 사람의 권리를 침해하는 것을 얼마나 부담스러워하는지를 보여준다. 단순히 스위치를 누르는 행위는 사람과 물리적으로 직접 결부되지 않는다. 하지만 스위치를 누르든 사람을 직접 밀든 결과는 똑같다. 한 사람이 죽고 다섯 사람이 산다. 그런데 어떤 사람의 손에 의해 한 사람이 죽는 것과 스위치로 무고한 행인이 죽는 것은 다르다. 당신이라면 어떤 경우에 앞에 있는 사람을 밀겠는가? 앞사람이 나이 든 노인이라든가, 다른 문화권에서 온 낯선 사람이라면 그 상황에서 그 사람을 밀겠는가? 무고한 사람을 선로로 밀어 희생시켜서라도 다섯 사람을 살리겠다고 말하는 사람도 있다. 이런 사람은 합리적인가? 아니면 윤리의식이 결여된 것인가?

잘 깨닫지는 못하지만 우리는 매일 도덕적인 딜레마에 빠진다. 사회에는 우리가 서로 교류하고 영향을 미치며, 공동으로 이용하는 자원이 많다. 하지만 개인의 착취로 자원이 고갈됐을 경우 고통은 모두가 분담해야 한다. 개럿 하딘Garrett Hardin은 1968년 「공유지의 비극」이라는 논문에서 이 점을 확실하게 밝혔다. 논문에서 하딘은 오래전 여러 마을이 공동으로 양에게 풀을 뜯게 하는 목초지에 대해 이야기했다. 마을 사람들은 누구나 이 목초지에 자기 양을 데리고 와 풀을 뜯어 먹게 할 수 있었다. 자기 양떼를 몰고 와 풀을 뜯게 하는 양치기들이 점점 늘어나 목초지가 양떼를 더 이상 감당할 수 없을 정도가 되어버리자 모든 사람이 고통받는 처지가 되었다. 양치기들은 그저 열심히 자기 할 일을 했을 뿐이다. 그들은 규칙을 위반한 것도 아니었고 목초지를 황폐화시킬 의도도 없었다.

이와 비슷한 일이 고대 도시국가가 생긴 이후 지중해 연안을 따라 발생했다. 안정과 협력으로 인구가 늘어났고 사람들이 기르는 양과

염소 떼도 증가했다. 지중해 연안을 끼고 들어서 있는 짙푸른 초원
은 무한정 풍성해 보이기만 했다. 양치기들이 자신의 양떼를 몰고
초원에서 풀을 뜯어 먹게 했다. 얼마 후 목초지를 늘리기 위해 주변
의 숲을 벌목했고 계속해서 양과 염소를 방목했다. 이윽고 그곳의
풍경은 지금 우리가 지중해 지방에 가면 보게 되는 장면, 즉 갈색의
바위투성이 언덕에 드문드문 나무가 서 있는 경관으로 바뀌었다. 양
과 염소 떼도 다 사라지고 땅은 황폐해졌다. 그곳을 벌거숭이로 만
들어버린 것은 기후 변화가 아닌 '공유지의 비극'이었다.

고대 지중해인들이 도덕적으로 결함이 있었던 것일까? 그들은 가
족들을 먹여 살리고 시장에서 고기를 팔려 했을 뿐 누군가에게 해를
끼치려는 의도는 없었다. 양떼들이 풀을 너무 많이 뜯어 먹으면 복
구 불가능할 정도로 땅이 황폐해진다는 것을 아무도 몰랐을 뿐이다.
설령 그들이 그런 사실을 알았다고 해도 공동의 토지를 계속해서 사
용할 수 있도록 보호하거나 규제하려는 강력한 의지는 없었을 것이
다. 무지가 남긴 끔찍한 결과가 영원히 계속되는 것이었다.

혈연선택

앞서 언급한 질주하는 전차 사례에서 도로 중간에 길을 건너가던
여성이나 도로 끝에 있던 다섯 사람 중 한 명이 당신이 아는 사람이
라고 가정해보자. 당신이 전차를 탈선시키면 죽게 될 도로 중간의
여자가 당신의 어머니, 여동생 또는 딸이라면 당신은 스위치를 누르

지 않을 것이다. 그러면 도로 끝의 다섯 명이 죽겠지만 어쩔 수 없다. 가족을 죽일 수는 없을 테니 말이다. 마찬가지로 도로 끝의 다섯 명 중 하나가 당신 아들이라면 가능한 모든 수단을 동원해서 전차를 탈선시킬 것이다. 그 결과 도로 중간에 있는 누군가가 죽는다고 해도 말이다. 이런 상황에서는 아들과 함께 서 있던 나머지 네 명의 목숨을 살릴 수 있다는 것은 고려할 대상도 못 된다. 혈연을 보호하고자 하는 본능은 모든 문화에 깊숙이 박혀 있다. 혈연 보호는 가족과 부족의 결속력을 다지는 길이므로 절대 과소평가될 수 없다. 가족의 일원은 가까운 혈족과 많은 것을 나눠야 한다고 생각한다. 낯선 사람이 찾아와 먹을 것을 구걸하는 경우와는 상황이 전혀 다르다. 그 경우는 음식을 나누는 사람도 있을 것이고 그러지 않는 사람도 있을 것이다. 또 자신이 가지고 있는 것이 얼마나 되느냐, 자신을 얼마만큼 포기할 용의가 있느냐에 따라서도 달라진다. 이 낯선 사람이 거저 얻어먹을 기회를 찾는 전문 구걸꾼일 수도 있다.

혈연선택은 이와는 성격이 다르다. 아주 단순한 생물도 혈연선택을 한다. 내가 제일 좋아하는 사회성을 지닌 아메바, 딕티오스텔리움 디스코이데움을 예로 들겠다. 딕티오스텔리움 세포 대부분은 그 다음 세대를 탄생시킬 생식세포를 만들지만, 약 5분의 1은 생식세포를 생산해 자손을 번식시킬 기회를 포기하고 섬유소 관을 만들어 그 안으로 들어가 부풀어올라 관을 위로 올린다. 이렇게 자루 역할을 하는 세포들이 그 주변을 에워싸 벽을 형성해 그 안에 갇힌다. 그런 식으로 자루가 되는 부분을 견고하게 해준다. 그러면 이렇게 형성된 자실체子實體, fruiting body 속에 들어 있는 대부분의 세포는 자루를 타고 올라가 이득을 본다. 이 세포들은 바람에 날리는 잎이나 낮게 날아다니는 곤충에 묻어 퍼져나갈 수 있다. 하지만 자루 역할을 하는 세포들은 번성할 기회를 포기하고 죽는다. 자실체 안에 있는 모든 세포가 동일한 유전자를 가지고 있는 한, 자루가 되는 세포들도 손가락이나 간을 이루는 세포들처럼 이타적이지 않다. 이런 세포들은 절대 스스로 번식하진 못하지만 난자의 수정이나 정자의 생산을 돕는다. 난자에 있는 유전자는 손가락에 있는 유전자와 동일하므로 손가락 세포들은 직계 후손을 남기지 못하고 죽어도 집단 유전에 보탬이 되는 것이다. 새로운 나무를 만들어낼 수 있는 것은 씨앗뿐이기는 하나 그렇다고 나뭇잎이 이타적인 것은 아니다. 나무를 이루는 모든 세포는 서로가 친족으로, 사실상 유전적으로 동일한 복제 세포들이나 다름없다.

어떤 딕티오스텔리움 자실체에는 유전적 내력이 다른 세포가 들어 있는 경우도 있다. 소금기가 있는 환경에서 살아남기 위해 여러 세대에 걸쳐 선택이 이루어진 결과 소금에 내성이 있는 유전자를 획득한 세포가 있을 수 있고, 또 특이한 박테리아를 잡아먹도록 분화된 세포가 있을 수 있다. 이전에는 독립적이었던 각각의 세포들이 군체를 이루면서 어느 정도 유전자가 섞이게 된 것이다. 그렇다면 유전적 변이체들이 선택되어 자루를 타고 부풀어오르지 못하게 막는 것은 무엇일까? 이 변이체들은 유전적 내력이 다른 세포를 위해 자신을 희생하지 않을 것이며, 그렇게 해서 주변 환경으로 퍼져나갈 가능성이 더욱 높을 것이다. 만약 이런 유전적 변이체, 즉 사기꾼 세포들이 떨어져나가 새로운 군체를 형성한다면, 그 자손들은 타고 올라갈 자루를 전혀 만들지 못하므로 포자는 그냥 토양 속에 남아 퍼져나가지 못할 것이다. 이런 사기꾼 세포의 형질은 유전적 구성이 다른 세포들과 함께 성장할 때 자루를 만드는 세포가 되라는 신호를 무시한다. 그러다가 유전적 구성이 같은 세포들끼리만 있게 되어 유전적으로 순수한 자실체를 만들 기회가 오면 그때 정상적으로 자실체를 만든다. 그런데 이런 세포가 만든 포자는 결함이 있어 자연 상태에서 오래 생존하지 못한다는 문제가 있다(Foster 외 2004). 완벽한 사기꾼을 만들어내는 유전적 변이는 아주 드물어 거의 나타나지 않는 것으로 보인다. 자연선택은 사기꾼이 번성하지 못하도록 강력한 장애물을 발전시켜왔다. 토양 아메바는 가장 교묘한 사기꾼을 식별해내 이들을 자신의 군체에서 쫓아내는 능력을 진화시켜왔다. 인간이 가까운 혈족의 피부를 제외하고 다른 피부를 이식받을 경우 거부 반응을 일으키는 것과 흡사한 일종의 내재적 면역 방식이라고 할 수 있겠다.

해면海綿도 이와 비슷한 메커니즘을 사용한다. 공격적인 해면이 가까이 살게 될 경우 약한 해면은 강한 해면에 지배당하지 않도록 방어하는 메커니즘을 작동시킨다. 수많은 해면이 모여 하나의 커다란 군체를 이룬다. 이 군체에 속한 해면들은 그들과 다르다고 인식되는 해면이 다가와 집단에 합류하려고 하면 이를 저지한다. 이것이 가장 단순한 분자 단계에서 이루어지는 혈연선택이다.

수많은 사회성 곤충들이 생식 능력이 없으면서 여왕을 위해 자신의 삶을 헌신하는 일꾼을 만들어낸다. 이 일꾼들은 보금자리를 만들어 지키고, 식량을 모으고 애벌레를 돌본다. 하지만 그들 자신만의 애벌레를 돌보지는 않는다. 이렇게 이타적인 일꾼들은 직접 자손을 번식시키려 하지 않으며 오직 여왕의 번식만을 돕는다. 여왕이 바로 그들의 어머니 혹은 동기이므로 여왕이 자손들에게 전하는 유전자는 그들의 유전자와 동일하다. 따라서 협력하면 개체군 전체에 이익이 된다. 하지만 자신은 노력하지 않고 다른 일꾼의 이타적인 행위에 편승하는 이기적인 사기꾼에 의해 개체군이 위험에 처할 수도 있다. 이런 사기꾼의 숫자가 아주 많아지면 개체군이 피해를 입고 자손을 적게 생산하는 결과를 낳는다. 진화유전학의 관점에서 봤을 때 효과가 있는 유일한 사기 행위는 외부에서 낯선 여왕이 둥지에 들어와 살며 다른 일꾼들의 대접을 받는 경우다. 찬탈 행위는 동족이 아닌 외부 곤충을 구별하는 냄새나 형태를 인식하는 방법으로 방지 가능하며, 대부분의 경우 이 방법은 효과가 있다.

매가 하늘 위를 날아다닐 때 경보 신호로 자기 동족에게 경고를 하는 이타적인 프레리도그처럼 긴꼬리원숭이도 경고 소리를 내는데, 이들의 경우 내는 소리의 범위는 더 넓다. 이들은 표범이 나타났을 때는 커다랗게 짖는 소리를 내고, 독수리가 나타났을 때는 짧게 기침하는 소리를, 뱀이 출현했을 때는 혀를 차는 소리를 낸다. 소리를 들은 포식자들이 그 소리를 내는 원숭이의 위치를 감지할 수 있으므로 파수꾼 역할을 하는 원숭이는 위험에 처하게 되지만, 덕분에 파수꾼의 가족들은 위험을 면할 수 있다. 혀를 차는 소리가 들리면 긴꼬리원숭이들은 두 발로 서서 풀 속에 숨어 있는 뱀을 찾는다. 그리고 짖는 소리가 들리면 나무 위로 도망가고 기침 소리를 들으면 하늘을 쳐다보고 독수리가 그들을 급습하려 하지는 않는지 살핀다.

긴꼬리원숭이들은 거의 언제나 가족 단위로 무리지어 먹이를 찾아
다니므로 파수꾼은 위험하지만 효과적인 경고 신호로 가족의 목숨
을 구할 수 있다. 이런 본능이 어떻게 수백만 년에 걸쳐 선택에서 우
위를 차지했는지는 명확하다.

　인간 역시 문명이 발생하기 전 오랜 기간 동안 이와 같은 본능을
수없이 물려받았을 것이다. 갓난아이에게 젖을 먹이는 엄마의 본능
은 어느 곳에서나 보편적이며, 엄마와 아기 모두에게 이득이 된다.
아기가 젖을 빠는 행위는 '사랑 호르몬'인 옥시토신[뇌하수체 후엽後
葉 호르몬의 일종으로 진통·모유 분비 촉진제] 분비를 유도한다. 이 작
은 펩티드 호르몬은 엄마의 모성적 행위를 진작시켜 모유를 분비하
게 하고, 아기와 연결되어 있다는 유대감과 더불어 행복감을 느끼게
한다. 옥시토신은 또한 젖을 먹는 아기에게도 증가해 엄마의 냄새와
소리에 더욱 애착을 느끼게 만들고 엄마와의 접촉을 북돋운다. 높은
옥시토신 수치는 뇌의 발달을 유도해 앞으로 살아가면서 스트레스
에 더 잘 대처할 수 있게 될 것이다. 수유와 양육에 참여하는 아빠들
역시 아이를 돌보면서 옥시토신 수치가 높아진다. 양육을 분담하는
아빠들은 바소프레신과 프로락틴 같은 다른 호르몬 수치 역시 높아
져 돌보고 보살피는 행위를 증가시키고 성적 충동은 줄여준다. 또한
수유활동 자체가 배란을 늦춰주고 성욕을 줄여 자녀의 터울을 조절
하는 데 중요한 역할을 한다. 호르몬이 사랑의 많은 부분을 조절해
주는 것이다.

　세상 어느 곳을 봐도 사회를 구성하는 기본 단위는 언제나 가족이
다. 형제자매는 자연스럽게 서로를 지켜주고 부모를 보호하려 한다.

또한 부모는 항상 자식들을 위해 자신을 희생할 것이다. 친척을 저 녁 식사에 초대했을 때 그들이 실수를 해도 모두 다 덮어주며 가족 끼리 하는 계획이나 농담에 끼워준다. 확대 가족의 개념은 각 문화 의 전통과 환경적인 도전에 따라 달라진다. 어떤 문화에서는 사촌 형제 이상은 가족으로 여기지 않는다. 하지만 혈통을 거슬러 올라가 아주 먼 조상까지 가족에 포함시키는 문화도 있다. 일반적으로 친척 과 관계가 멀수록 협력이 덜 이루어진다.

　오늘날에도 거의 배타적인 혈연주의에 기반한 정부가 많다. 강력 한 전제 군주나 술탄에게는 아들이 수백 명이나 있을 수 있으며, 그 아들과 손자들로 정부 관직을 채울 수 있다. 당신이 사촌을 믿고 사 촌도 당신을 믿는다는 전제가 깔리는 것이다. 이런 체계가 몇 세대 까지 지속될지는 확신할 수 없다. 여러 민족의 구성원들 대부분이 공통 조상에서 유래했을 가능성은 매우 높지만, 사실 4대 조부모 이 상으로 혈통을 거슬러 올라가 조상을 추적할 수 있는 경우는 드물 다. 만약에 어떤 사람이 10세대를 거슬러 올라간다면 수천 명의 조 상 가운데 최소한 한 명은 이웃의 조상과 같은 인물이라는 것을 알 게 될 것이다. 3000년, 곧 100세대를 거슬러 올라가면 거의 100만 명이 친족관계임을 나타내는 거대한 가계도가 만들어질 것이다. 이 런 견지에서 혈연선택을 보면 좋을 것이다. 하지만 가족 내의 말썽 꾼은 자신의 이익을 극대화하려 애쓸 것이므로 사기꾼들은 계속 문 제를 일으킬 것이다. 이들을 찾아내 벌을 줘야만 더 많은 이기적인 행위를 방지할 수 있다. 협력에 걸림돌이 되는 이들을 벌주거나 제 거하는 것은 본능적인 일이다.

 질주하는 전차의 딜레마에 대해 다시 한번 생각해보자. 당신은 도로 끝에 서 있는 다섯 사람 중 하나가 유죄 판결을 받은 연쇄살인범이라는 것을 안다. 이 경우 연쇄살인범을 제외한 네 명이 무고한 사람이라고 해도 당신은 아마 스위치를 누르지 않고 전차가 질주하게 둬 그들 모두를 죽게 내버려둘 수도 있다. 다섯 명 모두가 연쇄살인범이라면 아마도 당신은 확실하게 전차가 그들을 치게 둘 것이다. 그런데 네 명은 연쇄살인범이고 한 명이 당신의 가까운 친지라면 어떻게 할 것 같은가? 혈연을 보호해야 한다는 본능이 스위치를 눌러 전차가 탈선하게 할 것이다.

 감정도 이성적인 생각만큼 결정을 내리는 데 중요한 역할을 할 수 있다. 최후통첩 게임Ultimatum Game을 하는 사람들을 보면 통계학적으로도 감정이 상당히 중요하다는 것을 알 수 있다. 최후통첩 게임은 이렇다. 참가자 A에게 100달러를 주고 다른 참가자 B에게 돈을 나눠주라고 한다. B는 낯선 사람이고 다른 방에 있다. 100달러를 어떻게 나눌지는 A 마음대로 결정할 수 있다. 5 대 5로 나누든 9 대 1로 나누든 A 마음이다. 그래서 A가 나눠주기로 한 액수를 B가 받을지 물어본다. B는 제안을 받고 나서 받을지 거부할지를 결정한다. 만약 B가 제안을 거부하면 둘 다 돈을 한 푼도 받지 못한다. B 입장에서 합리적인 결정은 얼마를 제안받든 그 제안을 수락하는 것이다. 조금이라도 받는 것이 아예 못 받는 것보다는 나으니까 말이다. 하지만 10퍼센트 이하를 제안받으면 B 입장에 선 사람은 대부분의 경우 모욕감을 느끼고 제안을 거부할 것이며, A를 벌주는 의미에서 A 역시 한 푼도 못 받게 한다. 이기적인 제안을 하는 사람을 징벌하기 원하

는 것은 뇌의 배외측 전전두피질dorsolateral prefrontal cortex 기능에 따라
달라지는 것 같다. 자기장을 집중시켜 이 부위를 억제하면, B는 제
안이 불공평하다는 것을 여전히 인식하지만 거절을 하는 경우는 훨
씬 적어진다. 이 부위의 기능은 합리적인 결정을 내리고 공정함을
도모할 때 필요한 듯하다.

　이 게임에서 40퍼센트나 그 이상을 제안받은 경우는 거의 모두
수락을 했지만 20퍼센트를 제안받은 경우는 반 정도만 수락했다. 그
런데 B가 수락할지 거절할지를 전달하는 답과 함께 "공평하지 않
아! 당신은 이기적이야!"라고 쓴 쪽지가 A에게 전달되는 것을 허용
하자 8 대 2로 나누자는 제안의 수락률이 80퍼센트까지 상승했다
(Xiao, Houser 2005). 아마 우리는 불공평하다고 인식하는 것을 징벌
하길 원하는 것 같다. 그리고 이를 보여줄 방법이 없으면 우리가 받
을 분량을 다 잃어버린다고 해도 그런 이점을 부정해버리기 쉽다.
물론 그 대가는 크다. 하지만 제안한 사람을 비난하거나 반감을 나
타내는 메시지를 보낼 수 있을 경우에는 그것을 만족스러운 징벌의
대안으로 사용할 수 있다. 그리고 돈을 나누는 액수를 적게 제안했
을 때 화가 났다는 표현을 하면 A는 B가 열등의식 때문에 제안을 받
아들였다고 해석하지 않게 하는 효과가 있다.

　헐뜯고 불평하는 일은 매일 다반사로 일어난다. 그렇게 해봐야 상
황은 바뀌지 않지만 최소한 화를 발산하고 답답한 심정은 피할 수
있다. 우리는 불공평하게 행동하는 사람들을 욕하고 싶어하는데, 그
것은 한편으로는 그들에게 벌을 주고 싶어서이고 다른 한편으로는
우리 자신을 진정시키기 위해서다. 또 다른 사람들이 우리를 공평하

게 대할 때는 기꺼이 긍정적인 감정을 표현하는 것을 즐긴다. 건강한 감정을 자유롭게 표출할 때 사회가 좀더 원활히 돌아갈 것이다.

협력의 진화

다윈의 진화론은 개체 사이의 경쟁을 강조했다. 그와는 대조적으로 인간이 성공할 수 있었던 가장 중요하고 결정적인 요소는 협력이었다. 하지만 자본주의 세계에서는 이기적인 행동이 일어남을 예상할 수 있다. 기업의 최고경영자들의 궁극적인 목표인 "이익을 극대화시키라"라는 금언을 생각해보라. 우리가 서로를 믿지 못하면 비즈니스를 할 수 없다. 억만장자가 이기적이라는 것은 확실하지만 그들도 협력을 통해 돈을 번다. 돈을 교환하는 것도 신뢰와 협력 행위다.

자연선택은 생존해서 자손을 퍼뜨린 쪽을 선호한다. 이 경쟁에서 선택받지 못한 쪽은 사라진다. 사자 가운데 가장 센 녀석이 갓 사냥한 신선한 고기의 가장 좋은 부분을 골라 먹고 그다음 서열의 사자들이 나머지 부분을 차지한다. 수사자들은 암컷을 차지하기 위해 목숨을 걸고 싸울 것이며, 암사자는 새끼들에게 먹을 것을 가져다주고 위험이 닥치면 자신의 목숨을 걸고서라도 새끼들을 지킬 것이다. 다른 이의 이득을 위해 협력하는 모습은 혈연선택이 그 혈통의 유전자를 보존하기에 유리한 친족 사이를 제외하고는 거의 찾아보기 힘들다. 인간 이외의 동물세계에서 상호 이타적인 행위는 아주 적은 숫자의 개체 사이에서 짧은 기간 동안 나타날 뿐이다. 사자들조차 같이 사냥해서 더 많은 월더비스트wildebeest[아프리카에 서식하는 뿔 달린 영양의 일종]를 잡을 수 있다면 대여섯 마리씩 무리를 지어 사냥할 것이다. 무리가 너무 크면 개체 사이에 상호 이익이 지속될 수 없을 것이고, 그렇게 되면 자연스럽게 상호 이타적인 행위를 보이지 않을 것이다.

인간은 협력 행위를 도모하는 복잡한 방법을 개발해냈다. 우리는 그것을 '선'이라고 부른다. 반면 비협력적 행위는 '악'이라고 부르며 저지하고 방해한다. 선한 사람은 규범을 준수하며 그가 언제나 규칙을 지킬 것임을 당신이 믿도록 한다. 과거의 경험으로 당신은 선한 사람은 믿을 수 있다는 것을 안다. 선한 사람에게 호의를 베풀 때는 나중에 어떻게든 합당한 방식으로 보상을 받을 것이라고 느낀다. 악한 사람은 계속해서 규칙을 어기고 호의를 베풀어도 은혜를 갚지 않는다. 이런 사람은 악명을 얻게 되고 공동체의 계획에 초대받지 못한다. 집단의 협동성은 협조적이지 않은 일원을 식별해 그들을 벌주는 것에 성패가 달려 있다. 그렇게 하지 않으면 점점 사기꾼이 늘어나 선했던 사람들까지 나쁜 행동에 빠질 위험이 있다.

누구든지 협력을 하면 좋은 사람, 협력하지 않으면 나쁜 사람으로 인식된다. 하지만 어떤 사람은 협력하고도 스스로 좋은 사람이라고 느끼지 않을 수 있다. 가령 자신이 어수룩해서 강요에 의해 어쩔 수 없이 협력했을 경우 이 사람은 자신이 좋은 사람이라고 느끼지 않을 것이다. 마찬가지 이치로 이기적인 행동을 하고도 자신을 나쁘다고 느끼지 않는 사람도 있을 수 있다. 그것이 자신의 권리라고 생각하거나 자기 보존을 위해 반드시 해야 하는 것이라고 생각할 때 그렇다. 이렇듯 선과 악의 경계가 항상 분명하지만은 않다. 대개 극단적인 경우에 대해서만 의견 일치를 본다. 국가나 종교 단체 같은 집단에서는 규율을 만들고 나름대로 가치 평가의 기준을 매긴다. 살인은 도둑질보다 나쁘고 도둑질은 거짓말보다 나쁘다. 그러나 이런 법률은 보통 개인의 이익이 아닌 집단의 이익을 위해 만들어지며, 그런 까닭에 이따금 개인이 피해를 보는 사례가 발생한다. 고대 바빌론의 함무라비 법전이 나온 이후 여러 사회에서 죄를 지으면 그에 상응하는 처벌을 하려 시도하고 있지만, 여전히 법은 국가나 문화에 따라 천차만별이다.

단순한 행동 조절을 위해 영장류에서 진화된 감정은 인간에 이르러 더욱 강력해지면서 협력을 극대화시켰다(Fessler, Haley 2003). 다윈은 침팬지와 인간이 거의 비슷한 방식으로 화, 혐오감, 공포, 놀람, 행복감 등을 표현한다는 것을 알아냈다. 이런 감정은 보편적으로 유전되어온 반응이다. 그 명백한 증거가 표정이다. 표정은 전 세계 어디서나 공통된다. 배우나 사기꾼들은 표정을 속이는 법을 배우지만 일반인들 대부분은 중요한 결정을 내릴 때 얼굴 표정을 감추기가 무척 힘들다. 죄책감, 수치심, 공감, 양심의 가책과 같은 사회적 감정을 느끼지 않는다면 우리 모두는 반사회적인 인물이며 인간사회는 존재하지 않을 것이다(Bowles, Gintis 2003).

배신자에게 느끼는 분노가 크면 치러야 할 대가가 커도 징벌을 하려는 욕구가 강하게 일어난다. 우리는 자신을 해친 사람에게 화를 내며 욕을 하는데, 이는 굴욕감을 줘 다시는 그런 행위를 하지 못하게 하려는 의도가 담겨 있다. 아주 심하게 화가 난 경우에는 우리 자신이 신망을 잃는 한이 있더라도 그 사람의 평판을 망치려 하기도 한다. 구역질은 오염된 식량을 피하기 위해 진화되어왔지만 분노와도 아주 밀접한 연관이 있다. 인간은 고문, 아동 학대, 노출증과 같이 용인되지 않는 행위에 대한 반응을 보일 때도 구역질을 한다. 구역질과 경멸은 특별히 수치스러운 것으로, 일종의 처벌 같은 역할을 한다. 상궤를 벗어난 행위가 벌어질 때 무의식적으로 이런 감정이 일어나며, 이를 표현하는 행위는 사회가 존중하는 가치를 따르지 않는 사람들을 강력하게 저지하는 역할을 할 수 있다.

또한 행복감을 표현해 협력을 강화하고 신뢰를 공고히 할 수 있다. 똑같은 농담을 듣고 웃고, 같은 팀을 응원하고 아기의 탄생을 기뻐하면서 협력을 더욱더 도모할 수 있다. 자부심은 규범을 따르도록 동기부여를 해준다. 자부심은 전적으로 내적인 감정일 수 있고 보상을 해주어야 하는 추종자가 필요할 수도 있다. 상을 타면 그 상을 준 집단의 규칙을 따르려는 의지가 강해진다. 똑같은 신조를 추구하는 사람들과 함께하면 하나로 결속되기 쉽다. 우리는 항상 서로를 사랑해야 하며, 그렇게 하면 옳은 일을 한다는 기분 좋은 감정이 들 것이라는 말을 듣는다. 그러나 자부심과 의로움이 너무 지나치면 편협해질 위험이 있으며 급기야 남을 따돌리는 행위를 할 수도 있다. 도덕적 폭력도 이와 비슷하다. 배신을 저지하는 것에 효과 있는 방법이 그만큼 빨리 다른 사람들을 소외시킬 수 있다. 시기심은 실현 불가능한 희망을 바라게 만들어 협력을 저해하기도 한다. 이런 보편적인 감정은 모든 계층의 사회 성원 간에 이루어지는 상호작용의 밑바닥에 잠재되어 있다. 사회는 어떤 행위는 장려하고 또 어떤 행위는 저지해 사회 구성원들이 공동의 선을 위해 협력하도록 유도한다. 여러 가지 행사나 의식 행위 역시 그룹의 가치를 고양하고 이기적인 행위는 배척하도록 발전해왔다.

협력을 하려면 단기적인 이익을 추구하여 상호 신뢰를 약화시키려는 충동을 극복해야만 한다. 인간은 다른 유인원들보다 더욱 멀리 내다보며 생각할 수 있다. 특히 자신이 어떤 행동을 했을 때의 결과가 예측 가능하기 때문에 배신하려는 충동을 조절할 수 있다. 일반적으로 인간은 다른 유인원들보다 더 온순하고 공손하며 협력적이다. 침팬지는 인간의 가정에서 대리 부모가 정성을 다해 친절하게 길러도 자신의 차례를 기다릴 줄 안다든가 다른 침팬지와 무엇인가를 나눌 줄 모른다. 침팬지들은 자기가 원하는 것을 차지하려 달려들고, 먹을 것을 주는 이의 손을 물기까지 한다. 하지만 인간은 존경받는 원로의 행동을 따라할 줄 알고, 용인되는 관습이 무엇인지를 인식하고 그것을 따르려고 한다. 이런 특성 덕분에 협력하는 행위가 문화유산으로 계승될 수 있었다.

지난 100만 년 동안 아프리카에는 수많은 원인原人들이 출현했지만 성공적으로 번성해 세계로 퍼져나간 부류는 거의 없다. 종족 내에서 고도로 협력하는 행위를 보여준 호모 사피엔스는 감정에 입각해 행동한 덕분에 다른 원인들과 동물을 제치고 번성할 수 있었던 듯하다. 약 5만 년 전 호모 사피엔스가 아프리카를 떠날 때 그들은 서로 협력하는 유전적인 성향을 장기간 보유했기 때문에 기후 변화가 급격하게 일어나 빙하기가 도래했을 때도 살아남았다. 전쟁이나 습격을 할 때는 말할 것도 없고 커다란 동물을 사냥하려면 반드시 협력해야 했다. 오로지 자신만을 돌보는 구성원들로 이뤄진 많은 종족들은 싸움에 패해 협력을 잘하는 종족의 노예가 되거나 여자의 경우 그들의 아내가 되어 동화되고 말았다. 약 1만 년 전 농업혁명이 일어나 인구가 급격하게 증가했을 때, 우세한 종족들은 협력에 필요한 기본적인 본능을 강화시키는 제도를 만들어낼 수 있었다. 가족이 소유한 토지는 후대의 자손을 위해 잘 관리하고 보존했다. 농업이 번성하도록 한 것은 도덕성이 아니라 앞을 내다볼 줄 아는 통찰력이었다.

국가의 탄생은 개인이 어떤 집단의 일원이 되고 규범과 관습을 따를 때 어떤 이점이 있는지를 깨닫는 것에 달렸다. 마을이나 도시를 요새화했을 경우에는 파수꾼이 필요하며, 무기가 필요한 경우 신속하게 대응할 준비가 되어 있어야 했다. 때때로 내전, 무정부 상태, 국가의 와해 따위로 인해 사회제도가 무너지기도 했다. 그리고 폐허 위에서 다시 새로운 사회제도가 태어났다. 기술이 향상되고 더 멀리까지 여행할 수 있게 되자 도시들은 서로 연합해 무역과 자치 수호를 도모했다. 국경은 계속해서 바뀌었지만 외세의 위협이 있을 때는 애국심이 민중을 하나로 묶는 역할을 했다. 소속감을 나타내는 국기나 노래 같은 상징이 만들어졌고 복장이나 생김새, 머리 모양 등이 이방인과 공동의 유산을 나누는 부족을 구분하는 기준이 되면서 새로운 의미를 부여하게 되었다. 수많은 사람이 모여 있는 광장이나 전장에서도 수천 명의 이방인과 충성을 보이는 사람들을 한눈에 구별할 수 있다. 국가를 정의하는 데 언어와 책이 중요한 역할을 했다. 성경, 코란, 일리아스, 바가바드 기타, 그리고 도덕경이 미친 영향을 생각해보라. 역사를 공유하며 배운 지식은 비록 부분적으로는 날조되어 선전의 방법으로 악용되는 면도 있지만, 수백만을 하나로 묶는 힘이 있다.

　일치단결을 위해 국가가 사용하는 기본적인 방법에는 두 가지가 있다. 하나는 경찰국가들이 사용하는 방법으로 위에서 아래로 하달되는 강압에 의한 지배이고, 다른 하나는 공화국에서 흔히 보는 밑에서 위로 올라가며 구성되는 분할된 계층 간의 위계질서다 (Richardson, Boyd, Henrich 2003). 두 가지 모두 수천 세대를 거쳐 소집단을 이뤄 살아가던 사람들 사이에서 연마되어온 부족과 혈족의 가치에 기초한다. 경찰국가에서는 독재자나 과두정치를 이끄는 수장의 결정이 부족장들에게 전달되고, 다시 그 아래 단계의 지도자를 거쳐 맨 아래 단계의 병사에게까지 전달돼 일을 수행한다. 이렇게 위에서 아래로 결정이 하달될 때는 각 단계의 집단을 이루는 인원이 100명을 넘지 않는데, 그래야만 구성원 간의 신뢰와 상호작용이 적절하게 확립될 수 있다.

　모범적인 공화국에서는 대부분 친족 간인 100명 정도의 이웃으로 구성된 마을 단위에서 많은 결정이 이루어진다. 여러 마을이나 이웃이 얽힌 문제들은 마을 등의 행정 단위로 뽑힌 대표들에 의해 해결될 수 있다. 마을에서 지도자를 보내 국가 전체의 중대사를 결정한다. 이 일을 하는 사람은 많아야 100명을 넘지 않는다. 부족 단위에서 통하는 인간 본성의 일면이 더 큰 단위의 집단에 적용되는 일이 벌어질 수 있다. 지도자가 국민과의 접촉을 끊고 독주하면 그런 정부는 위험해진다.

　인간은 사회적인 동물로 수백만 년간 진화의 선택으로부터 혜택
을 입어왔지만 협력에 대해서는 아주 기본적인 수준의 본능을 보유
하고 있다. 항상 다른 사람들이 우리를 도와줄 것이라고 믿을 수는
없다. 사회가 수렵채집인 가족 단위에서 관개시설을 공유하는 도시
국가로 확장되자 용인할 수 있는 행동을 조절하기 위한 법이 제정되
었다. 모두가 법을 준수하지 않으면 들판은 말라버릴 것이고, 그러
면 기근이 닥쳤을 때 곡식창고가 텅 비어 모든 사람이 고통을 받게
될 것이다. 각 사회는 그 필요와 환경에 맞는 기준을 제정했다. 사실
상 규칙과 문화가 사회를 정의하는 경우가 많았다. 거의 모든 문화
에서 채택하는 도덕적인 상식에 대해 알아보자.

　"무엇이든지 남에게 대접을 받고자 하는 대로 너희도 남을 대접
하라"는 황금률은 다양한 형태로 세계 여러 문화권에서 찾아볼 수
있다. 상이한 문화를 정의하는 책에 황금률을 여러 가지로 해석한
것을 살펴보자. 유대교-기독교 성경의 레위기에는 다음과 같은 말
이 있다. "원수를 갚지 말며 동포를 원망하지 말며 이웃 사랑하기를
네 몸과 같이 하라." 이 말이 모든 사람들을 대상으로 하는 것인지,
아니면 오로지 유대인들에게만 해당되는 것인지는 확실하지 않다.
몇백 년 후 유대인 랍비 힐렐 하바블리Hillel Ha-Babli는 "무엇이든지 내
게 싫은 일을 나에게 하지 말며 남에게도 하지 말라. 이것이 진정한
법이며 나머지는 그저 변명일 뿐이다"라고 말했다. 이 말이 좀더 보
편적이고 일반적으로 들린다. 또 공자는 다음과 같이 말했다. "다른
사람들에게 하고 싶지 않은 것을 자신에게 하지 말며 남에게도 하지
말라." 고대 그리스의 변론가이자 수사학자인 이소크라테스Isocartes

역시 이와 비슷한 말을 남겼다. "다른 사람이 나에게 해서 화낼 일이라면 남에게도 그 일을 하지 말라." 이 말은 우리와 다르게 느끼는 사람들과 교류해야 할 때 적합한 경구 같다. 성경은 이보다 더 긍정적인 메시지를 전달한다. "남에게 대접을 받고자 하는 대로 너희도 남을 대접하라."(누가복음 6장 31절)

이 황금률을 따르다보면 이런 문제도 발생할지 모른다. 만일 당신이 누군가가 당신에게 인사를 할 때 당신의 눈을 쳐다보면서 하기를 바란다면, 당신 역시 낯선 사람과 인사할 때 그 사람의 눈을 쳐다볼 수도 있다. 그런데 이 행위가 어떤 문화에서는 무례함이나 호전적인 태도로 받아들여져 상대방의 폭력을 유발할 수도 있다. 이에 대해 마하바라타Mahabharata[인도 고대의 산스크리트 대서사시]는 두 가지 방법에 대한 가르침을 준다. "이것이 진정한 의로움의 요점이다. 그대가 남에게 대접받고 싶은 방식으로 남을 대접하라. 내게 고통스러운 것을 남에게 강요하지 말라." 이 두 가지를 지킨다면 확실히 대부분의 문제를 피할 수 있을 것이다.

여러 가지 문화적 문제에 관한 도덕과 윤리에 대해 가르치는 문헌이 많다. 이런 문헌들은 아주 오래전에 정해진 규칙을 기록하고 있으며, 그 규칙으로 우리는 오늘날 벌어지는 문제를 해결하려 한다. 학교에서는 사회가 확실하다고 여기는 신조와 가치를 학생들이 체득하도록 교육한다. 문제는 위의 문헌들이 전달하는 메시지가 가끔은 자기모순적일 때가 있으며 세대에 따라 달라지기도 하므로, 이를 억지로 하나로 묶으려고 할 때 문화적 충돌이 일어난다는 것이다.

문명

공통의 언어는 이웃하는 부족 간의 교류를 촉진시켰다. 서로의 차이에 대해 이야기를 나누며 협동 사업을 해내기도 했다. 지식을 나눌 수도 있고 서로 다른 가치에 대한 합의를 이뤄낼 수도 있었다. 티그리스와 유프라테스 강 사이, 그리고 나일 강변의 비옥한 평원에서 농업이 발달했을 때 사람들은 강물을 끌어들일 수 있다면 더욱 넓은 평원에서 농작물을 거둬들이는 게 가능하다는 것을 곧 알게 됐다. 관개 수로가 지어졌고 강가에 사는 부족들이 이를 관리했다. 처음으로 식량이 풍성해졌고 건기를 위해 여분의 식량을 비축해둘 수 있게 되었다. 인근 사막지역에서는 생존하는 것이 거의 불가능했기 때문에 무장한 적이 쳐들어올 위험도 없었다. 그러다가 운하와 수로의 수가 증가해 강물의 수위가 낮아지자 공유지의 비극이 시작됐다. 수원지 근처에서는 자기네 마을만을 위해 수로를 더 깊게 팔 수 있었지만 하류에 사는 농민들은 운이 다했다. 두 지역 농민들이 협력하고 물을 공평하게 공급해야만 모두가 번성할 수 있었다. 강력한 도시들이 토지를 확보하기 위해 물에 대한 규칙을 준수하게 하기 시작했다. 그래서 마을 사람들은 원하는 만큼의 물을 가져갈 수 없게 되었다. 이를 제지하지 않으면 강이 모래 속으로 사라져버릴 위기였기 때문이다. 수로를 열어 물을 쓸 차례를 기다리는 농민들 모두가 단기간 동안 개인의 이익을 극대화하고 싶은 유혹을 받았고, 결국 밤에 몰래 물을 쓰는 농민들이 늘어났다. 그러자 관개 수로를 밤낮으로 지켜야 할 필요성이 제기되었고 중앙의 지도자들이 이 일을 맡았다. 또 기근에 대비해 비축해두는 곡식을 보호하는 일도 이들이 맡았다.

   역사가 기록되기 시작한 시점인 5000년 전부터 이집트와 메소포타미아에는 왕이 있었으며 그들은 군대, 경찰력, 조신朝臣을 거느렸고 궁정을 갖고 있었다. 왕이 왕국을 자신의 후계자에게 물려주자 왕조가 확립되었다. 농민들은 여분의 곡식과 그 밖의 수확물을 항상 포기하진 않았지만, 그 때문에 처벌이나 추방당하는 것을 면하기 위해 세금을 냈다. 자연스럽게 이들은 세금을 걷는 세리稅吏는 물론 왕도 미워하고 욕을 했다. 하지만 억압이 심해 농민들이 봉기할 정도가 아니면 왕국은 위협받지 않았다. 성직자들이 대중을 교화시키는 역할을 해 입법자의 통치를 공고히 했다. 몇몇 왕은 자신이 바로 신이라고 선포하며, 성직자들이 왕을 섬기게 하는 것이 여러모로 편리하다는 것을 알아냈다. 이렇게 해서 성직을 가까이 두고 이를 이용해 대중의 반감을 줄였다. 파라오들은 지상에 있는 신이라는 외피를 써 인간의 연약함을 감추고 그들이 육신의 세상을 넘어선 내세로까지 신성한 영혼을 이끈다고 설파했다. 복잡한 의식을 만들고 승리를 기념하는 사원을 건설해 파라오를 경외하는 마음을 강화시켰다. 왕이 성직자들에게 의존하는 정도가 커지자 종교가 수립됐고, 이를 통해 신화와 의식 그리고 국가의 명령이 영속적으로 이어지게 되었다. 왕은 내세를 약속하거나 지옥에 간다는 위협으로 법을 강화했다. 종교는 그 입지가 더욱 공고해져 통치자보다 더 오래가며 신념을 수호할 것을 천명했다. 하나의 신을 다른 신으로부터 보호하기 위해 군대가 일어났고, 신의 이름으로 사람들이 살육되었다.

앞서 논의했듯이 인간은 다른 종보다 미래를 예측하는 능력이 탁월하다. 인간은 과거의 경험으로부터 얻은 지식으로 앞날을 예측한다. 매년 가을이 되면 날이 짧아지다가 봄에는 천천히 길어진다. 겨울에는 낮이 짧지만 다시 햇볕이 쨍쨍한 여름이 온다는 것도 안다. 또한 우리 모두가 노인이 되면 죽는다는 사실도 안다. 언젠가는 죽으리라는 것도 예상할 수 있다. 문제는 우리의 본능이 어떤 대가를 치러서라도 죽음을 면하고 싶어한다는 점이다. 노화에 대해 우리가 뭘 어떻게 할 수 있는가? 우리는 피할 수 없는 갈등 때문에 불편한 기분을 느낀다. 종교는 이 점을 간파하고 이런 불편한 감정에서 벗어날 만한 방법을 제시했다. 종교는 이를 믿는 모든 사람들에게 영혼의 영원한 안식을 약속했다. 육신의 세계와는 아주 약하게 연결된 영묘한 존재를 믿는 믿음은 육신에 얽매이지 않는 자아를 느끼는 감정과 공명하며, 그리하여 사람들은 사원으로 몰려든다.

몇몇 종교는 신도들에게 육체가 죽어도 영혼은 죽지 않으며, 끝없는 윤회의 굴레에서 새롭게 태어나는 환생을 거듭한다고 가르친다. 또 정의로운 자들에게 영원한 행복을 약속하는 종교도 있다. 이런 보상은 규칙을 지키게 만드는 강력한 동인이다. 종교는 똑바르고 좁은 길을 벗어나 방황하는 사람들에게는 영원한 저주가 내려질 것이라는 예언으로 신도들의 가슴속에 신에 대한 공포감을 심기도 한다. 천국과 지옥의 개념은 지상에서 부당한 대접을 받았다고 느끼는 사람들이 분출하는 정당한 분노를 삭여줬다. 즉, 그들은 천국에서 합당한 보상을 받을 것이며 이기적인 사람들은 지옥에서 썩을 것이라고 믿는다. 이런 식으로 교회는 믿음을 수호하고 기준을 강화하는 역할을 수행해왔다. 왕들조차 자신의 영혼을 구원하기 위해서는 교회를 보호해야만 했다.

문명이 시작된 이후로 사람들은 교회를 찾을 때 모두 특별한 청원, 예를 들어 비가 올 것을 기원하거나, 건강 혹은 자녀를 위하는 등 자신의 능력으로 이룰 수 없는 일들에 대해 기도했다. 교회는 그런 기도를 장려했고, 그래서 비가 오거나 나빴던 건강이 회복되는 일 등이 벌어지면 그 공을 독차지했다. 나는 언젠가 과테말라의 아티틀란호Lake Atitlán 근처에 있는 작은 마을의 사원을 방문한 적이 있다. 작고 어두운 사원 안에 탁자가 하나 놓여 있었다. 탁자 위에는 촛불이 빙 둘러가며 세워져 있었고 가운데는 마야 문명의 성인 마키몬Machimon 상이 있었다. 이 신상은 화려한 색깔의 옷을 입고 머리에 모자를 쓴 채 입에는 담배를 물고 있으며, 신도들이 바친 꽃다발, 술, 돈 등에 둘러싸여 있었다. 적당한 제물을 바치면 마키몬이 메시지를 신에게 전해준다고 알려져 있다. 그 지방에 사는 어떤 마야인이 캔맥주와 담배를 제물로 바치며 차에 장착할 새로운 카뷰레터를 얻기를 기원했다. 원래 있던 것이 고장났는데 새것을 살 돈이 없어서 마키몬에게 제물을 바치고 기원하는 것이라고 내가 묵고 있던 집안주인이 통역을 해줬다. 그 사람은 신실해 보였고, 정말 어떤 식으로든 신이 자신의 정직한 요구를 들어줄 것이라고 믿는 듯 보였다. 언제, 어떻게 그 사람의 차가 다시 작동할는지는 몰라도 그 간단한 의식이 그 사람의 불안과 걱정을 덜어주는 듯했다.

주류적 위치를 점하는 종교는 시대에 따라 바뀌지만, 어쨌든 종교는 세계 곳곳에서 그 종교를 따르는 신도들을 안내하는 중요한 역할

을 해내고 있다. 근래 들어 민주적인 제도가 확립된 후 시민들에게
법과 규칙에 의한 발언권과 권리가 부여돼 시민들이 자기 운명의 주
인은 자기 자신이라고 생각하며 법이 시행하는 정의를 받아들이게
되었다. 종교는 사회가 기능하는 데 점차 덜 중요한 요소가 되어갔
다. 하느님이 부여한 절대적인 행동 규범은 이성적인 공동의 가치로
전환되었지만 이것 때문에 도덕이 입은 피해는 아무것도 없었다. 현
존하는 행동 규범은 특정 조건과 그렇게 형성된 상대주의에 따라 좌
우된다. 수많은 합리적인 사상가들은 도덕적 상대주의를 강력하게
부인하고 있지만 아직까지 더 강력한 권위를 확실하게 세우지 못하
고 있다.

  선과 악은 용인할 것인가 거부할 것인가를 나타내는 말이다. 등을
가볍게 톡톡 치든가 아니면 뺨을 때리는 것처럼 선과 악을 사용해
순간의 판단을 내린다. 우리가 지금까지 봐왔듯이 지속적인 협력은
사기꾼을 가려내 처벌하는 데 달려 있다. 사기꾼을 '악'이라고 부르
는 것은 그 자체가 효과적인 징벌로, 굳이 절대적인 선과 악의 체계
에 근거할 필요도 없다. 배신자는 협력하지 않는다는 면에서 악으로
간주된다. 하지만 다른 관점에서 보면 배신자가 '선'할 수도 있다.
인도의 마하트마 간디와 미국의 마틴 루터 킹이 벌인 시민불복종 운
동은 공공연한 차별에 정면으로 항거한 도덕적 용기로 높이 평가되
고 있다. 그 당시 평화적인 방법으로 미국의 도로를 점거한 사람들
은 교통과 상거래를 방해한다는 이유로 경찰에게 구타당하고 투옥
되었다. 버스 뒤로 물러서라는 지침을 무시한 이 자유의 기수들은
상습적인 교통법 위반자로 간주되어 고초를 겪었다. 그리고 킹 목사

는 1963년 버밍엄 감옥에 투옥되었지만 그 이듬해 노벨평화상을 수상했다. 달라이 라마는 거의 50년간 티베트 자치를 위해 비폭력 운동을 이끌어왔다. 달라이 라마는 1959년 중국에 협력하지 않아 추방당하면서 티베트 정부를 이끄는 지도자가 되었다. 1989년 달라이 라마는 노벨평화상을 수상했다. 이렇듯 누군가의 배신자가 다른 사람에게는 영웅이 될 수도 있다.

오랫동안 수많은 사회가 도덕을 성문화된 계명, 율령 그리고 법으로 제정했다. 자연법은 사회가 받아들이는 미덕과 해악에서 비롯된다. 십계명 중 여러 계명이 세계 각국의 법에 들어가 있다. 살인, 절도, 거짓 증언을 용인하는 것을 벌하는 법이 있다. 만약 어떤 사회가 간통을 중죄로 규정하지 않으면 법도 바뀐다. 일정한 형태의 협력을 확실하게 이끌어내기 위해 시행하는 법도 있다. 도로에서 차들이 우측통행하는 것을 예로 들 수 있다. 조세법은 도로나 다리 건설, 치안 등을 위해 쓰는 공공사업 자금을 조성하기 위해 시행되기도 한다. 모두가 세금을 내도록 법률로 정하면 잘 정비된 사회를 만드는 데 쓰일 것이다.

합리적인 사회에도 종교가 들어설 곳은 있다. 비록 카를 마르크스는 종교를 아편이라고 간주했지만 종교는 형언할 수 없는 어려움에 직면한 사람들에게 위안과 희망을 준다. 사람들은 고단한 인생의 가시밭을 걷다가 교회, 시나고그synagogue[유대 교회], 사원 등에서 잠시나마 위안을 얻고 중요한 문제나 괴로운 문제를 토로한다. 성가대의 노래가 그들의 마음을 어루만져주고 고통으로부터 구해준다. 사람들은 종종 아무도 도와줄 이가 없을 때 초자연적인 힘이 그들을 보호해줄 것이라는 믿음을 필요로 한다. 어떤 신적인 존재가 개인의 문제에 개입한다고 생각하는 것이 비합리적으로 보일지 모르지만 사람들은 그렇게 되기를 기원한다. 맹목적인 믿음은 초월적인 것에 의문을 갖지 않는다. 기적이 일어나는 것은 극히 드물다는 것이 확연한 상황에서도 기적이 일어나기를 열렬히 희망한다. 밤에 성스러운 존재를 보거나 목소리를 들었다는 등 종교적인 체험에 관한 이야기는 아주 많다.

몇 년 전 아내와 나는 과테말라 티칼Tikal의 마야 문명 유적지를 방문한 적이 있다. 우리는 운 좋게 클라렌체라는 이름을 가진 안내인을 만났다. 그는 벨리즈Belize 인근에서 성장해 1950년대 후반 티칼로 와 사원 발굴 작업에 합류했다. 처음에는 단순한 노동자였지만 발굴 작업을 하며 건축과 비문에 새겨진 명각銘刻에 정통하게 돼 필라델피아에 있는 펜실베이니아 대학에 초청되어 수년 동안 수많은 유물을 손질하고 분류하며 연구했다. 1970년 클라렌체는 사랑하는 티칼로 돌아왔다. 그는 티칼에 있는 사원과 현지의 나무나 새 등에 대한 이야기를 알고 있었다. 또한 머리카락을 염색하는 데 쓸 만한 관목이나 두통을 치료하는 버섯을 우리에게 보여줬다. 티칼의 성직자들이 휘두른 권력은 행성과 항성의 움직임이나 계절의 변화를 예측하는 능력뿐 아니라 징후와 전조를 해석하는 능력에서도 비롯되었다고 클라렌체는 확신했다. 그는 성직자들이 환각을 일으키는 버섯이나 식물에 영향을 받아 마술적 통찰력을 지니게 됐다고 여겼고, 모든 종교가 정신을 바꾸는 약물을 사용하는 데서 시작되었다고 주장했다. 클라렌체는 초기 종교에서 환각제 사용이 중추적인 역할을 했다는 것에 대해 설득력 있는 근거를 댔다. 환각 속에서 한 경험을 미래로 향한 문을 연다든가 신의 얼굴을 보는 것으로 해석했다.

다양한 식물과 버섯에서 나오는 화학물질을 이용하면 초월적이며 신비로운 정신 상태에 근접할 수 있다. 정서적인 안정과 가치에 항구적인 변화를 가져올 수 있는 신의 출현이나 계시의 순간을 내적인 세계와 외적인 세계에서 경험할 수 있다. 성직자들은 이 식물의 성분에 대해 배운 다음 성스러운 약물로 만들어 종교 의식에 사용했다. 수 세기 동안 페요테peyote[멕시코 산 선인장의 일종 또는 그것으로 만든 환각제]는 아메리카 원주민 교회에서 성스러운 물질로 숭상되어 성사聖事에 사용되었다. 멕시코의 후이촐Huichol족은 페요테를 조물주인 사슴 인간Deer-Person의 심장과 영혼이라고 생각한다. 그래서 후이촐족의 무당은 페요테를 수집해 자신도 복용하고 성스러운 약물로 만들어 부족민들에게 나눠준다. 중앙아메리카에서는 실로시빈psilocybin[멕시코 산 버섯에서 얻어지는 환각 유발 물질] 버섯과 메스칼린mescaline을 제사 의식에 널리 사용하며, 남아메리카의 몇몇 교회에서는 환각 작용을 하는 음료수인 아야와스카ayahuasca를 성스럽게 여긴다.

아주 오랜 옛날에는 자연의 힘을 신의 변덕이라고 받아들였다. 화산, 지진, 폭풍, 홍수는 무시무시했고 그런 현상이 일어나는 데 대한 설명이 필요했다. 그런 현상이 일어나는 원인과 목적은 무엇인가? 이와 같은 질문에 답하기 위해 인간의 형상을 닮은 신이 만들어졌다. 그리고 번개가 치는 이유부터 매일 태양이 하늘에 떠 있다가 지는 것까지 모든 것을 그들이 관장한다고 생각했다. 갖가지 종류의 신이 산꼭대기, 하늘, 바다에 즐비했다. 신들의 위업은 신화와 전설로 만들어졌는데 대개 기괴하면서도 환상적이다. 자연에 대한 지식이 증가하면서 이런 옛날이야기들은 기발하지만 현실성이 결여된 것으로 받아들여졌고, 과학을 통해 자연현상의 기초적인 원인을 탐구하기 시작했다. 우리는 이제 맨틀에서 만들어진 마그마가 지각의 약한 틈을 뚫고 솟아오르는 것이 화산이라는 것을 이해한다. 온도, 구조, 움직임이 다른 형태의 화산을 정밀하게 측정했고 그 힘을 상당히 정확하게 이해할 수 있다. 그러니 화산 폭발에 대해 더 이상은 불카누스[로마 신화에 나오는 불과 대장일의 신]를 원망하지 않아도 된다.

뉴턴의 역학과 상대성 이론으로 은하계와 태양계의 형성을 설명하는 게 가능해졌지만 현대 물리학도 답해주지 못하는 의문이 있다. 가령 왜 진공 상태에서는 빛의 속도인 c가 초속 2억9979만2458미터일까? 왜 플랑크 상수인 h는 $4.13566733 \times 10^{-15} eV \cdot s$인가? 모든 질량에너지가 관측 가능한 우주에 더해졌을 때 빅뱅을 일으킨 원인은 무엇이었을까? 우주는 계속해서 팽창할까? 아니면 언젠가 수축하기 시작할까? 이런 질문의 답은 보통 시간과 공간을 초월한 영역에서 활동하는 전지전능한 하느님을 연상시킨다. 위대한 물리학자 스티븐 호킹도 다음과 같이 말했다. "우리는 하느님의 이름으로 모든 것의 질서를 잡을 수 있지만 여기서 하느님은 인격적인 존재가 아니다. 물리학의 법칙에는 인간적인 면이 거의 없다."

자연에서 목적을 찾는 것은 아마도 잘못된 의문일 것이다. 그것은 "북극에서 북쪽으로 1.5킬로미터 정도 더 올라간 지점을 뭐라고 하지?"라고 묻는 것만큼이나 억지스러우며 그 답은 맥락을 벗어난다.
생명의 목적을 찾는 것도 마찬가지다. 그 역시 잘못된 의문이다. 아
주 오래전 지구상에 생명이 출현했고 주변 환경이 바뀌면서 생명도
변화했다. 우리는 맨 처음 바다에서 헤엄치며 다닌 생명체가 무엇인
지 모르고 그것들이 어떻게 새, 벌, 그리고 인간으로 진화했는지도
확실하게는 모른다. 추측할 수는 있지만 아직도 과학으로 설명하지
못하는 것이 많다. 어떤 사람들은 염색체가 들어 있는 핵을 지니고
편모를 이용해 헤엄을 치는 아메바와 조류가 박테리아에서 생겨난
것은 기적이라고 말한다. 사람들은 눈처럼 복잡한 기관이 어떻게 나
타났는지에 대해서도 의문을 품는다. 그렇게 복잡한 것은 오로지 하
느님의 식견과 지능으로만 창조할 수 있다고 주장한다. 과학이 모든
진화의 단계를 실험실에서 다시 재현해내지는 못했지만, 과학자들
은 작고 무작위적인 변화가 선택을 받을 만큼 경쟁력 있는 구조와
기능을 만들어냈다는 그럴싸한 설명을 내놓았다(Kitcher 2007). 과학
자들은 여전히 설명되지 못한 틈새를 채우려 노력하고 있지만, 근본
주의자들은 그런 틈은 오직 하느님만이 메울 수 있으므로 우리는 그
저 기적이 일어났다는 것을 믿음으로 받아들이고 더 이상 이해하려
들지 말아야 한다고 말한다.

　우리가 생명을 이해하는 데 메워야 할 가장 커다란 틈은 생명이
어떻게 시작되었는지를 알아내는 것이다. 태양 주위를 회전하던 물
질에서 맨 처음 지구가 생성되었을 때는 생명이 없었다. 그러다 수
억 년 전 진흙 속에 박테리아가 살기 시작했고, 그 진흙은 천천히 바
위로 변했다. 원시 생명은 재빨리 지구를 점령했다. 우리는 최초의

원시 세포가 만들어지기까지의 정확한 순서는 모르지만, 다음 장에서 우리가 알고 있는 생명을 만들어낸 RNA 세상의 자연적인 발생에 관한 상당히 믿을 만한 시나리오를 제시하겠다. 생물 발생 이전의 과학은 갈 길이 매우 멀지만 어떤 단계에서든지 반드시 기적이 일어나길 빌어야 할 필요는 없다.

수억 년에 걸쳐 우연히 일어난 돌연변이가 새로운 특징을 지닌 새로운 종을 만들어낼 수 있는 변화를 이끌어냈다. 자연선택은 삶의 방식에 적합한 생명체에만 생존과 번성을 보장한다. 환경이 바뀌면서 여러 종이 나타났다 사라지고 또 새로운 종이 나타난다. 굳이 지적인 창조자가 개입하지 않아도 가장 복잡한 대사 경로와 분자 모터와 기관계도 서서히 만들어질 수 있다. 시간만 충분히 주어진다면 돌연변이와 자연선택만으로 가장 정교하고 조화로운 생명체가 서서히 만들어질 수 있다. 고도로 발달된 인지 능력, 언어, 그리고 계획을 짜고 논쟁을 하며 궁금증을 갖는 영장류가 출현한 것은 순전히 우연과 자연선택에 의해서이다. 옳고 그른 것에 관한 논쟁은 사람들이 모여 자신이 생각하는 바를 남에게 강요하면서 시작되었다. 존 스타인벡의 『분노의 포도The Grapes of Wrath』에 이런 말이 나왔던 것으로 기억한다. "아마 세상에는 죄악도 미덕도 없을지 모른다. 그저 사람이 하는 일일 뿐이다. 사람들이 한 일 가운데 선한 일도 있고 그렇지 않은 일도 있다. 그래서 누구든지 하고 싶은 말을 할 권리가 주어져야 하는 것이다." 이 말이 맞다.

8장

생명의 기원에서부터
인간의 진화까지

RNA 세상 | 생명의 시작 | 산소 혁명 | 인류의 진화

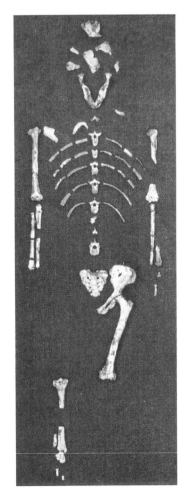

루시의 화석 뼈(왼쪽 사진). 318만 년 된 암석에서 오스트랄로피테쿠스 아파렌시스 종의 뼈가 발견되었다. 화석 증거에 따라 재구성한 오스트랄로피테쿠스 아파렌시스 한 쌍이 나란히 직립보행을 하고 있다(오른쪽 사진). 1978년 이 종의 발자국이 탄자니아 라에톨리에 있는 360만 년 된 바위에서 발견됐다. 왼쪽 사진은 에티오피아 국립박물관 협찬으로 미국 애리조나 주립대학의 인간기원연구소 제공, 오른쪽 사진 ⓒ 미 자연사박물관 데니스 핀닌과 크레이그 체섹

위대한 미생물학자 루이 파스퇴르는 "OMNE VIVUM EX VIVA(생명은 반드시 생명에서 난다)"라고 말했다. 그렇다. 모든 생명은 생명에서 비롯된다. 1859년 파스퇴르는 생명의 자연발생설을 뒤엎는 그만의 독창적인 실험 증거를 프랑스 과학아카데미에 제시했다. 그날 파스퇴르는 승리했다. 그때까지는 썩은 고기에서 구더기가 생기며, 밀을 더러운 헝겊으로 싸두면 쥐가 생긴다고 믿었고, 그런 식으로 온갖 종류의 잡다한 것을 혼합하면 개구리, 이, 그 외의 갖가지 벌레들이 만들어진다고 생각했다. 파스퇴르는 끓인 고기즙을 플라스크에 가득 채우고 목 부분을 거위 목처럼 구부려 입구는 열려 있지만 입자가 들어갈 수 없게 했다. 그리하여 고기즙에서 미생물이 자라지 못했다. 언젠가 파리에 갔을 때 나는 파스퇴르 연구소를 방문해 지하실에서 파스퇴르가 실험에 사용했던 플라스크를 본 적이 있는데 여전히 무균 상태였다.

만약에 모든 생명이 이전에 존재한 생명에서 비롯되었다면 최초의 생명은 어디에서 온 것일까? 이는 종교적인 신념과도 깊이 관련된 질문으로 아주 오래전부터 이에 대한 의문이 제기되어왔다. 생명의 기원에 대해 과학적으로 설명해보려는 시도가 이루어지기 시작한 것은 고작해야 150년 정도밖에 되지 않는다. 1871년 찰스 다윈은 다음과 같이 말했다. "생명은 모든 종류의 암모니아, 인산염, 빛, 열기, 전기 등이 공급되는 따뜻한 작은 연못에서 시작되었을 것이며, 더욱 복잡한 변화를 거칠 준비가 된 상태로 단백질 합성물이 화학적으로 형성되었을 것이다. 오늘날에는 이런 물질을 바로 먹고 흡수할 수 있지만, 살아 있는 생명체가 형성되기 전에는 그렇지 않았을 것이다." 이후 생화학자 오파린A. I. Oparin과 홀데인J. B. S. Haldane, 화학자 레슬리 오겔 Leslie Orgel, 스탠리 밀러Stanley Miller를 포함해 수많은 과학자들이 열역학 법칙과 화학을 적용해 이 문제를 풀려고 시도했다.

내가 처음 스탠리 밀러를 만났을 때는 1961년이었다. 그로부터 약 8년 전 밀러는 실험에서 메탄, 암모니아, 수소와 물이 담긴 플라스크에 전류를 흘려보냈고, 며칠 후 상당히 많은 양의 아미노산과 그 밖의 생명의 기본 구성 요소가 축적되어 있는 것을 발견했다 (Miller, Urey 1953). 스탠리는 지구가 생성되고 얼마 지나지 않은 시기에 있었던 것으로 추정되는 기체에서 복잡한 분자도 비교적 쉽게 생성될 수 있음을 증명했다. 스탠리가 내게 생물 발생 이전의 화학 물질 연구와 관련한 실험을 하면서 사용했던 플라스크를 보여줬을 때는 약간의 경외감마저 들었다. 그 당시 우리는 캘리포니아 라욜라 La Jolla에 위치한 스크립스 해양연구소Scripps Institute of Oceanography에

서 일하고 있었는데 종종 해변에서 함께 점심 식사를 하곤 했다. 스
탠리는 참을성 있게 나에게 화학에 대해 설명해주며 생명의 기원에
대해서는 알려진 게 거의 전무하다고 지적했다. 이후 우리는 샌디에
이고 캘리포니아 대학에 이웃한 건물에서 일하면서 이런 대화를 40
년 동안 계속해서 해오고 있다. 우리가 일하는 곳에서 약간 위쪽에
있는 샐크Salk 연구소의 레슬리 오겔, 지금도 스크립스에서 일하고
있는 구스타프 아르헤니우스Gustav Arrhenius, 샐크 연구소에서 약간
떨어진 곳에 위치한 스크립스 연구센터에서 일하는 제리 조이스Jerry
Joyce가 가끔 우리의 대화에 동참하곤 한다. 이 셋은 생명의 기원을
연구하는 대표적인 인물들이다. 우리 가운데 실험실에서 자연발생
한 생명을 만들어낸 사람은 아직 없지만, 물리·화학과 분자생물학
의 기초에 근거한 아이디어와 이론을 토의하고 실험하고 있다. 살아
있는 최초의 세포가 만들어지기까지의 단계에 대한 지식에는 여전
히 큰 구멍이 있다. 그러나 이런 간극이 있다고 해서 상상력이 풍부
하고 열심히 일하는 과학자들의 노력을 막지는 못한다. 이들은 원시
수프primordial soup[지구상에 생명을 발생시킨 유기물의 혼합 용액]에서 자
가 복제를 하는 개체를 이끌어낸 스탠리 밀러처럼 그럴듯한 단계를
내놓기 위해 노력하고 있다.

RNA 세상

암석을 보면 지구상에 생명이 나타나기까지 얼마나 오랜 시간이

걸렸는지 알 수 있다. 생명의 흔적을 보여주는 가장 오래된 암석은 약 35억 년 전의 것이다. 이런 암석의 연대를 결정하려면, 미세한 이온빔ion beam을 이용해 암석이 만들어졌을 때 형성된 지르콘 결정의 원소 비율을 측정해야 한다. 지르콘은 우라늄이 함유된 무기질로 아주 단단한 광물이다. 우라늄의 동위원소인 우라늄238은 자연붕괴돼서 납206이 되며 반감기는 45억 년이다. 또 다른 우라늄 동위원소인 우라늄235는 자연붕괴돼 납207이 되며 반감기는 7억 년이므로 35억 년 후에는 3퍼센트의 우라늄만 남을 것이다. 이런 동위원소를 측정하면 오차 범위 1퍼센트의 정확도로 암석의 나이를 결정할 수 있다.

오스트레일리아 북서부에 위치한 와라우나 지층군을 이루는 암석의 연대는 34억6400만 년으로 추정되는데, 일부 지층에는 고대 박테리아의 미세 화석이 들어 있다(Knoll 2003). 남아프리카공화국 요하네스버그 근처에도 와라우나 지층군만큼 오래된 지층이 있는데, 이 지층에서 광합성으로 생성된 듯한 유기물질로 둘러싸인 박테리아 화석이 발견됐다. 이 지층에도 반구형의 물결무늬층이 보이는데, 그 모습이 박테리아 덩어리가 수대에 걸쳐 얕은 바다를 뒤덮을 때 형성되는 스트로마톨라이트stromatolite[시아노 박테리아 화석을 포함한 층상層狀 석회석]와 흡사하다. 바다와 대륙이 생성된 후 지구가 생물이 사는 행성이 되었다는 점은 확실하다. 한번은 스탠리 밀러가 생명이 시작된 시간을 추정하면서 다음과 같이 말했다. "10년이라는 시간은 너무 짧은 것 같죠? 한 세기도 마찬가지입니다. 하지만 1만 년이나 10만 년이라고 하면 괜찮아 보여요. 그런데 100만 년의 시간이 걸려도 해내지 못한다면 그건 아마 영원히 못 한다는 소리겠죠." 내 생각에는 스탠리가 약간 조급한 것 같다.

대기에 전기를 방전시키는 것은 생명의 기본 구성 요소를 바다나 연못에 축적시킬 수 있는 방법 중 한 가지일 뿐이다. 귄터 베히터스호이저Günter Wächtershäuser는 가짜 금이라고도 불리는 황철석이 촉매로 작용하여 이산화탄소를 유기화합물로 전환시킬 수 있다는 점을 지적했다. 황철석은 화산 분출구 근처에서 황화수소가 황화철과 반응할 때 만들어진다. 일산화탄소와 이산화탄소가 녹아 있는 물속에서 유기화합물에 아미노산이 포함되어 있으면 점점 자라는 황철석 결정 표면에 거품을 형성한다. 거기에서 더 크고 복잡한 화합물로 가는 과정은 상상하기 어렵지 않다. 아미노산이 철, 황화니켈과 섞여 작은 펩티드가 생기는 것까지 밝혀졌다(Huber 외 2003). 마찬가지로 RNA와 DNA의 간단한 전구물질인 뉴클레오시드nucleoside[5탄당 1분자와 염기 1분자가 결합한 화합물] 염기는 특정 무기염류에 햇빛이 비칠 때 생성된다(Senanayake, Idriss 2006). 자연의 에너지는 단순한 분자가 결합에 결합을 반복해 화학적인 복잡성을 만들도록 유도한다. 분자의 안정성은 합성 속도만큼이나 중요한데, 이렇게 합성되는 데 수백 년이 걸릴 수도 있기 때문이다. 물론 합성 속도도 중요한데, 그 이유는 루이스 캐럴의 『거울나라의 앨리스Through the Looking-Glass』에서 붉은 여왕이 앨리스에게 한 말처럼 "같은 곳에 있으려면 죽기 살기로 뛰어야 하기" 때문이다. 이 원리는 함께 진화해야 하는 모든 구성 요소에 적용된다.

초기의 핵산 중합체는 아마 탄소 3개로 이루어진 단순한 화합물을 이용해 사슬에 핵산의 염기를 연결했을 것이다. 오늘날 핵산의 염기는 5탄당으로 연결되지만 5탄당은 생물 발생 이전 조건에서는 만들어지기가 어렵다. 더 간단한 사슬로도 각기 다른 4개의 염기인 아데닌(A), 구아닌(G), 시토신(C), 우라실(U)을 특정한 순서로 결합시킬 수 있으므로 중합체들은 각기 다른 특성을 지닌다. 하나가 어떤 반응의 촉매로 작용하면 다른 것은 다른 반응의 촉매 구실을 한다. 앞서 1장에서 다루었듯이, A는 U와, G는 C와 서로 수소 결합을 하는 까닭에 이 염기들은 상보적인 사슬로 복제될 수 있다. 그리고 나서 이 상보적인 사슬은 원래의 서열을 다시 복제한다. 복제 시 오류가 생기면 새로운 서열이 만들어지고 이따금씩 상당히 유용한 새로운 특성이 생겨나기도 한다. 겨우 염기 12개 길이의 핵산이라도 수백만 가지의 변화가 일어날 수 있으며 대체로 일정한 시점에서 우연히 발생한다.

지방산도 생물 발생 이전의 환경에서 합성될 수 있으며 핵산이 모여 있는 곳 주변에 세포막과 비슷한 지질층을 만드는 경향이 있다. 이 지질층은 끊임없이 물질을 들여보내거나 내보내면서 주위의 원시수프에 있는 물질과 교환을 한다. 지질층으로 둘러싸인 방울 안에서는 주변에 있는 다른 방울들과 상관없이 독립적으로 변화가 일어나며 가끔씩은 너무 커져 둘로 나뉘기도 한다. 방울 안에 들어 있는 유용한 정보가 두 개의 방울에 효과적으로 분배되면 유전 체계로 나아가는 길이 멀지 않았다고 볼 수 있다. 생명 기원의 첫 번째 단계는 사실 다윈주의 진화론을 따르지 않았다. 오히려 가장 빠른 자가 승리를 거두는 경주였다. 다윈과 기원전 55년의 티투스 루크레티우스

[로마의 시인이자 유물론 철학자], 1809년 장 바티스트 라마르크[프랑스의 박물학자이자 진화론자]를 포함해 초기 자연학자들은 이 경쟁이 가장 적합한 생물을 선호했음을 강조했다. 하지만 생명이 생성되기 전에는 경쟁이 거의 없었고 안정성과 재생을 위한 선택만이 있었을 뿐이다. 아직까지 다른 생명체가 진화하지 않았기 때문에 잡아먹힐 염려가 없으므로 이 단계는 아주 천천히 그리고 꾸준히 이루어졌을 것이다. 게다가 그 당시 대기에는 산소가 없었고 복잡한 분자는 자연적으로 산화될 위험 없이 축적될 수 있었을 것이다.

　핵산에서 3개의 탄소로 이루어진 뼈대가 5탄당으로 대체된 보기 드문 방울은 상당히 이점이 많았을 것이며, 그런 변화를 촉진시키는 반응이 우연히 발생하자 점점 더 자손에게 전달되었을 것이다. 이 과정이 정확히 어떻게 일어났는지는 알 수 없지만 상당히 그럴듯하다. 바닷물 1리터 속에는 약 100억 개의 물방울이 있으며 지표면에는 수십억 리터의 바닷물이 있다. 그러니 계산을 해보라. 천문학적인 횟수만큼 시도를 하면 불가능한 일도 가능해진다. 시간을 조금만 주면 일어날 것이다. 핵산의 5탄당 리보오스 뼈대를 정확하게 결합한 물방울에는 RNA가 있었다. RNA 세상이 탄생한 것이었다!

　이는 우리가 알고 있는 것과 같은 생명은 아니었지만 한동안은 상당히 제 역할을 잘해냈다. 단백질을 특화하는 분자의 메커니즘은 아직 진화되지 않은 상태였고, 모든 것을 RNA 분자 스스로의 힘으로 해냈다. RNA 사슬을 따라 아미노산이 여기저기 붙어 촉매 역할을 할 수 있는 반응의 가짓수가 늘어났다. 여러 실험실에서 다양한 실험을 통해 RNA가 새로운 RNA 분자의 합성을 촉진시킬 수 있고, 필

요한 경우에는 RNA를 자르고 다듬을 수 있음을 증명한다. 세포는
펩티드 결합을 할 때, 아미노산을 골라서 분류하는 작업을 할 때,
DNA 분자의 합성을 시작할 때, 그리고 모든 종류의 반응을 촉진시
킬 때 여전히 RNA를 사용한다. RNA 세상이 얼마나 오래 지속되었
는지는 아무도 모르지만 아주 정교한 물방울과 같은 것에서 시작되
었을 것이다.

생명의 시작

펩티드는 생물 발생 이전의 환경에서 아미노산들이 무작위로 연
결될 때도 자연적으로 형성된다. 중합 현상은 원시 지구에 존재했을
가능성이 많았던 단순한 화산기체인 황화카르보닐에 의해 촉진된다
(Leman, Orgel, Ghadiri 2004). 펩티드는 RNA보다 더 특이적 촉매로
작용할 수 있으며, 대사 경로의 흐름도 더 원활하게 조절할 수 있다.
하지만 펩티드는 스스로를 복제할 수 없으므로 작은 방울이 커져 분
열을 할 때마다 그 안에서 일어나는 일을 조절하는 펩티드의 양이
점점 줄어들 수밖에 없다. 우연히 다시 생길 수도 있지만 이는 그다
지 신뢰할 만한 설명이 되지 못한다. RNA는 복제가 가능하지만
RNA의 뉴클레오티드 서열을 아미노산 서열로 번역해 유용한 펩티
드를 만들어내는 메커니즘이 필요하다. 어떤 작은 방울 속에 유용한
펩티드를 만들어낼 수 있는 RNA와 펩티드가 우연히 섞여 들어가
단백질 세상으로 향하는 문을 활짝 열었을 것이다. 여기에는 문제가

있는데, RNA를 단백질로 번역하려면 단백질이 필요하다는 것이다. 이는 닭이 먼저냐 달걀이 먼저냐 하는 문제와 비슷하다. 이 과정이 어떻게 진행되었는지는 아무도 모르지만 지금 모든 세포가 이 능력을 보유하고 있는 것을 보면 아무튼 성공적으로 진행되었던 것 같다. 기적이 일어나길 바랄 필요는 없지만 전체 과정을 자연스럽게 연결시킬 수 있는 작은 단계를 찾기 위해 더 많은 실험을 해야 할 것이다.

아미노산 전체가 아닌 일부 아미노산과 밀접한 관계가 있는 펩티드가 작은 RNA와 결합할 능력도 있다면 이 과정이 진행되었을 가능성이 있다. 이런 두 가지 기능을 할 수 있는 펩티드가 일정하게 정렬된 작은 RNA들과 같은 작은 방울 속에 들어 있다면, 아미노산들이 서로 반응하여 두 가지 기능을 하는 펩티드와 서열이 똑같은 짧은 사슬이 형성되어 자가촉매 순환autocatalytic loop이 만들어졌을 것이다. 펩티드는 같은 펩티드를 더 만드는 데 도움이 되었을 것이다. 오늘날처럼 각각의 아미노산에 대단히 특이적으로 작용하지는 않았겠지만 균형을 흩뜨릴 수는 있었을 것이다. 오늘날 존재하는 두 가지 기능을 하는 단백질로는 아미노산을 tRNA에 부착시키는 아미노아실-tRNA 합성효소가 있는데, 이 단백질들에 바로 번역의 비밀이 숨어 있다. 유기체마다 이런 효소가 최소 20가지 이상이 있으며, 각각의 아미노산과 해당 tRNA마다 하나씩 있다. 이 효소들은 그 아미노산 서열을 기준으로 나누면 두 종류 중 하나에 속한다. 대단히 다양한 생물들 속에 들어 있는 이 효소들을 비교하면 이 효소들이 속하는 두 종류의 집단이 아주 오래전에 존재했던 단 하나의 서열에서 유래했다는 사실이 명백히 드러난다. 그런데 이 두 집단의 효소들은 서로 연관이 없으며 조금 다른 방식으로 작용한다. 이렇게 보면 각 유전자 집단 가운데 분자의 시조始祖가 따로 발생해 번성함으로써 퍼진 것 같다.

단백질 번역 단계에는 처음에는 RNA 분자가 담당했다가 무작위적인 서열 변화가 일어나 유용한 효소들이 암호화되기 시작하면서 점차 단백질로 대체된 단계들이 많다. 이런 단백질은 처음부터 아주 좋은 효소일 필요는 없었고, 대체된 RNA보다 약간 나은 정도면 족했다. 이런 단백질이 들어 있는 작은 방울은 자연선택에서 엄청난 혜택을 입었을 것이다. 그리고 유용한 단백질을 50개에서 100개 정도 지닌 원시세포는 성장과 복제를 거듭해 바다를 채울 수 있었다 (Loomis 1988).

원시세포는 번식해나가면서 원시수프를 고갈시키며 맬서스가 주장한 인구 증가의 한계에 최초로 도달했다. 원시세포는 더 이상은 주위 환경에서 화합물을 얻을 수 없었고 다른 에너지원을 찾아야만 했다. 그래서 태양에 의존해 광합성을 하게 되었다. 지표면 1제곱센티미터당 도달하는 태양에너지는 260킬로칼로리인데, 이는 전기가 방출될 때의 에너지보다 수천 배나 많은 양이다. 원시세포 방울이 할 일은 이 에너지를 활용할 방법을 찾는 것뿐이었다. 빛을 흡수하는 색소는 생물 발생 이전 조건에서 만들어진 원시수프 속에 들어 있었다. 일부 색소는 일종의 화학적인 구조 속에 들어 있는 금속 이온과 결합하는데, 이 화학적인 구조가 빛을 흡수하면 금속 원자에 있는 전자가 들뜬 상태가 되어 다른 분자에 전달될 수 있다. 마그네

숨 이온이 들어 있는 일부 색소가 막에 합쳐지면 원시세포는 양성자를 밖으로 내보내 전위차를 만들 수 있었다. 이 전위차를 이용해 양성자는 어떤 효소를 통과해 다시 막 안쪽으로 되돌아가는데, 이때 모든 세포의 보편적인 화학에너지 통화인 ATP가 만들어진다. 조금 더 발전되고 미묘한 차이도 있지만, 광합성이 일어나는 방식도 이와 비슷하다. 광합성으로 주변에서 에너지를 끌어 모으기 위해 애쓸 필요가 없어진 원시세포는 어디에서나 자연선택에서 아주 유리했을 것이다. 남아프리카의 암석에 화석화된 초기 박테리아를 보면 32억 년 전부터 이미 광합성을 했다는 부인할 수 없는 증거가 나타난다.

대대로 이어오던 어느 순간 RNA는 이중나선 구조라는 좀더 규칙적인 모양을 하고 있는 DNA로 교체되었다. RNA도 여전히 존재하기는 했지만 복제되는 일은 드물었다. 필요한 경우 DNA 가닥에서 새로운 RNA 분자가 전사된 뒤 분해되었다. 그러면 서브유닛이 다시 사용될 수 있었다. 최초로 DNA를 사용한 일부 바이러스들은 아마 초기 세포들이 바이러스 감염을 피하기 위해 구축한 보호 메커니즘에서 벗어나고자 DNA를 이용했을 것이다. 세포들은 서서히 자신의 유전자를 DNA로 복사했고, 그 결과 RNA 복사본과 DNA 복사본을 모두 보유하게 되었다. 그 시점부터는 RNA에 복사된 유전자는 가지고 있을 필요가 없어져 모두 폐기되었다.

진화 기간 내내 DNA는 결실과 복제가 계속되는 역동적인 중합체였다. 같은 유전자가 두 개면 하나는 계속해서 원래의 기능을 수행하고, 나머지 하나는 기능이 약간 바뀌어 미묘하게 다른 단백질을 암호화할 수도 있다. 새로운 유전자가 자연선택에서 이점을 가지고 있을 경우 이 유전자들은 개체군 내에 존속된다. 이런 방식으로 유용한 유전자의 숫자가 증가해 온갖 유용한 기능을 제공하는 유전자가 수백, 수천 가지로 늘어났다. 그리고 우리는 확실하게 그런 세포가 살아 있다고 말한다.

처음 10억 년 동안 지구는 태양 주변 궤도에 남아 있던 파편들의 폭격을 받았다. 그 끔찍한 시간 동안 지구 표면은 반복적으로 뜨겁게 달궈져 거의 생명이 없는 상태였다. 하데스대Hadean eon[지구의 지질 시대를 구분하는 단위 중 하나]가 약 37억 년 전에 끝났고 바다가 고요해졌다. 그로부터 2억 년이 채 지나지 않아 오늘날의 혐기성 광합성 박테리아와 비슷한 형태의 생명이 나타나 번성했다. 세포가 성장하고 유전 정보를 복제하고 똑같은 딸세포로 분열하는 데 필요한 단계를 모두 고려하면, 2억 년은 놀라울 정도로 빠른 시간이다. 생명의 기본 구성 요소들은 이미 널려 있는 상태였고, 문제는 그것들을 한데 연결해주는 것이었다. 지구 표면에서 생성되는 다양한 아미노산과 핵산만 있었던 것이 아니라 우주에서 만들어져 별과 별 사이에 있는 물질, 운석, 혜성에 실려 지구로 전달된 것들도 있었다. 이런 물질들을 무작위적인 순서로 한데 연결하는 반응은 생물 발생 이전의 조건을 만들어주면 실험실에서도 재현이 가능하다. 어려운 부분은 특별한 순서로 배열된 복사본을 얻어내는 것이다. 작은 방울의 개수와 핵산 복제 시 일어나는 근본적인 오류를 고려할 때, 다른 RNA의 복제는 물론 정확한 자가복제를 촉진시킬 수 있는 서열을 만드는 경우의 수로 볼 때 자가 촉매체계는 거의 필연적으로 만들어진다. 자가촉매 체계의 확장을 제한하는 것은 필수 구성 요소의 안정성과 유용성밖에 없다. 따라서 지구처럼 물리적이고 화학적인 특성을 보유한 행성이 있다면 거의 1억 년 안에 생명을 발생시킬 가능성이 높다. 우리는 최초의 살아 있는 세포가 나타나게 된 경로나 그 자세한 내막을 알지 못할 수도 있지만 그렇다고 기적에 호소할 필요도 없다.

산소 혁명

최초의 세포는 오늘날의 혐기성 박테리아와 비슷했다. 당시 대기 중에는 산소가 거의 없었기 때문이다(Knoll 2003). 황철석pyrite, 능철석siderite, 우라니나이트uraninite와 같이 산소에 의해 파괴되는 광물이 처음 20억 년 동안의 지층에 풍부하게 퇴적되어 있는 것을 보면 그런 사실을 알 수 있다. 지층에 존재하는 이런 광물은 당시에 인간이 있었다면 순식간에 질식사했을 것임을 보여주는 증거다. 지구에 있던 산소는 처음에는 모두 물, 규산염, 그 외의 다른 산화물에 붙들려 있었다. 20억 년 동안 모든 세포는 산소가 아예 없거나 희박한 환경에서 광합성을 하고 유기화합물을 발효시키면서 살아갔다. 이런 생활 방식에 필요한 효소를 계속해서 효율적이고도 정확하게 선택하는 과정에서 그 유전자에 암호화된 단백질 사이의 상호작용이 개선되었다. 그리고 혐기성 박테리아는 지구상에서 가장 고도로 진화된 세포가 되었다. 하지만 현재 우리가 호흡하는 대기의 21퍼센트를 차지하는 산소에 노출되자 대부분 죽어버렸다.

광합성은 산소를 방출하고 이산화탄소를 이용해 환원 상태의 유기물을 만드는 데 필요한 에너지를 공급한다. 그러나 박테리아가 죽으면 박테리아의 몸속에 있던 환원 상태의 유기물이 다른 생명체에 의해 산화되므로, 맨 처음 광합성으로 만들어진 산소는 모두 쓰이게 된다. 따라서 결론적으로는 전체 산소의 양에는 전혀 변화가 없다. 게다가 산소는 암석을 풍화시키기 때문에 지구는 공기 중에서 산소를 빨아들이는 거대한 스펀지 역할을 한다. 생명이 나타나고 처음 10억 년 동안은 공기 중의 산소가 일부 지역에서만 축적되었고, 철광석에 녹이 슬고 암석이 풍화되는 과정에서 곧바로 다 쓰였다. 그러다가 약 22억 년 전 엄청난 수의 박테리아가 산화되지 않은 채 해저 진흙 속에 파묻혀버리면서 균형이 깨지기 시작했다. 지각판이 충돌할 때, 수백만 년에 걸쳐 엄청난 넓이의 해저 밑바닥이 다른 지각판에 깔리면서 수 킬로미터 아래로 가라앉았다. 그렇게 해서 해저 진흙 속에 갇힌 모든 유기물은 아주 오랜 시간 동안 산화되지 않은 채 묻혀 있게 되었다. 그리고 몇몇 박테리아는 우리가 늪지 기체라고 부르는 메탄을 다량으로 만들어냈다. 따라서 대기 중에는 메탄 기체의 양이 증가했고, 대기 중의 메탄 기체가 자외선에 분해되면서 수소 기체가 생성되었다. 수소는 산소만 남겨두고 우주 공간으로 빠져나갔다. 이로 인해 지구에는 되돌릴 수 없는 변화가 일었다. 다시는 산소가 없는 상태로 돌아갈 수 없게 된 것이다.

약 22억 년 전 대기 중의 산소량은 약 1퍼센트에 달했고, 꾸준히 상승하기 시작해 현재의 수준인 21퍼센트까지 올라갔다. 이렇게 강한 산화제를 견디지 못한 혐기성 생물들은 산소가 없는 곳을 찾아

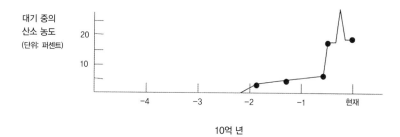

대기 중의
산소 농도
(단위: 퍼센트)

20

10

−4   −3   −2   −1   현재

10억 년

대기 중의 산소 농도. 10억 년 전에는 산소량의 변동이 아주 심했지만, 5억 년 전에 이르자 인간이 생존할 수 있는 정도까지 도달했다.

연못, 호수, 또는 바다 밑바닥에 있는 산소가 없는 진흙 속으로 숨어 들어갔다. 이런 생물들은 사라진 게 아니라 그저 눈에 보이지 않는 것뿐이다. 그중 운이 좋은 몇몇 생물은 산소가 있는 환경에서 살아가는 데 알맞은 체계를 갖게 되었고, 이 체계를 장점으로 활용하기도 했다. 산소를 활용한 물질대사가 발효보다 훨씬 더 효율적이며, 노폐물인 이산화탄소는 배출이 훨씬 쉬웠다. 이런 호기성 박테리아가 지표면으로 올라와 새로운 환경을 조성했다.

약 15억 년 전, 성공적으로 적응한 한 호기성 세균이 혐기성 고세균에게 잡아먹혔다. 숙주인 혐기성 고세균의 몸속에서 살아남은 이 호기성 박테리아는 산소가 점점 증가하는 세상에서 숙주와 자신 모두가 생존하고 번성하는 데 이로운 수단을 제공했다. 시간이 흐르면서 이 호기성 박테리아는 자신의 유전자 대부분을 숙주세포에 전달했다. 이 호기성 박테리아가 오늘날 진핵세포 속에 들어 있는 미토콘드리아가 되었다(Margulis, Sagan 1995). 원시 진핵생물의 자손 가운데 몇몇은 미토콘드리아를 잃었으며 소수는 산소를 견디지 못하게 되었지만, 대부분은 더 커지고 더 나은 것으로 발전했다. 원시 진핵생물은 부모의 유전자를 물려받아 어떤 일정한 생활 방식에 알맞게 진화했을 수 있다. 그랜드캐니언의 7억5000만 년 된 암석에는 꽃병 모양의 화석이 있는데, 모양과 크기가 오늘날의 유각 아메바 Testate amoebae와 똑같다(Knoll 2003). 이 아메바는 식물과 동물이 갈라져 나온 뒤 딕티오스텔리움과 같은 조상에서 비롯되었으므로 우리는 식물계와 동물계가 언제 나타났는지 알 수 있다. 그리고 식물은 광합성을 하는 박테리아를 받아들였다. 시아노 박테리아cyanobacterium라고 하는 이 박테리아는 탄소동화작용을 위한 에너지를 공급하는 광합성 담당 세포소기관인 엽록체가 되고 그 대가로 양분과 보호를 받는 안정적인 연합을 형성했다. 식물은 지구 환경을 바꿔가며 지표면에 퍼져나갔다. 양서류, 파충류, 조류, 그리고 포유류가 그 뒤를 이어 번성했고 지구는 오늘날과 같은 모습을 갖추기 시작했다.

모든 진핵생물이 하나의 조상에서 비롯된 공통된 가계로 연결되었다는 증거는 이것의 유전자에 나타나 있다. 1장에서 언급했듯이 인간, 원숭이, 닭, 실러캔스coelacanth fish, 곤충, 딕티오스텔리움, 효모, 그리고 식물에서 특정 대사 효소를 암호화하는 유전자가 거의 똑같다. 각기 다른 종에 들어 있는 이 효소 아미노산의 배열 순서를 조사해보니 포유류의 효소든 균류의 효소든 절반에 이르는 위치에서 같은 아미노산이 발견되었다. 우연이나 수렴 진화convergent evolu-tion[계통이 다른 생물이 외견상 서로 닮아가는 현상], 그 어떤 것으로도 이 정도의 유사성을 설명하기 힘들다. 오로지 같은 조상에서 비롯된 후손이라는 것만이 이를 설명할 수 있다. 연관성 있는 수천 개의 다른 단백질군을 이용해 유사한 분석을 해본 결과 이 결론은 더욱 확실해졌다(Olsen, Loomis 2005). 우리 모두가 하나의 공통 조상에서 나온 자손이라면 현재 우리가 보는 다양성은 어디서 비롯된 것일까?

대부분의 진핵생물은 다세포 생물로, 우리가 볼 수 있는 분화된 기관을 만들어낸다. 초기에 갈라져 나온 진핵생물인 효모와 일부 조류藻類만이 예외적으로 단세포 생물의 생활 방식을 유지하고 있다. 생물의 다세포화는 식물과 동물이 분기된 뒤 적어도 세 차례에 걸쳐 독립적으로 진화했다. 분열하는 수정란에서 세포들이 떨어지지 않게 하는 메커니즘은 동물과 식물에서 차이가 난다. 딕티오스텔리움은 수십만 개의 세포가 쌓인 덩어리에서 나름대로 독특한 방법을 통해 다세포 자실체를 형성한다. 다세포화에 필요한 유전자는 식물과 동물의 공통 조상이 보유하고 있었고 각자 다른 목적에 사용했던 것뿐이다.

곤충이 척추동물로 가는 계통에서 분기되기 바로 전, HOX라는 조절 유전자가 몇 번 복제되어 다른 유전자 발현을 조절하는 단백질과 밀접한 연관이 있는 일단의 단백질을 만들었다. HOX 유전자는 총괄 조절 유전자master gene의 리더로 간주된다. 중요한 유전자의 다양한 집단에 언제 어느 때 다리의 일부나 체절 구조에서 기능할지를 조절하기 때문이다. HOX 유전자의 기능에 변화가 생기면 다리 개수의 감소 같은 엄청난 결과가 초래된다. 이를테면 바다새우의 다리가 20개에서 우리가 보는 곤충의 다리처럼 6개로 줄어드는 것이다(Ronshaugen & McGinnes, McGinnes 2002). 이런 유전자 가운데 한 가지에 돌연변이가 생기면 새로운 종이 생겨나는 정도가 아니라 아예 새로운 목order이 생겨날 수도 있다. 화석 기록을 보면 수백만 년 동안 형태상으로 전혀 변화가 없던 종이 1만 년 안에 다른 종으로 대체된 경우도 있는데, 지질 시대의 시간 규모로 볼 때 1만 년이라는 시간은 순간이나 다름없다. 이렇게 고전적인 다윈주의 진화론에서는 전혀 예기치 못했던 단속적인 진화punctuated evolution가 일어난 이유는 조절 유전자에 심각한 변화가 있었기 때문이다. 형태상으로 안정되어 있던 오랜 세월 동안 DNA 서열에 점진적인 변화가 있었지만 형태나 크기는 거의 그대로 유지했다. 그러다 DNA에 특별한 변화가 일어나 바뀐 생태 조건에 대한 종의 적응도가 증가했고 그 결과가 화석 기록으로 남았다.

유연관계는 있지만 별개인 종이 형성될 때 배 단계에서 나타나는 명백한 유사성에 현혹되는 경우도 있다. 어떤 곤충의 배에서 머리와 꼬리가 만들어질 때 앞부분에 있는 핵이 꼬리 쪽에 있는 핵과 다르게 프로그램되는데, 그 이유는 조절 단백질이 뒷부분이 아닌 앞부분에 있기 때문이다. 초기 배발생 과정은 곤충마다 똑같은 방식으로 진행되진 않지만, 이 멋진 설명은 모든 곤충에 적용될 것으로 생각된다. 하지만 파리의 앞부분에서 발견되는 단백질은 딱정벌레의 앞부분에서 보이는 것과는 다르다. 그런데 놀랍게도 최종 결과는 거의 같다. 즉 앞부분이 머리가 된다.

척추동물이 공통적으로 물려받는 특징은 발견하기 쉽다. 약 5억 4300만 년 전 캄브리아기가 시작될 때 있던 암석에는 등에 척색脊索이라고 부르는 딱딱한 지지대가 있는 동물의 화석이 잘 보존되어 있다. 신경색神經索[신경세포 및 신경섬유 집합체의 연결]이 척색 바로 위에 자리하고 있는 연결 근육의 말단에서 끝난다. 이런 척색동물에서 특유의 척추를 보유하는 척추동물이 나왔다. 진화가 진행되는 동안 서서히 척추가 척색을 대체해나가는 과정은 척추동물이 초기 배발생을 하는 동안에도 재현된다. 척색은 척추골 사이에 추간椎間이 되고 배측 신경색은 뇌와 척수가 되는 것이다. 이 시기에 모든 척추동물은 머리 뒤에 인두낭咽頭囊, pharyngeal pouch이 발달한다. 어류, 파충류, 조류 그리고 포유류의 배의 생김새가 놀랍도록 흡사한 이유는 바로

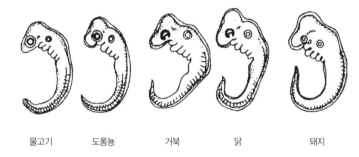

| 물고기 | 도롱뇽 | 거북 | 닭 | 돼지 |

머리 바로 아래 인두낭이 만들어지는 시기의 양서류, 파충류, 조류, 포유류의 배의 형태가 놀랍도록 흡사하다. 인간을 포함해 모든 포유류는 이 시기에 두드러지게 드러나는 꼬리를 갖는다. 에른스트 헤켈의 『생물체의 일반 형태학*Generelle Morphologie der Organismen*』에서 고쳐 그림(베를린: Georg Reiner, 1866).

이 때문이다. 이런 인두낭과 같은 주머니는 물고기에서는 아가미가 되지만 동물 배발생의 나중 단계에서 사라진다.

우연히 HOX 유전자군이 어떤 물고기의 게놈에서 두 번 복제되었는데, 여분의 유전자 복사본이 지느러미가 수족이 되도록 작용했을 것이다. 이 어떤 물고기와 모든 네 발 달린 짐승은 어깨에서 손가락으로, 그리고 엉덩이에서 발가락으로 향하는 모든 사지에 있는 뼈의 배열이 똑같다(Daeschler 외 2006). 화석에 남겨진 증거를 보면 이런 뼈의 배열은 아주 오래전부터 한 번도 바뀐 적이 없음을 알 수 있다. 데본기Devonian period와 석탄기Carboniferous period 동안, 즉 4억 년에서 3억 년 전 사이에 뼈의 배열이 똑같은 다리를 휘저으며, 길이가 4미터에 달하는 어류와 양서류가 바다와 육지를 활보하고 다녔다. 어류와 양서류 모두 알은 물속에 낳아야 했지만 그 점만 빼놓고 이들은 육지의 왕이었다.

석탄기가 끝나갈 무렵 육지가 마르자 양서류 중 어떤 종種이 방수 처리가 되는 알을 낳는 돌연변이를 만들어냈고 실수로 알을 육지에 낳아도 알이 말라버리지 않게 되었다. 그런 알에서 나온 생물은 파충류로 진화했고 거의 2억 년 이상 지구를 지배했다. 양서류는 개울 근처에 숨을 수 있을 정도로 작은 것들만이 살아남았다. 트라이아스기Triassic Period[중생대의 3개 시대 구분의 첫 번째 시대], 쥐라기 그리고 백악기에 해당하는 2억4800만 년 전에서부터 6500만 년 전 사이에 파충류는 수많은 종, 크기가 큰 것과 작은 것, 깃털이 달린 것과 짧은 털이 달린 것들로 분화되었다. 시간이 지나면서 작고 털이 짧은 파충류 하나에서 무작위적 돌연변이가 일어나 어깨뼈와 엉덩이뼈가

발달하는 방식에 변화가 생겼고, 그 결과 다리가 몸통 아래에서 시
작되면서 자세가 좀더 서 있는 모습에 가까워졌다. 이런 종 가운데
하나가 진화해 새끼에게 젖을 먹일 능력을 얻어 포유류를 탄생시켰
다. 포유류도 초기에는 현재 오리너구리처럼 알을 낳았지만 후에 몸
속에서 배胚를 발생시키게 되었다. 1억 년 전부터 태반을 가진 포유
류가 나타나기 시작했으며 공룡이 멸종된 후 널리 퍼지기 시작했다.
지난 6500만 년 동안 포유류는 아드바크aardvark[남아프리카에 사는 개
미핥기의 일종], 아르마딜로armadillo, 박쥐, 비버beaver, 호저porcupine,
그리고 영장목을 만들어냈다.

인류의 진화

　인간이 살아 있는 다른 종보다 더 진화했다고 생각해서는 안 되지
만 본성상 가계도家系圖에 관심을 가진다는 점은 부인하기 힘들다. 우
리 조상은 어떻게 생겼으며, 어디에서 유래했고 무슨 일을 했을까?
지난 25년간 화석과 세계 각국 인구의 게놈 분석으로 이 의문점에
대한 답을 찾을 수 있었다. 여우원숭이나 안경원숭이 같은 초기 영
장목H은 6000만 년 전부터 존재했다. 이 초기 영장목은 손가락과
발가락 끝에 동물의 발톱 대신 사람의 손발톱과 비슷하게 생긴 발톱
이 달렸다는 점에서 성질이 사납고 곤충을 잡아먹는 그들의 조상과
달랐다. 약 3500만 년 전 몇몇 영장목이 살찐 다람쥐 정도 크기의
원숭이로 진화했으며 과일과 견과류를 먹고 살았다. 지난 3000만

년 동안 대서양이 형성되면서 구분된 구세계와 신세계의 원숭이들
은 각각 다르게 진화되어왔다. 구세계(아프리카/유라시아)에서 이 혈
통은 약 2300만 년 전 긴팔원숭이gibbon와 작은 유인원lesser ape을 만
들어냈다. 약 1500만 년 전 오랑우탄이 유인원 혈통에서 갈라져 나
왔고 고릴라가 뒤를 이어 900만 년 전에 분기되었다. 원인原人과 침
팬지가 분기된 것도 불과 500만 년 전의 일이다. 약 400만 년 전 인
류의 먼 조상인 오스트랄로피테쿠스 아파렌시스Australopithecus afaren-
sis가 원숭이 같은 이빨을 가지고 현재 에티오피아 깊숙한 지역에서
살았던 아르디피테쿠스 라미두스Ardipithecus ramidus로부터 진화했다
(White 외 2006).

   루시Lucy[1974년 에티오피아에서 발견된 여자 원인 화석 이름]는 가장
대표적인 A. 아파렌시스 화석이다. 1974년 화석이 된 루시의 골격
이 발견되었는데, 이를 보면 루시가 확실히 직립보행을 했다는 사실
을 알 수 있다. 루시의 다리뼈는 전체 몸무게를 지탱할 수 있었으며
골반도 네 발을 이용해 움직이는 유인원의 골반과 달랐다. 318만 년
전 죽을 당시 루시는 젊은 성인이었다. 키는 106센티미터 정도에 몸
무게는 27킬로그램이었고, 얼굴 모양은 돌출된 원숭이같이 생겼으
며 턱은 사각이었다. 다른 A. 아파렌시스 화석도 300개 이상 발견되
었지만 루시처럼 골격이 완전하게 남아 있는 것은 없었다. 화산재
에 남겨진 360만 년 전의 A. 아파렌시스의 발자국이 여러 개 발견
되었는데, 이 화석으로 볼 때 A. 아파렌시스는 현대인처럼 먼저 발
뒤꿈치에서 시작해 발가락을 밀어올리는 식으로 걸었다는 것을 알
수 있다.

302   생명전쟁

A. 아파렌시스의 화석 기록은 약 300만 년 전에 자취를 감추었지만 새로운 종이 남아프리카와 탄자니아에 출현했다. 오스트랄로피테쿠스 아프리카누스Australopithecus africanus의 화석은 시대가 300~200만 년 전인 암석에서 발견되었다. 이 원인의 뇌는 A. 아파렌시스의 것보다 더 큰 485입방센티미터로 오늘날 원숭이의 뇌보다 크다. 하지만 A. 아프리카누스의 팔은 전형적인 원인의 모습처럼 무릎까지 내려왔다. A. 아프리카누스가 살았던 시대가 끝날 무렵까지 적어도 세 부류 이상의 원인이 출현했다. A. 아프리카누스 화석 3개 중 2개의 안면을 조사해보면 인상적일 정도로 강건하지만, 이들이 호모 사피엔스의 직계 조상은 아닌 것 같다. 이들의 두개골, 광대뼈, 턱, 치아는 튼튼한 근육이 붙을 수 있게 변형되어, 질기고 섬유소가 많은 음식을 쉽게 먹을 수 있도록 발달했다. 이 세 부류의 원인은 약 100만 년 전 기후가 변할 때 멸종한 듯하다.

1964년 메리 리키Mary Leakey와 루이스 리키Louis Leakey가 탄자니아 북부 올두바이Olduvai 협곡에서 A. 아파렌시스 뒤에 출현했던 호모 하빌리스Homo habilis의 화석을 발굴했다. 리키 부부는 다른 원인보다 호모 사피엔스에 훨씬 더 가까운 종을 찾아냈다는 것을 깨달았다. H. 하빌리스는 오스트랄로피테쿠스보다 뇌가 크고 돌로 만든 도구를 만들어 사용하는 기술을 터득했던 것으로 보인다. 올두바이에서는 H. 하빌리스와 비슷하면서도 그만의 특징이 있는 화석도 발견되었으며, 그 이름은 호모 루돌펜시스Homo rudolfensis라고 붙여졌다. 하지만 어떤 종이 호모 사피엔스의 조상인지는 분명하지 않다. 아마 두 가지가 모두 같은 종에서 유래한 변종이라면 서로 짝짓기를 해서

호모 하빌리스 화석은 동아프리카의 올두바이에서 주로 발견됐으며, 오스트랄로피테쿠스보다 진보된 단계의 인류로, 하빌리스는 손재주가 있다는 뜻이다.

독자적으로 생존 가능한 자손을 생산해낼 수 있었을 것이다. H. 하빌리스와 H. 루돌펜시스는 모두 체구가 작고 유인원처럼 긴 팔을 갖고 있었다. 이들의 화석은 동아프리카의 여러 곳에서 석기와 함께 발견되었다. 약 150만 년 전 이 두 종 가운데 하나, 아니면 둘 모두 호모 에렉투스를 생산해냈다. H. 에렉투스의 뇌는 1000입방센티미터로 이전에 나온 원인의 뇌보다 더 컸고, 치아도 우리 인간과 비슷했으며, 키는 160~180센티미터였다. 이 종의 원인 중 몇몇이 아프리카에서 나와 아시아로 퍼져나갔다. 1920년 중국 베이징에서 남서쪽으로 50킬로미터 정도 떨어진 저우커우텐周口店의 동굴에서 40명 분량의 원인 화석이 발견되었고 베이징 원인이라는 이름이 붙여졌다. 이 종은 30만 년 이상을 이 지역에 있는 커다란 동굴에서 공동생활을 했던 것으로 추측된다. 겹겹이 재가 쌓여 있던 흔적이나 까맣게 탄 동물 뼈가 동굴 바닥에 있었던 것으로 미루어 이들이 불을 다루는 기술을 보유했음을 짐작할 수 있다. 이들은 나무를 동굴로 가져와 불을 피워 음식을 익히고, 추위를 피하고, 다른 포식자로부터 자신을 방어했다. 이들이 사라지기 시작한 약 40만 년 전부터는 뼈로 만든 바늘로 옷을 만들어 입는 법을 익히고 동물의 이빨로 목걸이를 만들어 치장을 하기도 했다.

똑같은 숫자의 호모 화석이 인도네시아 자바에서도 발견되었으며, 이들은 자바 원인이라고 명명되었다. 후에 아프리카와 유럽에서 추가로 화석이 발견되자 고인류학자들은 이들 모두가 같은 종인 H. 에렉투스라는 것을 깨달았다. 거의 100만 년 이상 생존했던 것을 보면 확실히 H. 에렉투스는 영리하고 적응을 잘했던 것 같다. 이 원인의 마지막 자손은 인도네시아의 플로레스 섬에서 1만2000년 전까지 생존했던 것으로 추정된다(Morwood 외 2005). 하지만 호모 네안데르탈렌시스Homo neanderthalensis와 호모 사피엔스가 출현한 곳은 다시 아프리카였다. 아프리카에서 발굴된 호모 에렉투스의 화석을 보면 아시아와 유럽에 적응해 살았던 종보다는 현생인류와 비슷한 점이 더 많다. 160만 년 전까지 아프리카 원인들은 손도끼와 큰 돌칼같이 물건을 자르는 커다란 도구를 사용하는 법을 배웠다. 몇몇 고인류학자들은 이들을 호모 에르가스터Homo ergaster라고 부른다. 아프리카에서 문화가 계속해서 발달했고 이따금씩 방랑하며 유럽으로 이동한 집단이 있었지만 유적을 많이 남기진 않았다.

　아프리카를 떠나 중동과 유럽에 성공적으로 퍼져 거주한 최초의 원인은 네안데르탈인Neanderthal이었다. 네안데르탈인의 유적은 스페인과 우즈베키스탄은 물론 이스라엘의 콰체Qafzeh 동굴 부근의 약 20만 년에서 2만5000년쯤 된 것으로 추정되는 곳에서 발견되었다. 이들의 생김새는 현생인류와 흡사하지만, 이마는 경사지고 눈썹은 짙었으며 몸은 넓적하고 땅딸막했다. 앞서 언급한 대로 이들의 뇌는 현생인류의 것과 거의 같은 크기였다. 따라서 이들이 우둔했다고 생각할 이유는 전혀 없다. 이들은 동족이 죽으면 의식을 갖춰 매장을 했고, 필요한 물건을 얻기 위해 물물교환을 했다. 2만5000년 전 호모 사피엔스가 출현하면서 네안데르탈인이 멸종했을 수도 있지만, 다른 이유가 있었을 가능성도 있다. 어쨌든 호모 사피엔스가 아프리카에서 나왔고 그 후 아무것도 이들이 퍼져나가는 것을 막을 수 없었던 듯하다.

현생인류가 남긴 유적 가운데 가장 오래된 것은 아프리카에서 발견되었고 13만 년쯤 된 것으로 추정된다. 오늘날 살고 있는 모든 인류의 조상은 당시 살았던 단 한 사람의 여성으로 추적될 수 있는데, 이 여성을 '미토콘드리아 이브Mitochondrial Eve'라고 한다(Cann, Stoneking, Wilson 1987). 미토콘드리아 이브의 미토콘드리아 DNA에는 자신이 누구인지를 나타내는 표식이 들어 있었고, 이것이 딸에서 손녀에게로 전해졌다. 그런 식으로 계속해서 모계로 내려와 오늘날까지 전해진 것이다. 부계를 따라서는 염색체 DNA가 전달되었지만, 미토콘드리아 DNA는 전해지지 않았다. 이후 5만 년 동안 미토콘드리아 이브의 후손이 아프리카로 퍼져나갔다. 그들은 이브 특유의 미토콘드리아 표지를 물려받았으며 때때로 무해한 돌연변이를 만들어내기도 했다. 현재 아프리카 인구 가운데 이런 돌연변이 형질을 보유하고 있는 사람들이 발견된다. 미토콘드리아 이브가 살았던 시기에는 다른 여성들도 있었지만, 아마 그들에게는 딸이 없었거나 아니면 후손이 모두 남성이었을 때 미토콘드리아 계통이 끊겼을 것이다.

남성의 Y염색체의 서열을 이용해 살아 있는 모든 인간의 부계 혈통 역시 10만 년 전 아프리카에 살았던 한 남자에게서 시작되었다는 것을 알아냈다. 지구상의 모든 다양한 체형과 피부색의 인간이 아프리카에 살던 이 수렵채집인의 후손이다. 조상에게서 받은 표지ances-tral marker가 가장 잘 드러나는 사람들은 남아프리카에 사는 '부시맨Bushmen'으로 알려진 산San족, 중앙아프리카에 사는 피그미족인 비아카Biaka, 그 외 동아프리카의 몇몇 부족이다. 하지만 아랍인, 오스

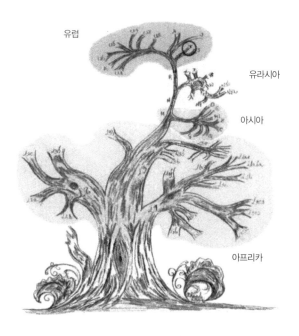

유럽

유라시아

아시아

아프리카

미토콘드리아 이브의 염색체 DNA 전달계통을 나타낸 그림.

트레일리아 원주민, 백인, 중국인, 나아가 알래스카에서부터 티에라
델 푸에고에 사는 아메리카 원주민을 포함해 실험을 한 모든 개체군
에 변형된 모습이 남아 있다.

　오늘날 아프리카 이외의 지역에 사는 다양한 사람의 수많은 미토
콘드리아 염색체를 분석해보면, 조상에게서 받은 이 표지는 아프리
카 대륙 북동부에 살았던 1000명가량의 소집단이 6만여 년 전 페르
시아 만을 따라 중동으로 이주했음을 나타낸다. 이들은 아마 10만
년 전에 먼저 아프리카를 떠나 인구가 줄어들고 있던 네안데르탈인
들과 만났을 수도 있다. 하지만 곧바로 이들이 네안데르탈인을 대체
했다. 이 과정에서 이따금씩 일어난 돌연변이를 따라가보면 이 방랑
자들이 이동한 경로를 확실하게 파악할 수 있다. 미얀마 해안에서
멀리 떨어진 안다만Andaman 섬과 같이 격리된 환경에 살던 몇몇 집
단은 조상에게서 처음 물려받은 표지가 나중에 일어난 변이와 거의
섞이지 않고 유지되었다. 호주 대륙 남쪽 외딴곳에 살고 있는 오스
트레일리아 원주민에게서만 발견되는 유전자 표지도 있다. 놀랍게
도 5만 년 전에 살았던 인간의 화석이 오스트레일리아 남부의 멍고
호수Lake Mungo 가까이에서 발견되었다. 1만 년 내에 이 작은 수렵채
집인 집단이 인도 해안을 따라 퍼져나갔고, 말레이 반도 아래를 거
쳐 인도네시아 섬을 넘어 오스트레일리아에까지 이르렀다.

　그와 동시에 이 가계의 다른 가지는 유럽으로 뻗어나갔다. 그 증
거로 프랑스 남부의 동굴에서 3만6000년 전 제작된 것으로 추정되
는 예술작품이 발견되었다. 그리고 3만 년 전 히말라야의 가장자리
를 따라 중앙아시아를 거쳐 시베리아의 얄루Yalu 강에 도달한 후손

들도 있다. 이들은 해수면이 내려가 시베리아와 알래스카가 육지로
연결될 때까지 약 1만 년간 그곳에 머물렀다. 시베리아의 알타이Altai
지역에 살던 인간은 용케 걸어서 얼어붙은 해안을 따라 내려와 초목
으로 덮힌 북아메리카의 평원에 도착했다. 거기서 그들은 엄청난 들
소 떼와 매머드를 발견해 풍부한 식량 공급원으로 활용할 수 있었
다. 약 1만6000년 전 펜실베이니아 메도우크로프트Meadowcroft 유적
지에 확실한 증거를 남긴 것을 보면 이들은 아주 빠른 속도로 퍼져
나갔음이 틀림없다. 또 다른 사람들은 약 1만4000년 전 중앙아메리
카를 거쳐 남쪽으로 내려가 아마존 강 유역, 안데스 산맥을 지나 칠
레 남부의 몬테 베르데에 도달했다. 약 4만 년 동안 호모 사피엔스
가 세계 곳곳으로 퍼져나간 것이다. 그들이 마지막으로 정착한 곳은
폴리네시아의 섬이었다. 이후 호모 사피엔스는 세계 각지에서 번성
해 현재 세계 인구가 66억 명에까지 이르게 되었다.

우리 조상이 했던 2만 킬로미터 거리의 여행은 빠르게 이동하는
식의 행군은 아니었을 것이다. 세대별로 어떤 시점에 정착민 가운데
일부가 바닷가를 따라 하루 종일 걸어 이동하거나 배를 타고 해안선
을 따라 40킬로미터 정도 노를 저어 갔다면, 그들은 아마 500세대
정도의 시간, 즉 약 1만 년 정도면 아마 지구의 끝에 도달했을 것이
다. 의문스러운 점은 왜 이들이 아프리카를 벗어나 계속해서 이동했
느냐이다. 이들의 친척은 주위 환경도 익숙하고 이웃들이 있는 아프
리카에 남아 있는 것에 만족했다. 방랑을 한 사람들은 아마도 모험
을 즐기는 부족의 후예였을 것이다. 호기심을 유발하는 신경의 토대
가 무엇인지 우리는 잘 모르지만 대부분의 사람이 인간은 호기심이

강한 존재라는 것을 인정한다. 희귀한 돌연변이가 일어나 뇌의 신경
망의 배선이 아주 약간 변형되었고, 이 변이가 6만 년 전 아프리카
의 어느 마을 전체에 퍼졌을 것이다. 이들은 호기심이 충족될 경우
커다란 만족감을 느끼게 되었을 수도 있다. 호기심은 위험스러우면
서도 놀라운 감정이다. 호기심이 없었다면 지금 우리에게는 과학도
없었을 것이고, 인간의 기원에 대한 의문도 품지 않았을 것이다.

그런 식으로 이동하면서 방랑자들은 각기 다른 유전자 구성, 몸
집, 언어, 피부색, 체모 등을 보유한 수백 개의 집단으로 나뉘었다.
아프리카의 유전적 다양성은 세계 모든 지역을 합친 것보다 크다.
가장 초기에 갈라져 나온 인종은 아프리카에 머무르며 습기 없는 고
원, 초목이 풍성한 정글, 타는 듯이 뜨거운 사막에 적응했다. 이집
트, 수단, 에티오피아에 사는 몇몇 종족은 아프리카인이 아닌 사람
들에게 나타나는 조상의 표지를 더 많이 가지고 있지만, 이들은 이
웃 아프리카인들과 똑같고 유럽이나 아시아 사람들에게서는 찾아보
기 힘든 유전자도 보유하고 있다. 아프리카 북동쪽에 사는 사람들은
다른 아프리카인들보다 6만 년 전 아프리카를 벗어나 이동한 사람
들과 가까운 관계다. 기근이나 방랑벽 때문에 사람들은 새로운 장소
로 옮겨갔고 그렇게 오랜 시간에 걸쳐 인구가 섞였다.

초기 이주민들의 습관이나 문화에 대해서는 알려진 것이 거의 하
나도 없다. 그들은 20~40명씩 모여 지냈고 노약자를 보호하며 살았
던 것 같다. 사람이 죽으면 귀중품으로 장식한 다음 의식을 치른 후
매장했다. 가장 중요한 점은 이들이 깊은 동굴 벽에 그림을 남겼다
는 것인데, 이 흥미로운 그림을 보면서 우리는 이들의 삶과 세계관

을 어렴풋이나마 짐작할 수 있다. 그림을 보면 가운데에 사냥한 짐승이 있다. 사냥꾼들에 대해서는 그다지 자세하게 묘사되어 있지 않다. 프랑스 도르도뉴 강 부근 동굴 벽 그림과 스페인 북부 해안의 알타미라 동굴 그림의 형식이 비슷한 것을 보면 똑같은 문화가 2만 5000년 전 남부 유럽으로 흘러 들어갔음을 암시한다. 나는 프랑스 보르도 부근 페세 메를르Peche-Merle 동굴에 가본 적이 있는데, 그곳의 그림과 그로부터 20년 전 알타미라 동굴에서 본 그림이 흡사하다는 것을 알고 적잖이 놀랐었다. 그 그림을 그린 화가들이 같은 미술학교에 다닌 것은 아닐까? 바위벽에 그림을 그렸다는 것, 그림 속 동물의 크기, 색깔뿐 아니라 그림 속 황소, 말, 사슴 윤곽선의 음영이 거의 똑같았다.

　문화 교류는 반드시 침입만으로 일어나지 않는다. 머나먼 곳에 갔던 소수의 모험가들이 새롭고 흥미로운 사고방식을 경험하고 고향으로 돌아와 그것을 동족에게 전달했을 수 있다. 잉카인이나 유럽인이 페루에서 내려오기 수 세기 전에 오세아니아에서 온 항해자들이 길을 잃고 배가 칠레 북부에 도달했을 가능성도 있다는 증거가 남아 있다. 칠레의 아타카마 사막 남쪽의 디아기타Diaguita 마을 부근에서 출토된 도기를 보면 오세아니아에서 출토된 도기의 특색과 놀라울 정도로 흡사하다는 것을 알 수 있다. 우연히 비슷한 형식이 나왔을 수도 있지만, 그 지방에 살던 사람이 멋지다고 생각한 디자인을 따라 해서 나온 결과일 가능성이 크다. 그렇게 바다로 항해를 떠난 사람들의 수는 아주 적었기 때문에 후대에 전할 만한 흔적을 남기지는 못했지만 그들의 예술은 전달되었다.

페세 메를르 동굴 벽화.

지난 몇백 년 동안 우리는 세계 곳곳을 개척하고 탐험했다. 모험가와 여행자들이 여러 가지 기념품과 골동품, 그리고 우리가 '정상'이라고 생각하는 것과는 굉장히 상이한 문화적 전통에 관한 이야기를 가지고 돌아왔다. 가끔 서로 다른 문명이 접촉하며 폭력 사태가 일어나기도 했지만, 대부분은 건강한 호기심을 자극했다. 통신의 발달로 전 세계가 지구촌이 되어 어떤 일이 벌어지는지를 실시간으로 알게 되었다. 우리 모두가 공유하는 역사와 유산을 알면 모두의 발전에 도움이 될 것이다.

지구에서 모두가 계속해서 함께 살아가려면 지난한 노력이 요구된다. 우리 인간은 종으로서 성공했다. 인간은 한계를 이기고 번성했고 지구가 수용할 만한 용량 이상의 한계치까지 개발을 해냈다. 계속해서 생명을 유지해나가기를 원한다면, 점점 줄어가는 자원 사용을 제한하고 환경오염을 막아야 한다. 생명에는 한계치를 넘어 번식하는 것 이상의 의미가 있다. 먼저 생각하고 우리의 행동을 그 생각에 맞추고 다함께 사용하는 공유 재산을 보호하도록 촉구해야 한다. 인류가 직면한 최대의 도전인 생명을 다시 균형잡힌 상태로 돌려놓는 것에 대해서는 마지막 장에서 다루겠다.

9장

소멸할 것인가 생존할 것인가

생물학을 이용한 좀더 나은 생활 | 지구 오염 | 인구 조절

캄보디아의 어느 쓰레기 처리장을 뒤지고 있는 아이 ⓒ 마치이 다코비치

미생물학자인 나는 실험실에서 수없이 많은 박테리아를 플라스크에 배양했다. 처음 시작할 때 숫자는 적지만 매시간 박테리아는 두 배씩 늘어나며 개체수가 계속해서 증가한다. 플라스크에 박테리아가 점점 차오름에 따라 양분은 적어지고 폐기물이 늘어나자 성장은 더뎌지다가 정지한다. 그다음 날이면 박테리아는 모두 죽어버린다. 당신이 실험과학자라면 박테리아에 인격을 부여하지 않는 것이 좋겠지만, 종국에는 똑같은 과정을 거치는 생명체의 운명을 생각하지 않기란 거의 불가능할 것이다. 그 생명체가 말벌이든, 나그네쥐든, 인간이든 예외는 없다. 말벌 개체군은 환경이 수용 가능한 정도 이상으로 늘어나 많은 수가 죽지만, 멀리 날아가 새로운 둥지를 트는 녀석들도 약간은 있다. 나그네쥐는 대단위로 이동하는데 그 와중에 죽는 놈들이 생겨난다. 그렇다면 인간은 어떤 방향으로 가고 있을까?

인간 이외의 생물의 개체군을 연구하다보면 생태계가 수용 가능한 정도를 넘어설 때 급격한 환경 파괴와 함께 극심한 개체군의 붕괴가 일어난다는 사실을 발견하게 된다. 과학자들은 알래스카 근처 베링 해의 작은 섬에서 그런 식으로 번성했다가 붕괴되는 주기의 극적인 사례를 발견한 바 있다. 1944년 29마리의 순록 떼가 가로 6.4킬로미터, 세로 51.5킬로미터 크기의 개방된 모래톱이 있는 세인트 매튜 섬에 유입됐다. 10센티미터쯤 되는 이끼가 넓게 쭉 깔려 있는 세인트 매튜 섬은 순록의 천국이었다. 새와 여우가 약간 있는 것 외에 늑대와 같은 다른 포식자는 없었다. 1957년에는 1400마리의 순록이 그 섬에 살았는데 대부분 살이 찌고 체격이 좋았다. 1963년에는 231아르 크기의 섬에 6000마리의 순록이 들끓었다. 이끼는 심하게 손상되었고 순록들이 지나치게 많이 방목되고 있었다. 한 살쯤 된 새끼가 별로 없었는데, 이는 개체수가 급격하게 줄어들 것을 암시하는 징조였다. 그로부터 3년 후, 세인트 매튜 섬에 남아 있는 순록은 병든 수컷 한 마리와 암컷 41마리뿐이었다. 섬이 수용 가능한 한도를 넘어 순록 떼가 불어나는 바람에 지형이 심각하게 손상돼 복구 불가능한 지경에 이르렀고, 결국 순록 떼는 거의 멸종하다시피 한 것이었다. 우리 인간은 순록보다 통찰력이 깊으므로 어떤 정점에 도달해 균형이 깨지기 전에 인구수를 조절하는 능력을 터득해야 할 것이다.

1994년 조엘 코언은 『지구는 얼마나 많은 인간을 수용할 수 있는가?How Many People Can the Earth Support?』라는 독창적인 감화력을 지닌 책을 펴냈다. 이 책은 제목이 던지는 질문에는 답하지 않지만, 그 질문을 어떤 식으로 받아들이느냐에 따라 달라지는 답을 제시하고 있

세인트 매튜 섬의 순록들. 그러나 지금은 멸종하다시피 했다.

다(Cohen 1994). 지구가 수용할 수 있는 건강하고 행복한 사람들의 최대 숫자와 병들고 굶주린 절박한 사람들의 최대 숫자에는 엄청난 차이가 있다. 지구가 감당할 수 있는 인구의 숫자는 사용 가능한 전체 에너지의 양, 식량의 양, 광합성을 하는 식물의 기초 생산성의 양, 그리고 생태 발자국ecological footprint[인간이 매일 소비하는 자원을 생산하고 배출하는 쓰레기를 처리하기 위해 필요한 토지와 물의 양을 계산한 것]에 근거해 산정된다. 지난 40년간 산정된 추산치는 10억에서 140억이었으며 중간값은 30억에서 40억 명이었다. 대지, 물, 에너지와 같은 지구의 기초 자원은 한정되어 있다. 그리고 인간은 쉴새없이 활동하며 항상 모두가 조화롭게 살지는 못한다. 특히 자원이 한정될 때는 더욱 그렇다. 지구가 수용 가능한 용량을 산정할 때는 전쟁, 기근뿐 아니라 선腺페스트로 인한 인구의 변화도 고려해야 한다. 인구가 어떤 상태에 있어야 안정적이라고 말하는가? 우리는 환경 파괴를 어느 정도까지 받아들일 수 있을까? 지금 우리가 알고 있는 지구, 화석연료가 풍부한 현재의 지구에 대해 이야기하는 것인가? 아니면 그 연료가 다 고갈될 미래의 지구에 대해 말하는 것인가? 자손과 후대의 삶을 걱정하는 대부분의 사람은 지속 가능한 생명에 관심이 많다.

기원후 1600년 당시 전 세계 인구는 5억도 채 되지 않았다. 그러다가 이후 200년 동안 두 배로 증가했고 그다음 세기에 또다시 두 배가 증가했다(Cohen 1994). 다시 100년이 흐른 2000년 현재 세계 인구는 약 60억에 달했다. 그리고 6년 동안 인구는 더욱 증가해 66억 명에 이르렀다. 받아들이는 수용력 산정치에 따라 달라지겠지만

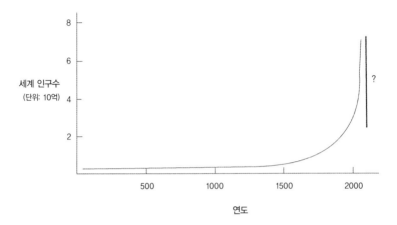

세계 인구수
(단위: 10억)

연도

인구의 폭발과 감소. 16세기까지 전 세계 인구는 일정한 수준을 유지하다가 기하급수적으로 증가하기 시작했다.

현재 인구는 지구가 지탱할 수 있는 최고치를 훨씬 웃돌고 있다. 유감스럽게도 세상의 모든 여성이 아이를 평균 2.1명만 갖기로 합의한다 해도 세계 인구는 최소 80억까지 증가할 것이다. 전 세계 인구 가운데 15세 미만이 18억 명인데, 그들이 앞으로 낳을 자녀의 대부분은 아직 수치에 포함시키지 않은 상태다. 이렇듯 인구 붕괴의 위험은 아주 실제적이다.

국가 간 부富의 불균형이 문제를 더욱 가중시키고 있다. 전 세계 인구의 20퍼센트를 차지하는 선진국 국민들이 세계 자원의 86퍼센트를 소비하고 있는 반면 나머지 인구는 14퍼센트로 삶을 연명하고 있다. 게다가 인구 증가가 일어나는 곳은 대부분 후진국이다. 새롭게 증가하는 인구의 95퍼센트가 최빈국에 살고 있으며, 후진국의 인구 밀도는 선진국보다 두 배나 높다. 이런 점에서 보면 가난한 빈민가에 사는 사람들은 가족을 제한할 것이다. 그들은 아이를 더 낳을 경우 어떤 결과를 초래할지 알고 있으며 후손들이 자신들보다 나은 생활을 하기를 원한다. 가족계획과 임신 조절을 하면 인구 증가율이 급격히 떨어질 것이다. 기술적인 면에서 인구 문제를 개선할 수 있는 방법은 아마 가난한 사람들이 가족계획을 잘하게 돕는 일일 것이다.

생물학을 이용한 좀더 나은 생활

인간이 수렵채집인으로 살 때는 인구 과다나 생태계 손상이 없었다. 수십만 명의 인간이 자연과 조화를 이루며 살았고 남긴 것은 오로지 발자국뿐이었다. 약 1만 년 전 시작된 농업혁명(이로 인해 사람들은 자신이 거주하던 들판 근처에 완전히 정착해서 살 수 있게 되었다)으로 먹을 수 있는 것이 아주 많아졌고, 그로 인해 모든 것이 바뀌었다. 최초의 농민은 아마 씨앗을 모아 오두막 근처에 뿌리는 행위 이상은 하지 않았을 것이다. 그들은 작은 토지의 잡초를 제거하고 때때로 농작물에 물을 줘 수확을 늘렸을 것이다. 그러다가 쟁기와 수레를 발명해 대단위 농업을 할 수 있게 되었고 농작물 생산이 증가했다.

양을 비롯해 여러 종류의 동물을 가축으로 사육하게 된 것도 또 다른 의미에서 농업혁명에 포함된다. 8000여 년 전 페르시아의 산지에서 야생 양을 잡아와 새끼를 얻은 후 그 새끼들을 울타리 안에서 길렀다는 증거가 있다. 온순하고 새끼를 잘 낳는 양을 얻기 위해 선택적으로 교배시켜 언덕에서 풀을 뜯어먹게 하다가 마을로 데려올 수 있었고, 급기야 양모와 우유, 고기 등을 공급해주는 커다란 양 떼를 만들어냈다. 양치기는 숲이나 들판에서 양떼를 돌보는 야생의 삶을 살아야 했지만 그래도 이들의 삶은 수렵채집인의 생활보다는 훨씬 더 문명화된 것이었다. 세상에는 아직도 한 가족 또는 한 부족이 소유하고 있는 가축의 수가 부의 척도가 되는 곳이 있다. 부유한 부족은 아이들을 잘 돌보므로 번성해나갈 수 있다. 여분의 식량 덕분에 몇몇 농민들은 미술이나 공예 같은 일을 할 여유가 생겼고, 그렇게 제작한 것들을 다른 부족과 물물 교환했다. 잉여 식량 덕분에 실제 수용력에 도달할 때까지 기술을 사용하는 사회가 발전했다. 토지가 고갈되었을 때 세력이 약한 부족은 좋은 토지를 차지하지 못하고 쫓겨날 수밖에 없었지만 사회는 계속해서 발전해나갔다.

　새로운 작물 재배법을 이용해 사막에 꽃을 피우고 논에 벼를 채울 수 있을 만큼 관개시설이 점점 더 정교해지면서 농업혁명은 수천 년 동안 계속해서 발전의 길을 걸었다. 대부분의 농민이 여전히 보수적이고 전통적인 방식을 고수하고 있지만 항상 새로운 방법으로 씨를 뿌리고 수확하고, 길러서 보존하고 보살피며, 비료를 주고 물을 공급하려고 시도하는 소수가 있는 법이다. 어떤 농민이 새로운 방법을 시도해 성공하면 주변의 다른 농민들이 금세 그 방식을 따라 한다. 말이나 소를 이용해 쟁기로 밭을 가는 방법은 한때 기막히게 획기적인 아이디어로, 그로 인해 농민들은 훨씬 더 많은 땅을 경작할 수 있었다. 지금은 말이나 황소, 또는 트랙터를 이용해 쟁기질하는 것을 아주 당연하게 여기고, 전보다 적은 숫자의 농민이 많은 사람을 먹일 수 있는 양의 식량을 생산해낼 수 있다.

　노동집약적 농업 덕분에 인구가 급격하게 팽창하는 곳도 있었지만, 역사의 기록을 보면 주기적인 기근이 세계 곳곳에서 일어났고 그로 인해 인구가 줄어들어 인구수는 언제나 적정선을 유지했음을 알 수 있다. 1943년 최악의 식량난으로 기록된 사태가 동인도에서 벌어졌다. 그해 벵골 기근으로 희생된 사망자의 숫자는 400만 명 정도였다. 인도는 내내 이 끔찍한 사태의 악몽에 시달렸고, 다시는 그와 같은 비극이 일어나지 않게 하기 위해 가능한 모든 노력을 기울이고 있다.

　농업 기술이 발달해 식량 생산은 점점 증가했지만 인구 증가율을 따라잡지는 못했다. 20세기 후반에는 새로운 농작물 품종이 도입되면서 대규모 기근은 잠시 멈췄다. 처음으로 농작물 재배가 시행착오를 통한 경험으로 배우는 과정이 아닌 과학에 근거해 이루어지게 되었다. 그레고르 멘델Gregor Mendel이 완두콩을 재배하며 발견한 유전형질에 대한 법칙을 세웠는데 그 법칙이 다른 식물에도 적용된다는 것이 밝혀졌다. 1926년 토머스 헌트 모건Thomas Hunt Morgan은 『유전자설The Theory of Gene』이라는 책을 펴냈다. 이 책에서 모건은 재생산을 하는 모든 생명체에 멘델의 유전법칙이 적용된다는 것을 뒷받침하는 실험 자료를 수록했다. 하지만 '유전자'는 당시까지만 해도 모건의 머릿속에 있는 하나의 가설이었을 뿐이다. 그후 25년 동안 바이러스, 곰팡이, 옥수수, 초파리, 생쥐를 이용한 실험으로 과학자들은 유전자와 염색체가 무엇인지를 확실하게 정의내렸으며 그것들이 어떻게 형질을 조절하는지를 밝혀냈다. 1953년 유전 정보의 화학적 기초가 DNA 이중나선 구조의 염기서열 속에 암호화된다는 것이 밝혀졌다. 작물 재배자들은 처음으로 유전자의 우성과 열성, 혈통, 돌연변이, 균형 잡힌 안정성 등에 대해 논리적으로 생각할 수 있게 되었고, 다양한 종류의 밀, 쌀, 옥수수를 비롯해 작물을 개량하기 위한 대단위 재배 작업에 착수하게 되었다.

녹색혁명으로 재배 기간은 줄이면서 줄기는 바람에 잘 버티고, 추운 기후나 열대 기후에서도 적응을 잘하고 빨리 자라는 다양한 품종으로 밀을 개량할 수 있었다. 캐나다와 시베리아 최북단 평원에서는 봄에 며칠 일찍 발아한 씨앗을 가을에 첫 서리가 내리기 전에 수확할 확률이 훨씬 높다. 이보다 더 따뜻한 기후에서는 새롭게 개발된 품종의 경우 비료를 듬뿍 준 밭에서는 1년에 두 번 수확이 가능하다. 1950년 이후 세계의 밀 수확은 거의 50배나 증가했다.

더 나은 품종의 쌀을 생산하려는 노력도 광범위하게 이루어졌다. 세계 각지의 쌀 품종을 모아 그중에 생산량이 많은 품종을 조사했다. 여러 품종을 서로 교배해서 어떤 계절에든, 어떤 토양에서든 필요한 만큼 수확할 수 있는 품종을 만들어내고자 했다. 1980년까지 인도, 인도네시아 등의 인구가 두드러지게 증가했지만 모두를 먹일 만큼 충분한 양이 생산되었다. 1967년부터 1977년 사이 인도는 고질적인 식량난을 겪던 나라에서 선도적인 농업국가로 거듭났다. 경작 가능한 땅이 증가했고, 거의 매년 두 배의 수확이 이뤄졌으며, 쌀, 밀, 기장, 옥수수 같은 작물은 평균 30퍼센트 이상 수확할 수 있었다. 관개시설을 이용해 건기 중에도 물을 공급하고 밭에 비료를 공급하고 살충제도 뿌렸다. 아주 오랜만에 인도인들은 기근을 면했다.

지난 30년 동안 발생한 기근의 원인은 생산이 아닌 분배 때문이었다. 가뭄과 황폐화로 고통받는 고립 지역으로 곡물을 공급할 때는 배나 비행기를 이용했다. 요즘은 정치적 격변이나 관료주의의 무능함을 제외하고는 심각한 기아가 문젯거리가 되는 경우는 드물다. 지난 30년 동안 세계 식량 공급은 지구상의 모든 사람을 먹일 수 있을 만큼 충분했다. 다만 문제가 되는 것은 가격이었다.

고高수확이 가능한 곡물을 기르려면 비료는 물론 제초제와 살충제도 많이 뿌려야 하는데 이런 식의 작업을 수년간 반복하면 주변 환경이 많이 오염된다. 수확할 수 있는 덥고 건조한 지역에 관개 작업을 오래 하면 물이 증발하면서 천천히 소금이 쌓인다. 물이 너무 많으면 지하로 침투해 지하수면이 올라와 전에 토양과 바위에 저장되어 있던 소금이 녹아서 농작물의 뿌리가 있는 표층까지 스며들어 간다. 건기 동안 증발이 되면 소금은 표면에 남아 농작물이 토양에서 수분을 뽑아내는 능력을 저하시킨다. 어떤 농작물은 특히 소금에 약해 성장과 원기가 저해될 수 있다. 그러면 농작물의 발육은 더뎌질 것이고, 밭은 농작물이 잘 크는 부분과 잘 크지 않는 부분이 섞여 있는 상태가 될 것이다. 지난 10년간 캘리포니아 중앙 계곡의 농경지 가운데 40만 헥타르 이상이 강한 소금기를 머금어 더 이상은 농작물을 심기 어려운 상태가 되어버렸다. 계곡에 계속해서 농작물을 심을 수 있도록 지형을 안정시키는 계획에는 바다로 물을 방출하고 지역 분지 용수의 농도를 조절하는 것 등이 포함된다. 이 정도로 땅을 다시 자연과 균형을 맞춘 상태로 되돌리려면 엄청난 노력이 요구된다. 비료 값을 충당하거나 농업 기계화를 이루려면 상당한 비용이 들기 때문에 농업경제에서 소규모의 영농업자보다는 대단위의 기업농을 선호하게 된다. 그런 이유로 빈농과 부농 사이의 부의 불균형은 한층 더 커지고 있다.

　한편으로는 유전자의 DNA 토대를 더욱 잘 이해할 수 있게 됨에 따라 지난 10년간 농업 생산은 많은 이점을 누렸다. 어떤 유전자를 떼어내 실험실에서 조작해 다시 염색체 안에 끼워넣어 바라던 형질을 가진 유전자 변형GM 작물을 만들어내는 기술이 발전했다. 앞서 3장에서 언급했듯이, Bt 결정을 만들어내도록 단백질을 암호화하는 박테리아 유전자를 이용해 해충과 벌레를 죽일 수 있다. Bt 결정을 만들어내는 작물은 해충방지제를 아주 적게 쓰고도 잘 자라며 조명충나방, 목화다래바구미, 선충류, 그 밖의 해충의 공격에 저항할 수 있다. 이런 작물을 심으면 수확량이 줄어들지 않으면서도 땅에 해충 방지제가 축적되는 것을 막을 수 있다. 또 특정 농작물 바이러스에 저항하도록 유전자를 변형해 생산을 늘릴 수도 있으며, 소금기에 내성이 있어 사막에서도 잘 자라는 작물을 만들어내는 것도 가능하다. 유전자가 동일한 종자를 매년 수많은 들판에 심을 경우 생기는 위험은 이미 널리 알려져 있다. 기후가 비정상적으로 습하거나 건조한 곳에서 단일 경작을 하면 재난에 가까운 실패를 불러올 수 있다. 벌레나 균류에는 강하지만 물이 없으면 죽어버리는 품종이 있다. 또 해충이나 병충해가 그 품종에 적응하고 나면 몇 년 지나지 않아 다 죽어버릴 수도 있다. 그러나 유전자 변형을 한 단일 품종 경작에서 발생하는 수많은 문제는 매년 다른 품종과 이계교배異系交配를 하고 그 지역 농민들이 이용 가능한 변형 품종을 사용하면 피할 수 있다. 그 밖에도 유전자 변형 작물과 관련된 환경 문제도 있지만 문제점을 상쇄시킬 만큼 장점이 더 많다.

현재 미국, 아르헨티나, 캐나다, 브라질, 중국, 남아프리카에서 재배하는 유전자 변형 작물에는 옥수수, 목화, 콩, 카놀라, 호박, 파파야 등이 있다. 농민들과 국가경제에 돌아가는 이익이 더욱 선명하게 드러나기 때문에 매년 유전자 변형 씨앗을 파종하는 농경지가 증가하고 있다. 미국에서는 이제 재배하는 옥수수의 절반, 목화, 콩 등은 거의 유전자 변형 씨앗을 사용하고 있다.

1995년에 나는 시장으로 운반하는 동안 줄기는 숙성시키되 썩지 않도록 유전자를 변형시킨 토마토에 대한 특허 출원의 전문가 입회인으로 일을 한 적이 있었다. 이 토마토를 '플라브르 사브르Flavr

유전자 변형 작물.

Savr'라고 불렀는데 농업 관련 회사인 칼진Calgene에서 토마토가 으깨지게 하는 효소 합성을 막는 상보 서열 RNA를 발현시키도록 유전자 변형을 가했다. 참 좋은 아이디어라는 생각이 들었다. 그래서 나는 이 기술이 작물 재배에서 새로운 기법이며 아주 유용하다고 증언했다. 특허는 허가가 났고 현재는 딸기, 파인애플, 고추, 바나나를 오랜 기간 신선하게 유지하기 위해 그와 비슷한 기법을 사용하고 있다.

음식물에 비타민 A가 결핍된 곳이 있다. 골든 라이스Golden rice는 비타민 A를 많이 함유하도록 유전자 변형을 가해 만들어졌다. 수선화에서 유전자 2개를, 박테리아에서 1개를 쌀의 염색체로 옮겼다. 비타민 A는 시력, 세포 성장과 분화 등 여러 면에서 중요한 역할을 한다. 또한 면역 체계 조절을 도우며 항산화제 역할을 하기도 한다. 1999년에 도입된 후 골든 라이스는 매년 수백만 명의 건강을 개선해왔으며, 수십만 명의 개발도상국 어린이들의 눈이 머는 것을 방지했다. 2005년에는 비타민 A가 20배 더 축적되도록 형질을 개선시켰고 현재는 인도와 필리핀에서도 재배하고 있다(Paine 외 2005). 바로 이것이 분자유전학을 이용해 좀더 나은 삶을 일구는 것이다.

하지만 수많은 나라의 사람들이 이 새로운 유전자 변형 농작물을 믿지 않으며 장기적으로 볼 때는 건강에 좋지 않을 것이라 우려하고 있다. 분자유전학 기술로 유전자를 변형시킨 작물이 자연교배로 만들어낸 작물과 다르다는 증거는 없지만 많은 국가가 유전자 변형 작물을 엄격하게 통제하고 있다. 또 우연히도 원래 심은 밭을 넘어 다른 곳으로 퍼져나가 자생 식물을 만들어내 근접해 있는 밭을 완전히 점유해버릴 위험성도 있다. 그렇게 번져나가는 것을 부분적으로라도 방지하기 위해 유전자 변형 작물은 반드시 중성 씨앗만 만들어내도록 조작해왔다. 다양한 '터미네이터' 기술을 사용해 맨 처음 수확한 씨앗이 다시 새로운 작물을 만들어내지 못하게 만들었다. 처음 수확한 작물에서 얻은 씨앗에는 독소를 만들어내는 유전자가 들어 있다. 이 독소 때문에 두 번째 수확물은 죽는다. 다른 것들은 이 작물을 재배해낸 생물공학 회사에서 화학 처리를 하지 않는 이상 중성이 되는 돌연변이가 일어난다. 그렇게 해서 만들어낸 터미네이터 씨앗은 퍼져나갈 수 없다. 이렇게 하면 유전자 변형 작물이 퍼져나가 허가를 받지 않은 사람들까지 누구나 그 작물을 재배해 생물공학 회사가 개량된 씨앗을 생산해내는 데 든 비용을 회수할 기회가 사라지는 것을 막는 효과도 있다.

곤란한 점이 하나 있는데, 작물을 심을 때마다 새로운 씨앗을 구입해야 한다는 것이다. 다음 해 농사를 위해 씨앗을 따로 남겨 보관해두는 오랜 관습이 터미네이터 씨앗 때문에 깨지면 농민들은 전적으로 생물공학 회사에 의존할 수밖에 없게 된다. 그러면 소규모 영농업자들이 생명공학 시대의 농노로 전락해버릴 것이라는 주장이 제기되어왔다. 1999년 푸드 퍼스트Food First의 아누라다 미탈Anuradha Mittal과 피터 로제트Peter Rosett는 다음과 같은 글을 썼다. "소프트웨어에 특허를 주듯 유전자에 특허를 내주는 것은 제3세계 농민들을 강탈하는 행위다. 제3세계 농민과 그들의 조상이 힘들게 개발해 재배해낸 수많은 작물을 지금은 다국적 생명공학 회사가 아무렇지도 않게 특허를 내 원래 힘들게 연구해온 전통 영농인 사회에 보상도 하지 않고 엄청난 수익을 올리고 있는 상황이다. 남쪽 지방 국가로부터 거저 얻은 유전자원은 특허 출원된 값비싼 필수품이므로 그들에게 다시 돌려줘야 한다." '터미네이터' 기술은 이 '생물공학 해적 행위'를 차단하는 방법 중 한 가지다.

개발도상국가에서 계속해서 항의를 해오자 대규모의 유전자 변형 작물 생산 회사 중 하나인 몬산토Monsanto는 자사가 개발한 터미네이터 씨앗을 시장에 내놓지 않겠다고 말했다. 2006년 50만 명의 인도인이 만모한 싱Manmohan Singh 총리에게 터미네이터 씨앗을 금지시키는 조치를 계속 유지해달라는 청원을 냈다. 또한 유럽연합도 터미네이터 기술의 일시 정지를 지지하는 입장을 다시 한번 천명했다. 정치 문제로 비화되고 있는 유전자 변형 작물에 대한 논란은 한동안 계속될 것이다. 하지만 생명공학 회사들은 어떻게든 굶주리는 사람들을 먹이고 작물에 살충제가 축적되는 것을 줄이는 유전자 변형 작물을 계속해서 만들고 판매할 것이다.

물고기도 주요 식량자원이다. 어업은 수천 년간 삶의 방식으로 이어져왔다. 바다에 있는 무한한 식량자원은 한때는 전혀 줄어들지 않는 듯싶었지만, 지난 50년간 바다에 쳐진 유망流網과 100킬로미터에 달하는 주낙이 사냥감을 찾아 바다를 샅샅이 뒤지고 다녔다. 바다에 떠 있는 거대한 공장 같은 배들은 대양에 남아 있는 물고기란 물고기는 모두 끌어 모아 가공하고 있다. 큰 물고기의 90퍼센트가 사라져버린 지금 수렵채집인으로서 바다에서 포획한 것을 시장에 내놓는 어부의 시대도 머지않아 끝날 것이다. 다랑어, 황새치, 청새치, 대구, 핼리버트[북방 해양산의 큰 넙치], 그 밖의 다른 넙치류도 1950

년대에 생존했던 양의 10분의 1가량 남은 상태이며 크기도 예전의 반 정도도 안 된다. 크기는 더 작고 많이 먹지 않는 물고기는 풍부하지만 그 숫자도 곧 줄어들 것이다. 물고기는 세계 인구 중 약 10억 명에게는 유일한 동물 단백질 공급원으로, 세계 곳곳의 사람들이 매년 9000만 톤의 생선을 소비하고 있다. 잘사는 곳의 가정이나 식당에서는 생선 공급이 부족하다는 것이 확실히 드러나지 않지만 개발 도상국의 작은 어촌 마을에서는 사람들이 굶주려가고 있다.

이제는 더 이상 밖에 나가서 직접 총이나 화살로 사냥해 고기를 식탁에 올리지 않는다는 것을 우리가 알고 있듯, 바다에서 잡은 물고기를 계속해서 식탁에 올리지 못할 것이라는 것도 예상할 수 있다. 현재 사람들이 먹는 물고기의 40퍼센트는 양식을 해서 키운 것이다. 세계 곳곳에 양식 어장을 만들어 물고기를 양식하며 포식자에게 잡아먹히거나 밀렵꾼들이 훔쳐가지 못하게 방지하고 있다. 물고기를 양식하는 기술은 아직까지는 원시적이며, 양식을 하는 지역의 오염을 유발할 뿐 아니라 때로는 물고기가 대량으로 양식장을 빠져나가 해양 오염을 일으키기도 한다. 연어와 같은 육식성 물고기는 1킬로그램을 키울 때마다 빻은 치어稚魚를 2~3킬로그램씩 먹여야 하며, 배출해내는 배설물도 아주 많다. 반면 틸라피아tilapia[아프리카 동남부 원산의 양식어]는 조류와 바다 속에서 나는 식물을 먹는다. 따뜻한 물에 사는 이 물고기는 수천 년 동안 중동 지방에서 양식되었으며 나일 농어나 성 베드로 물고기Saint Peter's fish로 알려져 있다. 이 물고기는 튼실하고 맛도 좋다. 민물이나 소금기 있는 물에서 빨리 자라는데, 양식하며 나온 폐기물은 가까운 채소밭에 거름으로 사용할 수 있다. 이 물고기가 사람들의 주요 식량 공급원이 될 수 있을 것이다.

농작물, 물고기, 가축을 잘 돌봐 식량으로 공급하는 일은 값싼 에너지, 주로 화석연료로 만들어내는 에너지 사용에 달려 있다. 관개 시설을 이용해 어장에 물을 채우는 일, 키워낸 농작물이나 비료를 운반하고 시장에 내다 파는 일 등 모든 일에 화석연료가 쓰인다. 하지만 쉽게 찾아 사용할 수 있는 화석연료는 이제 바닥을 보이고 있는 실정이며 가스도 얼마 안 있으면 도저히 쓸 수 없을 정도로 비싸질 것이다. 선진국이나 개발도상국 모두의 삶의 기준과 방식을 유지하기 위해 지속적으로 사용할 수 있는 에너지 자원이 필요하다.

에너지 위기를 해결하는 방법 중 한 가지는 사탕수수에서 에탄올을 생산하는 방법을 개선해 자동차나 혹은 이 연료를 사용할 만한 작은 엔진을 개발하는 것이다. 더 이상 석유를 쓸 수 없게 되면 아마 우리는 에탄올에 의지하게 될 것이다. 사탕수수 대는 태양이 뜨겁고 습한 들판에서는 4미터까지 자란다. 사탕수수에 들어 있는 자당蔗糖, sucrose의 함량은 그 어떤 식물이 함유하고 있는 것보다 높으며, 분자 유전학 기술을 도입해 그 함량을 더욱 높일 수 있다. 사탕수수의 당밀은 발효되어 에탄올이 되는데 이를 증류시켜 펌프로 보낸다. 그 폐기물을 태워 만들어낸 증기로 에탄올을 생산하는 공장을 가동시키는 터빈은 필요한 모든 에너지를 만든다. 에탄올 생산을 선도하는 브라질에서는 새로 생산되는 자동차의 90퍼센트가 에탄올과 석유를 섞은 연료를 사용한다. 유전자 변형을 가한 사탕수수는 사탕수수 모자이크 바이러스에 저항력이 있으며 에이커당 훨씬 많은 자당을 함유하고 있다. 또한 더욱 강한 유전자를 변형시킨 형질을 개발하고 있는 중이다. 밭에 있는 상태에서 자당을 상업적으로 가치 있는 다른 설탕이나 천연당의 일종인 이소말툴로스isomaltulose로 변환시키는 박테리아성 유전자를 발현시키는 데에도 사탕수수를 사용해왔다. 가스가 완전히 고갈될 날에 대비해 사탕수수에서 에탄올을 생산하는 전반적인 체계를 개선하는 데도 분자유전학이 도입되기 시작했다.

바이오디젤biodiesel은 전망이 더 좋다. 나무토막, 잡초, 지푸라기, 쓰레기 또는 하수 찌꺼기를 이용해 에너지 효율이 높은 바이오디젤을 만들어낼 수 있다. 원료가 농업을 하기에 적합하지 않은 땅에서 생산될 경우에는 식량 공급이라는 면에서는 거의 아무런 효과가 없을 것이다. 목초지에서 나는 풀이나 길가의 잡초를 이용해 교통수단에 사용할 연료를 생산할 수 있을 것이다. 현재는 섬유소를 빨리 분해하는 데 드는 비용이 비싸 바이오디젤 연료를 만드는 것이 채산성이 없지만, 바이오디젤을 만들어내는 산업 규모의 공정에 맞는 효소 생산이 현재 진행 중에 있다. 섬유소로 만드는 바이오디젤을 널리 이용하면 화석연료에 의존하는 정도를 크게 줄일 수 있을 것이다.

지구 오염

산림 벌채와 함께 석유, 천연가스, 석탄을 태우면서 매년 77억 톤의 이산화탄소가 대기로 방출되고 있다. 이는 매년 광합성의 산물이 썩거나 소화되어 대기로 나와 자연적으로 순환되는 양의 3퍼센트를 차지할 뿐이지만, 생태계가 급격하게 바뀌지 않는 한 없어지지 않고 궁극적으로 지구에 분출되는 양이다. 현재 이산화탄소의 수치는 0.04퍼센트로, 지난 65만 년을 통틀어 가장 높고 매년 증가하고 있는 추세다. 이 가운데 어느 정도가 인간활동에 의해서 만들어지는지는 확실치 않지만, 대부분이 지난 200년 동안 인구가 여섯 배 증가하면서 넓은 지역의 숲을 없애 농경지로 만들고 화석연료를 많이 사용해서 비롯된 결과다. 산업혁명 이전의 이산화탄소 수치는 0.03퍼센트였다. 이산화탄소가 온실가스가 아니라면 그렇게 증가했다고 걱정할 이유는 없었을 것이다. 메탄, 아산화질소와 함께 이산화탄소는 열을 가둬두는 온실의 창문같이 지구가 반사하는 열을 흡수한다.

그리고 지구의 온도는 점점 높아지고 있다. 지난 몇 년간 지구의 평균 표면 온도는 매년 최고치를 갱신하고 있다. 200년 전 온도계를 발명해 온도를 측정하기 시작한 이래로 가장 높은 수치였다. 알프스, 로키산맥, 그린란드, 킬리만자로에서는 유례없는 속도로 빙하가 녹아내리고 있다. 그린란드와 남극 빙하의 엄청난 부분이 녹아 바다로 흘러 들어 해수면이 몇 미터는 상승할 것이라는 우려가 제기되고 있다. 물이 데워져 팽창하면 그때도 역시 해수면이 상승한다. 2000년 동안 비교적 안정적이었던 평균 해수면이 지난 세기에 20센티미터가 상승했고, 다음 세기에 1미터나 혹은 그 이상 상승할 것으로 예상되고 있다. 바닷가에 있는 집을 사기에는 적기가 아닌 것이다.

대도시 가운데 몇 군데가 홍수에 잠길 것이고 나라 전체가 물속으로 가라앉아버릴 수도 있다. 인도양에 있는 몰디브의 경우 가장 높은 지점이 현재 해수면보다 겨우 3미터 정도가 높을 뿐이다. 따라서 이 섬에 사는 주민 35만 명은 곧 그곳을 떠나야 할지도 모른다. 해수면 상승에 대해 우리가 뭔가 대처할 수 있는 일이 있는지는 확실하지 않다.

인간이 영향을 미치기 훨씬 전에도 지구의 기후는 심한 변화를 겪었던 때가 있다. 몇백만 년마다 빙하가 극지방에서 전진해나와 대륙의 많은 부분을 덮어버렸다. 6억 년 전에는 지구 전체가 얼어 있어 눈으로 만든 공 같은 형국이었다(Olcott 외 2005; Kopp 외 2005). 이런 빙하시대가 수백만 년 동안 지속되다가 빙하가 다시 후퇴했다. 반면 온도는 5500만 년 전 해저에서 온실가스인 이산화탄소와 메탄이 대량 방출되는 바람에 훌쩍 올라갔다. 이 기간 동안은 악어가 북아메리카 대륙의 최북단 지점인 엘스미어Ellesmere 섬에 살았다. 몇천 년 동안 온실가스가 대단위로 방출되자 열대지방은 거의 구워질 정도로 뜨거워지며 지구 표면의 온도는 10도나 상승했다. 지난 100만 년 동안은 지구가 차가운 시기였고, 빙하는 주기적으로 전진하고 후퇴하는 일을 반복했다. 가장 최근의 빙하시대는 2만 년 전에 극에 달했고 8000여 년 전에 끝났다. 우리는 현재 간빙기인 따뜻한 시대에 살고 있는데, 이 시기는 빙하가 다시 전진하기 시작할 3만 년 후에 끝날 것으로 예상되고 있다. 하지만 그것은 아주 먼 미래의 일이므로 이에 대해 지금 걱정할 필요는 없다.

한편 현재 기후가 따뜻해지고 있고 우리 시대에도 기후에 중요한 변화가 있을 것이 확실해 보인다. 인도의 경우 장마에 의존하는 집약농업은 실패하거나 다른 길을 가게 될 것이다. 북쪽 끝 지방은 작물을 재배하는 계절이 길어지고 적도 부근에는 사막이 확대될 것이다. 나비의 이동, 제트 기류, 수류水流 등 기후와 연관된 것들이 아주 많으며, 강력한 변화와 그에 저항하는 힘 등 여러 변수가 있지만 무슨 일이 일어날지를 예측하기란 거의 불가능하다. 따라서 온실가스 축적을 줄이고 그와 비슷한 노력을 기울이는 것이 이치에 맞으며 현재 그것을 위한 작업이 진행되고 있다. 하지만 이미 너무 늦었을 수도 있다. 그 이유는 행성 단위의 변화를 알아보는 데 지연되는 시간이 길기 때문이다. 현재 우리가 알 수 있는 것은 50년 전에 일어난 변화이며 지금의 변화상을 알려면 앞으로 50년 뒤에나 가능하다.

한편에서는 화석연료 사용을 줄이기 위해 태양에너지, 풍력에너지, 핵에너지를 사용하도록 권장하고 있다. 이런 에너지는 전기를 만들어내기 때문에 대기에 이산화탄소를 뿜어내지는 않지만, 이 에너지를 만드는 시설을 건설하는 데 초기 비용이 들어가는 탓에 쉽게 엄두를 못 내고 있다. 거대한 풍차를 만드는 데도 엄청난 에너지가 들며, 수력발전소를 돌리기 위해 댐을 만드는 데는 그보다 더 많은 에너지가 소요된다. 그리고 그 모든 에너지는 화석연료를 사용해서 만들어낸 것이다. 또 핵발전소 역시 건설하는 데 비용이 많이 들고, 거기에서 나오는 방사능 폐기물은 가까이 둬도 안전해지기까지 몇천 년 동안 따로 보관해야 하는 불편한 점이 있다. 우리는 그것을 어떻게 처리해야 할지 모르며 산에 묻어두고 그저 아무 일이 없기만을 바란다. 전 세계에서 필요할 때마다 핵에너지를 쓴다면 엄청난 핵폐기물을 후손들에게 남기고 그들은 그것 때문에 걱정에서 헤어날 수 없을 것이다. 절대 쉽게 해결되지 않을 문제다.

2005년 말 유엔 정기 총회는 '생명을 위한 물 행동 10년Water for

Life Decade'을 선언했다. 현재 세계 인구의 40퍼센트를 차지하는 26억 명이 깨끗한 물을 마시지 못하고 있으며 기본적인 위생시설도 불량한 상태다. 그 결과 수천 명의 어린이들이 매일 설사나 콜레라를 비롯한 위생 관련 질병으로 죽어가고 있다. 많은 어린 소녀들이 멀리 있는 우물에서 물을 길어다 마을로 운반하느라 공부할 틈을 내지 못하고 있다. 유엔의 새천년 개발계획The Millennium Developmental Goal은 2015년까지 깨끗한 물과 기본 위생시설의 혜택을 지속적으로 받지 못하는 사람들의 비율을 반으로 줄이는 것을 목표로 하고 있다. 수십억 명이 식수를 마실 수 있게 하는 근간 시설을 건설하는 일은 아마 10년 정도면 끝낼 수 있겠지만, 이를 이루기 위해서는 그 어느 때보다 부유한 선진국들의 결심과 재정적 지원이 필요하다. 그리고 세상에는 모든 필요를 채울 만큼 충분한 물을 공급받지 못하는 곳도 있다. 주기적인 가뭄과 인구 성장이 물 부족 현상을 야기했다. 뭔가 조치를 취하지 않을 경우 2025년이면 세계 인구의 3분의 2가 물 부족 현상으로 인해 스트레스를 받게 될 것이다. 가난한 사람들은 대부분 건강보다는 먹을 것을 먼저 선택하므로 위생과 관개 사업 사이의 균형을 잡을 필요가 있다. 많은 것이 급속하게 변하는 시대에 물을 둘러싼 여러 상반되는 이해관계 사이에서 어떻게 균형을 맞출 수 있을까?

1980년대에 유엔은 '위생에 대한 10년 계획Sanitation Decade'을 선언하며 여성이 겪는 수난을 강조했지만 이렇다 할 진전을 보이지는 못했다. 그 목표는 여성들이 물과 위생시설을 관리하도록 하는 것이었다. 하지만 여성들은 여전히 물을 길어오고 저장하는 역할만 했지

이를 관리하는 지위를 얻지 못했다. 남녀 화장실이 분리되어 있지 않고 손을 씻는 시설도 없는 초등학교가 아프리카와 아시아에는 아주 많다. 개인 사생활을 보장받지 못하는 상황에 놓인 소녀들은 학교를 그만두는 경우가 많다. 새로 생긴 거대 도시의 하수도가 없는 지역의 경우, 길을 따라 하수도를 놓는 것을 거부하는 곳이 있다. 하지만 도시인들과 하수를 강으로 흘려보내는 하수도 시설을 연결해 놓을 경우 하류 쪽에는 재앙에 가까운 사태가 벌어질 수 있다. 게다가 수세식 하수 시스템은 물을 많이 쓰며 설치하는 비용도 비싸다. 또한 오수汚水에서 나오는 양분을 농지에 공급하지도 못한다. 그런 까닭에 생태 위생Ecological Sanitation(일명 에코산Ecosan)이라고 부르는 대안을 세웠다. 이는 빈민가에서 나오는 배설물을 모아 병원성 유기체를 없앤 다음 밭에 주는 거름으로 쓰는 계획이다. 여기서 배설물을 합성하는 일은 오염물 처리 과정이라기보다는 농업활동이라고 보는 것이 맞다. 이렇게 하면 필요한 양분을 재생하고 병균이 퍼지는 것도 방지할 수 있다. 일본 화장실협회는 소변, 배설물, 오수를 모아 썩혀서 거름을 만드는 체계를 세웠다. 심지어 하수 찌꺼기를 발효시켜 난방용 메탄을 생산해내기도 한다. 하지만 그런 화장실을 설치하려면 어마어마하게 많은 돈이 든다.

거대 도시들은 또 낡은 옷, 플라스틱 병, 각종 깡통, 깨진 유리조각, 폐차와 타이어, 화학물질을 함유한 강철 드럼, 전선, 그 밖의 쓰레기 등 엄청난 양의 자연 분해가 불가능한 폐품을 양산해낸다. 거대 도시가 점점 더 커지면서 그런 폐품들도 어느 때보다 빠른 속도로 쌓여갈 것이다. 쓰레기 처리장은 오염된 폐수를 흘려보내고 파리와 쥐가 들끓는 도심의 쓰레기 산으로 변할 것이며, 결국에는 묵인할 수 없는 상태에 도달하게 될 것이다. 우리는 우리가 버린 쓰레기에 빠져 죽을 위험에 처해 있다.

인구 조절

우리는 상당히 심각한 문제에 직면해 있다. 세계 66억의 인구가 먹을 양식과 물이 부족한 상태이며, 폐기물은 점점 쌓여만 가고 있다. 인간은 해수면 상승을 야기하고 특정 계절은 길어지는 등의 지구온난화를 부채질하고 있다. 화석연료와 금속 광물은 떨어져가고 있으며(Gordon, Betram, Graedel 2006) 황야는 거의 남아 있지 않다.

이 모든 문제에 대한 해결책으로 내가 생각하는 것은 모든 것이 균형 잡힌 상태였던 때인 100년 전으로 돌아가 인구를 그때 수준으로 맞추는 것이다. 그러면 너무 많은 사람들이 도시로 몰리는 현상, 언덕의 황폐화, 계곡 오염, 과다한 어획이나 과다 방목 문제가 해결되고 대기로 배출되는 이산화탄소의 양도 줄일 수 있을 것이다. 줄어드는 자원을 둘러싸고 가중되는 국제적인 긴장도 잦아들 것이며, 지구에서 함께 살아남기 위해서는 서로 협력해야 한다는 것을 확실히 깨닫게 될 것이다. 그래서 우리가 누릴 때보다 더 나은 상태로 지구를 후손들에게 물려줄 수 있을 것이다.

지구가 60억 명 이상은 부양하지 못하며 재난을 막으려면 출산율을 낮춰야 한다는 것을 어떻게든 세상 사람들이 알고 받아들이게 해야 한다. 수년 동안 나는 이미 지구가 수용 가능한 정도를 훨씬 넘어 섰으며 기아, 질병 또는 전쟁으로 인해 사람들이 대량으로 사망하게 될 것이라고 확신해왔다. 신뢰와 협력이 줄어들고 있으므로 갑작스러운 통상 단절로 기근이 발생해 수십억 명이 그 영향을 받을 것이고, 그로 인해 핵전쟁이 발발해 지구의 많은 부분이 방사능 폐기물의 온상이 되어버릴 수도 있다. 지구 인구를 60억에서 20억으로 줄이는 것은 고통스럽고 어려운 일이지만 그래도 다른 방법보다 낫다. 최악의 상황 중 하나는 자원이 고갈되어 혼돈에 빠지고 무정부 상태, 즉 수십억 명이 기아와 질병으로 죽는 상황까지 가게 그냥 내버려두는 것이다.

사람들이 자발적으로 아이 낳는 것을 제한하는 것이 아마 인구를 줄이는 가장 인간적인 방법일 것이다. 지난 30년 동안 유럽, 일본, 북미의 전체 출산율이 급격하게 저하되었으며 현재는 인구 보충 수준[총인구를 유지하기 위한 출생률]인 2.1명보다 낮은 상태다. 유감스럽게도 현재의 각국 정부들은 이를 환영하면서 더욱 권장하는 게 아니라 우려할 만한 사태로 보고 있다. 정부가 이런 상황을 재난으로 보는 이유는 돈을 벌어들일 수 있는 연령대의 사람 수가 줄어들면 점점 늘어나는 은퇴 인구를 부양하기가 어려워지기 때문이다. 그런 까닭에 많은 정부가 '자녀 수당'이나 무료 보육 시설을 제공하는 등 적극적으로 국민들을 설득해 아이를 낳도록 유도하고 있다. 오랫동안 국가의 경제 정책은 성장에 초점이 맞춰져왔고 새로운 현실을 받아들이고 싶어하지 않으며, 그에 적응하지 못하는 사회가 많다. 하지만 더 큰 그림을 볼 줄 알아야 하고 인구 감축은 반드시 필요한 일이라는 것을 받아들여야 한다. 한편 아프리카, 근동[아라비아, 북동 아프리카, 발칸을 포함하는 지방], 인도 아대 대륙의 평균 가족 구성을 보면 여전히 자녀가 3명 이상이다. 어떤 지역은 6명 이상인 곳도 있다. 이 지역들이 가장 가난하기는 하지만 인구가 계속해서 증가하며 세계 인구 증가에 일조하고 있다. 새로운 생명이 한 명 태어날 때마다 먹일 입이 하나 늘어나는 것이며, 소비하는 사람이 하나 더 증가하고 지구가 짊어져야 할 짐이 더 늘어난다는 것을 이 지역 국가의 정부들은 받아들여야 한다. 그들 국가의 열망을 부분적으로나마 이루고 싶다면 세계의 인구는 급속히 줄어들어야 한다.

'둘도 많다, 자녀는 하나로!'라는 인구 정책을 전 세계적 기치로 내걸면 10년 내에 세계 인구 성장을 억제할 수 있을 것이며, 지구가 지는 부담도 몇 세대에 걸쳐 서서히 줄어들 것이다. 그러는 동안 젊은 성인의 인구가 급격하게 줄어드는 것은 모든 사회에 심각한 충격이 될 것이다. 부양하고 먹일 입은 적어지지만 마을이나 도시가 줄어들고 아예 없어지는 곳도 생길 것이다. 아이를 돌보는 일에서 해방돼 일자리를 얻게 될 여성이 많아질 것이며, 오랫동안 그들을 무시했던 사회가 이들에게 호소하는 소리를 듣게 될 것이다. 노인들은 더 오래 일을 하게 되며 그러는 한편 기대치는 낮출 것이다. 거의 모든 사람이 이 해결책을 거부하고 자연이 돌아가는 순리대로 돌아가게 내버려둘 것이라는 말을 나는 자주 들어왔다. 하지만 더 많은 사람들이 실상을 알게 된다면, 분명 선택할 다른 대안이 없다는 것을 받아들이게 될 것이다. 이 위기를 극복하려면 지난 수천 년 동안의 가치나 목표를 잊어버려야 하는데 그 작업이 쉽지 않을 것이다. 이

는 전 인류가 처한 문제이므로 해결책에 찬성하지 않는 나라는 설득
이나 보상으로, 또는 필요한 경우에는 제재 조치를 가해 참여하게
해야 한다.

세계 최대의 민주주의 국가인 인도의 인구는 11억이다. 1960년
초에는 인구가 현재의 절반 수준이었는데, 당시 인도 정부는 인구가
증가하면 경제적 이득을 본다 해도 그다지 효과가 없으므로 특단의
조치를 내려 출산율을 낮춰야 한다는 것을 깨달았다. 하지만 정부
관계 당국은 여성을 교육시키고 콘돔과 같은 출산 조절 도구를 공급
하기보다는 불임 수술을 권장했다. 마을 사람들이 이웃에게 정관 수
술을 하도록 설득해 성공할 경우 TV를 받았다. 그리고 1976년에는
비상조치를 통해 빈민지역에 강제 불임 수술을 실시했다. 불임을 했
다는 것을 증명한 사람들에게만 정부 대출금과 일자리가 주어졌다.
당연한 귀결이지만 인도인들이 이 정책을 편안하게 받아들이지 않
았고 그다음 해 투표에서 인디라 간디 수상을 실각시켰다. 결국 인
도 정부는 그후 20년 동안 인구조절 정책을 포기했고 인구는 매년 2
퍼센트씩 증가했다. 오늘날 인도는 1인당 대지가 0.1헥타르 미만이
고 도시는 사람들로 들끓는다. 2050년이면 인도는 중국을 앞질러
세계에서 인구가 가장 많은 나라가 될 것이다. 가혹한 인구 정책은
민주주의 국가에서는 효과가 전혀 없는 것이 확실하다.

그러나 중국의 경우는 정부에서 실시한 정책이 상당한 효과를 거
뒀다. 인구 증가가 발전에 걸림돌이 된다고 판단한 중국 정부는
1956년 산아제한을 위한 강력한 정치 선전을 시작했다. 그러다가
대약진운동과 문화혁명 기간에는 잠시 중단되었다. 대약진운동과

문화혁명은 다른 분야에는 많은 영향을 미쳤지만 산아제한에는 효과가 없었다. 1972년 중국 정부는 산아제한 활동을 감독하는 위원회를 구성했다. 의료 보조원들이 주민들에게 피임 기구를 배포하고 돌아다니며 농민들에게 자녀를 세 명이나 네 명만 갖도록 설득했다. 1979년 정부는 소수민족의 경우는 자녀를 두 명 혹은 세 명까지는 낳는 것을 허용했지만, 농촌은 물론 도시 거주민 모두에게 하나만 낳도록 강력하게 권장했다. 자녀를 하나만 갖는 부부에게는 현금 보너스, 출산 휴가, 육아, 주택 선택에 우선권을 주는 등 특혜를 부여했다. 이런 특혜를 누리는 조건으로 그런 부부는 반드시 더 이상은 자녀를 갖지 않겠다는 서약을 해야 했다. 당의 중간 간부들이 자신이 관리하도록 할당된 가정을 방문해 어떤 피임 방법을 사용하고 있으며 임신했는지의 여부를 확인했다. 젊은이들은 결혼을 연기하라고 설득당했고 허가받지 않고 임신한 경우는 낙태하라는 압력을 받았다. 자녀가 하나 이상인 커플은 불임 시술을 받으라는 간곡한 권고를 받았다.

자녀 하나 갖기 정책은 농촌지역에서보다는 도시에서 더욱 효과가 있었는데, 도시 거주자들은 퇴직연금을 받으며 노년에 자녀에게 그다지 의존하지 않았기 때문이다. 중국의 인구 통계는 출산이 줄어드는 바람에 변했다. 현재 동일 연령 집단 가운데 가장 커다란 집단은 25~30세이며, 인구의 15퍼센트가 60세 이상이다. 많은 사람이 자녀 하나 갖기 정책으로 형제자매가 없게 된 아이들은 부모의 모든 관심을 받는 바람에 버릇없는 아이가 돼버렸다고 말한다. 하지만 국가적 특징의 변화에 대해 객관적인 분석이 나온 것은 없다.

이렇게 강력하고 거의 강제적이다시피 한 조치로 인해 중국의 인구 증가율은 낮아졌다. 2030년에는 15억 명에서 정점을 찍고 그 이후 줄어들 것으로 예상되고 있다. 이는 사회정치적·환경적 조건이 같고 부자와 가난한 사람 사이의 커가는 간극에서 기인된 사회적 불안정이 그들이 원래 가야 할 방향에서 많이 벗어나게 하지는 않았음을 시사한다.

수많은 이슬람 국가와 아프리카 대륙의 국가들은 인구 조절에 대해 회의적인 견해를 보이고 있다. 그들은 산아제한에 공을 들이는 것이 제국주의적 착취의 연장이라고 보며, 인구가 적은 것보다는 많은 것이 존경을 받고 국가의 위상을 높이는 길이라고 생각한다. 이들 국가는 만성적인 식량 부족은 기술적으로 극복할 길만 찾으면 곧 해소될 일시적인 문제라고 생각한다. 하지만 가시적으로 나타나고 있는 것은 아무것도 없다. 파키스탄의 현재 인구는 1억6500만 명으로 50년 내에 두 배로 증가할 것으로 예상하고 있다. 파키스탄은 국토의 대부분이 사막인 덥고 건조한 나라다. 마실 수 있는 물은 이미 부족한 상태이고, 같은 우물을 사용하는 사람이 두 배로 증가할 때 문제는 더욱 가중될 것이다. 서아프리카의 문제는 물 부족 현상만이 아니다. 이 지역은 민족 분쟁, 질병, 부패가 전염병처럼 만연해 있다. 나이지리아는 국토는 파키스탄보다 약간 크며 인구는 거의 같다. 50년 후 나이지리아의 인구는 현재의 두 배가 될 것이며 2050년에는 3억4000만 명에 이를 것이다. 석유가 풍부한 나이지리아는 최근의 원유 가격 상승으로 이득을 봐왔지만 자급 농업이 인구 성장을 따라잡지 못하고 있다. 전에는 많은 농작물을 수출하는 나라였던 나이지리아가 지금은 석유를 팔아 번 돈으로 식량을 수입하고 있다. 금세기 말 석유가 고갈되면 이 나라에는 무슨 일이 벌어질까?

가족계획으로 세계 인구를 줄일 수 있다면 반드시 모두가 인구 감축을 위해 노력해야 할 것이다. 일반인들의 생각, 특히 제3세계의 개발이 지체된 국가의 여론에 급진적인 변화가 일어나야 한다. 이미 지구가 수용 가능한 정도를 훨씬 상회하고 있는 상황임을 사람들이 곧 깨닫게 될 것이다. 우리는 이미 적자 인생을 살고 있으며 파산할 날이 머지않았다. 먼저 지식이 풍부하고 교육받은 지도자들이 각자 자국의 인구를 줄임으로써 단순히 성장을 제한하는 것이 아니라 새롭게 태어나는 아이들의 수를 줄여 인구수를 줄이기 위한 모든 노력을 하는 것이 전 세계는 물론 그들 자신에게도 이득이 된다는 것을 깨닫게 될 것이다. 이는 명백한 사실이며, 대책 없이 현재의 행보를 계속한다면 그 결과는 파국에 이를 것이라는 사실을 반박할 수 없다. 세계 각국의 지도자들이 인구의 압박이 현재 수준에서 더 이상 상승하지 않는다고 해도 지구온난화나 해수면 상승과 같은 자연현상보다 훨씬 더 빨리, 그리고 철저하게 인류의 문명을 파괴할 것임을 깨닫는다면 합리적인 공동의 목표를 이루기 위한 노력에 동참할 것이다.

산아제한은 효과가 있으며 남성 피임에 초점을 맞춤으로써 더욱 개선될 수 있다. 문제의 심각성을 확실하게 인식하게 될 것이므로 선진국에서도 합의된 목표를 이루기 위해 재정적인 원조를 할 것이다. 문제는 돈이 아니다. 이 일을 이루려는 의지가 있느냐가 관건이다. 인구를 줄이는 것이 필수임을 지도자들이 확실하게 인식하고 있다고 가정해도 이런 정책을 실천에 옮기는 것은 쉽지 않다. 수 세기 동안 내려온 전통에 반하는 정책을 국민들 앞에 들고 나갈 수 있는 정치인이 과연 얼마나 될까? 모든 사람의 열망을 바꾸기 위해 국민과 함께 이를 만들어나가야 한다.

그다음에는 인구 목표에 대한 일반 국민의 여론을 본질적으로 바꿔야 한다. 관련 법을 마련하기 전에 먼저 일반 대중이 궁극적인 인구 제한이 유익한 것임을 깨달아야 한다. 여론이라는 개념도 상당히 최근의 산물로, 소식지나 서적, 팸플릿, 신문, 라디오, 텔레비전 등이 널리 보급되면서 생겨났다. 대부분의 기록된 역사를 봐도 공적인 문제에 대해 일반 대중의 의견이 반영되거나 그들이 발언권을 가진 적이 없었다. 지금은 사람들이 방송 뉴스나 각종 프로그램을 통해 현재 일어나고 있는 사건을 접할 수 있는데, 이런 매체들은 사실을 멋대로 미묘하게 조작한다. 정치인들은 정치적 견제로 자신의 의견이 좌절될 때면 종종 국민들에게 직접 호소해 신임을 얻으려 한다. 정치인들은 사실을 윤색해 자신들이 원하는 반응을 극대화시키려 하지만, 그들은 시위에서든 폭동에서든 국민의 발언에는 강력한 메시지가 실려 있음을 알고 있다. 지금은 정치 선전과 광고 기술이 고도로 발달했으며 상당히 효과가 있다. 이런 수단은 남용되는 경우가 많지만 인류가 직면한 도전 가운데 가장 힘들고 어려운 인구 감축을 위해 사용할 수밖에 없다. 이를 향후 5년에서 10년 동안 집중적으로 사용한다면 빠른 속도로 대중이 희망하는 바를 바꾸는 것도 그렇게 힘들지 않을 것이다. 성경에서 대홍수 이후 주어진 지침이었던 "생육하고 번성하여 땅에 충만하라"는 것은 이미 완벽하게 이루어졌다.

현재 우리의 지침은 숫자를 줄이고 이미 파괴해놓은 것들을 복구하는 것임을 반드시 깨달아야 한다.

지도자들의 의지와 국민의 의지가 일치할 때 위대한 일을 이룰 수 있다. 첫발을 떼는 것은 비교적 쉽다. 합의된 목표에 도달하기 위해 협력하는 것 자체가 보상이 될 것이고, 먹을 것이 점점 줄어가는 식탁에 먹여야 할 입을 더하지 않는 것에 대해 사람들은 자부심을 느끼게 될 것이다. 혼자만을 위해 이기적으로 행동하며 자녀를 둘 이상씩 갖는 사람들에게 난색을 표하는 분위기가 조성되면 사람들이 생각 없이 자녀를 가지려는 추세가 자연스럽게 꺾일 것이다. 그러면 미래에는 아이들이 다시 넉넉한 공간에서 뛰어놀 수 있게 되는 날이 오리라는 것을 기약할 수 있게 되고, 살아 있는 모든 것이 생명을 계속해서 이어나갈 것이다.

생명, 그 경이로움

다음 몇 세기 동안 어떤 일이 일어난다 해도 생명은 지속될 것이다. 바이오매스biomass[식물이나 미생물 등을 에너지원으로 이용하는 생물체]의 대부분을 차지하는 박테리아는 거의 아무런 영향도 받지 않을 것이다. 오랫동안 꽁꽁 얼어 있던 빙하가 녹아내린 극지방에서도 살아남아 번성할 박테리아가 분명 있을 것이다. 정상적인 숙주가 사라져버린 탓에 어려움을 겪는 것도 있겠지만 대부분은 어떤 일이 벌어져도 계속해서 살아갈 것이다. 하지만 우리는 박테리아보다 훨씬 더 크고 카리스마 넘치는 다양한 종種, 그중에서도 특히 인류에 많은 흥미를 느낀다. 판다가 야생에서는 멸종해버릴 수 있고 아프리카의 평원에서 코끼리, 고릴라, 사자를 더 이상 보지 못하게 될 수도 있다. 하지만 아마도 쥐는 여전히 살아남을 것이다. 인류의 인구는 감소할 것이고 모든 생명의 삶이 한층 더 제한될 것이다. 그러나 호모 사피엔스는 진정 회복력이 뛰어난 종으로, 아직까지 알려지지 않은 다양한 방법으로 환경 변화에 적응해나갈 것이다. 수십억의 사람이 굶어 죽어가고 있지만 그런 상황을 개선할 만한 여지가 거의 없다는 사실로 인류는 괴로워하게 될 것이다. 하지만 생명은 지속될 수 있는 곳에서 천천히 새로운 평형 상태를 찾아낼 것이다. 나는 우리 후손들이 세렝게티Serengeti 평원에서 천둥처럼 울려 퍼지는 윌더비스트의 발굽 소리를 들을 수 있게 되기를 바란다.

인류의 미래가 장밋빛으로 빛나지 않을 수 있으니 우리가 현재 누리고 있는 모든 이점과 자유를 가슴에 잘 새겨두는 것이 중요하다. 운 좋게 잘사는 나라에 태어난 사람들은 기아, 전염병 또는 폭력을 그다지 두려워하지 않으며, 사랑과 생명의 모험을 즐길 기회를 전례 없이 누려왔다. 그중에는 만족스럽게 자기표현을 하지 못하고 장래성이 없는 일을 하면서 사는 사람도 있지만, 그것은 대개 선택의 문제일 뿐이다. 어떤 희생을 치르더라도 예술가가 되고자 하는 사람들은 배고픈 예술가의 길을 택한다. 이런 사람들은 완벽한 대칭을 만들어내며 느끼는 유희나 다채로운 색깔로 이루어진 선, 손질이 잘된 정원에서 얻는 평화, 빵 한 덩어리만 있으면 충만함을 느낄 수 있다. 그리고 실제로 먹을 양식을 벌게 해주는 의미 있는 일을 찾는 사람도 있다. 예술과 과학은 번성하고 있다. 음악, 무용, 시, 유전학, 그리고 인구생물학은 매년 더욱더 흥미진진해지고 있다. 지난 40억 년 동안의 생명의 진화에 대한 새로운 통찰력이 계속해서 우리를 놀라게 하며 그로 인해 겸허한 자세를 갖게 만든다. 우리 인간이 생명나무의 수많은 가지 중 하나에 지나지 않는다는 것을 알게 됐지만 모든 생명과 공감함으로써 우리 가지의 진가를 인정할 수 있다.

새로운 생물학으로 인해 우리는 새로운 방식으로 인류의 건강과 행복에 대해 생각하게 되었다. 우리 염색체 안에 있는 DNA의 염기 서열뿐만 아니라 배반포에서 태아로, 신생아에서 성인으로 성장하는 우리 자신에 대해 더 잘 알게 되었다. 먼 조상에게서 물려받은 우리를 특별하게 만드는 유전자에 대해서도 더 잘 이해하고 있다. 또 우리의 뇌 안을 꿰뚫어보며 사고, 감정, 기억의 신호도 알아볼 수 있게 되었다. 의식은 이제 더 이상 신비스러운 감정이 아닌 실험적 과학의 연구 대상이다. 뿐만 아니라 우리 행동에 나타나는 선과 악의 신경적 기초를 결정하는 일까지 시도하는 수준에 도달했다. 이런 발견을 하게 되면서 우리가 잊지 말아야 할 것은 인간성이다. 신비적 사실주의 작가인 가브리엘 가르시아 마르케스는 만년에 친구들에게 안녕을 고하는 편지를 썼다. 그 편지의 마지막 부분으로 이 책을 끝맺는 것이 좋을 것 같다.

모두가 산의 최정상에서 살고 싶어하지만 진정한 행복은 어떻게 그 산에 오르느냐에 달렸음을 알지 못한다는 것을 나는 배웠다.
갓 태어난 아기가 처음 그 작은 주먹으로 아버지의 손가락을 꼭 움켜쥘 때, 실은 그를 영원히 덫에 빠뜨린 것임을 나는 배웠다.
다른 사람을 내려다볼 수 있는 유일한 때는 넘어진 사람을 일으켜 주기 위해 도움을 줄 때뿐이라는 것을 나는 배웠다.

참고문헌

Adolphs R, Tranel D, Koenigs M, Damasio AR. 2005. Preferring one taste over another without recognizing either. Nat. Neurosci. 8:860-861.

Allen JS, Bruss J, Damasio H. 2005. The aging brain: The cognitive reserve hypothesis and hominid evolution. Am. J. Human Biol. 17:673-689.

Anjard C, Loomis WF. 2006. GABA induces terminal differentiation of Dictyostelium through a GABAB type receptor. Development 113:2253-2261.

Arensburg B, Tillier AM, Vandermeersch B, Duday H, Schepartz LA, Rak Y. 1989. A Middle Paleolithic human hyoid bone. Nature 338:758-760.

Armakolas A, Klar A. 2006. Cell type regulates selective segregation of mouse chromosome 7 DNA strands in mitosis. Science 311:1146-1149.

Blattner F, Plunkett G 3rd, Bloch CA, Perna NT, Burland V, Riley M, Collado-Vides J, Glasner JD, Rode CK, Mayhew GF, Gregor J, Davis NW, Kirkpatrick HA, Goeden MA, Rose DJ, Mau B, Shao Y. 1997. The complete genome sequence of Escherichia coli K-12. Science 277:1453-1474.

Bowles S, Gintis H. 2003. Origins of human cooperation. In Genetic and cultural evolution of cooperation, ed. P. Hammerstein, pp. 429-444.

Cambridge, MA: MIT Press.

Briggs R, King TJ. 1952. Transplantation of living nuclei from blastula cells into enucleated frogs' eggs. Proc. Natl. Acad. Sci. 38:455-463.

Camerer CF, Fehr E. 2006. When does "economic man" dominate social behavior? Science 311:47-52.1

Cann RL, Stoneking M, Wilson AC. 1987. Mitochondrial DNA and human evolution. Nature 325:31-36.

Cello J, Paul A, Wimmer E. 2002. Chemical synthesis of poliovirus cDNA: Generation of infectious virus in the absence of natural template. Science 297: 1016-1018.

Chou H, Takematsu H, Diaz S, Iber J, Nickerson E, Wright KL, Muchmore EA, Nelson DL, Warren ST, Varki A. 1998. A mutation in human CMP-sialic acid hydroxylase occurred after the Homo-Pan divergence. Proc. Natl. Acad. Sci. 95:11751-11756.

Cohen J. 1994. How many people can the Earth support? New York: Norton and Company.

Daeschler EB, Shubin NH, Jenkins FA. 2006. A Devonian tetrapod-like fish and the evolution of the tetrapod body plan. Nature 440:757-763.

Damasio A. 1999. The feeling of what happens. New York: Harcourt Brace.

de Quervain D, Fischbacher U, Treyer V, Schellhamme RM, Schnyder U, Buck A, Fehr E. 2004. The neural basis of altruistic punishment. Science 305:1254-1258.

Eichinger L, Pachebat JA, Glockner G, Rajandream MA, Sucgang R, et al. 2005. The genome of the social amoeba Dictyostelium discoideum. Nature 435:43-57.

Fessler D, Haley K. 2003. The strategy of affect: Emotions in human cooperation. In Genetic and cultural evolution of cooperation, ed. P. Hammerstein, pp. 7-36. Cambridge, MA: MIT Press.

Foster KR, Shaulsky G, Strassmann JE, Queller DC, Thompson CRL. 2004. Pleiotropy as a mechanism to stabilize cooperation. Nature 431:693-696.

Fraser C, Gocayne JD, White O, Adams MD, Clayton RA, Fleischmann RD, Bult CJ, Kerlavage AR, Sutton G, Kelley JM, Fritchman RD, Weidman JF, Small KV, Sandusky M, Fuhrmann J, Nguyen D, Utterback TR, Saudek DM, Phillips CA, Merrick JM, Tomb JF, Dougherty BA, Bott KF, Hu PC, Lucier TS, Peterson SN, Smith HO, Hutchison CA 3rd, Venter JC. 1995. The minimal gene complement of Mycoplasma genitalium. Science 270:397-403.

Gagneux P, Cheriyan M, Hurtado-Ziola N, van der Linden EC, Anderson D, McClure H, Varki A, Varki NM. 2003. Human-specific regulation of alpha 2-6-linked sialic acids. J. Biol. Chem. 278:48245-48250.

Gazzaniga M. 2005. The ethical brain. New York: Dana Press.

Gilbert S. 2006. Developmental biology. 8th ed. Sunderland, MA: Sinauer Associates.

Gilbert SF, Tyler A, Zackin E. 2005. Bioethics and the new embryology. Sunderland, MA: Sinauer Associates.

Gilbert SL, Dobyns WB, Lahn BT. 2005. Genetic links between brain development and brain evolution. Nat. Rev. Genet. 6:581-590.

Gordon R, Bertram M, Graedel T. 2006. Metal stocks and sustainability. Proc. Natl. Acad. Sci. 103:1209-1214.

Hammerstein P, 2003. Why is reciprocity so rare in social animals? In Genetic and cultural evolution of cooperation, ed. P. Hammerstein, pp. 83-94. Cambridge, MA: MIT Press.

Hardin G. 1968. The tragedy of the commons. Science 162:1243-1248.

Hsu M, Bhatt M, Adolphs R, Tranel D, Camerer CF. 2005. Neural systems responding to degrees of uncertainty in human decision-making. Science 310:1680-1683.

Huber C, Einsenreich W, Hecht S, Wachtershauser G. 2003. A possible primordial peptide cycle. Science 301:938-940.

Kimura K, Ote M, Tazawa T, Yamamoto D. 2005. Fruitless specifies sexually dimorphic neural circuitry in the Drosophila brain. Nature 438:229-233.

Kishigami S, Mizutani E, Ohta H, Hikichi T, Thuan N, Wakayama S, Bui H,

Wakayama T. 2006. Significant improvement of mouse cloning technique by treatment with trichostatin A after somatic nuclear transfer. Biochem. Biophys. Res. Commun. 340:183-189.

Kitcher P. 1984. Vaulting ambition: Sociobiology and the quest for human nature. Cambridge, MA: MIT Press.

_____. 1996. The lives to come. New York: Simon and Schuster.

_____. 2001. Science, truth, and democracy. Oxford: Oxford Univ. Press.

_____. 2007. Living with Darwin: Evolution, design, and the future of faith. New York: Oxford Univ. Press.

Klar AJ. 2004. An epigenetic hypothesis for human brain laterality, handedness, and psychosis development. Cold Spring Harbour Symp. Quant. Biol. 69:499-506.

_____. 2005. A 1927 study supports a current genetic model for inheritance of human scalp hair-whorl orientation and hand-use preference traits. Genetics 170:2027-2030.

Knoll A. 2003. Life on a young planet. Princeton: Princeton Univ. Press.

Koch C. 2003. The quest for consciousness: A neurobiological approach. Englewood CO: Roberts and Company.

Kopp RE, Kirschvink JL, Hilburn IA, Nash CZ. 2005. The Paleoproterozoic snowball Earth: A climate disaster triggered by the evolution of oxygenic photosynthesis. Proc. Natl. Acad. Sci. 102:11131-11136.

Lamason R, Mohideen MA, Mest JR, Wong AC, Norton HL, Aros MC, Jurynec MJ, Mao X, Humphreville VR, Humbert JE, Sinha S, Moore JL, Jagadeeswaran P, Zhao W, Ning G, Makalowska I, McKeigue PM, O'Donnell D, Kittles R, Parra EJ, Mangini NJ, Grunwald DJ, Shriver MD, Canfield VA, Cheng KC. 2005. SLC24A5, a putative cation exchanger, affects pigmentation in zebrafish and humans. Science 310:1782-1786.

Leman L, Orgel L, Ghadiri MR. 2004. Carbonyl sulfide-mediated prebiotic formation of peptides. Science 306:283-286.

Lewontin R. 1980. Sociobiology: Another biological determinism. Int. J. Health

Serv. 10:347-363.

Loomis WF. 1975. Dictyostelium discoideum: A developmental system. New York: Academic Press.

_____. 1986. Developmental biology. New York: Macmillan.

_____. 1988. Four billion years. Sunderland, MA: Sinauer Associates.

Luria S, Delbruck M. 1943. Mutations of bacteria from virus sensitivity to virus resistance. Genetics 28:491-511.

Margulis L, Sagan D. 1995. What is life? Berkeley: Univ. of California Press.

Matsuoka Y, Furuyashiki T, Yamada K, Nagai T, Bito H, Tanaka Y, Kitaoka S, Ushikubi F, Nabeshima T, Narumiya S. 2005. Prostaglandin E receptor EP1 controls impulsive behavior under stress. Proc. Natl. Acad. Sci. 102:16066-16071.

Mekel-Bobrov N, Gilbert SL, Evans PD, Vallender EJ, Anderson JR, Hudson RR, Tishkoff SA, Lahn BT. 2005. Ongoing adaptive evolution of ASPM, a brain size determinant in Homo sapiens. Science 309:1720-1722.

Miller SL, Urey H. 1953. Organic compound synthesis on the primitive earth. Science 130:245-251.

Moll J, Zahn R, de Oliveira-Souza R, Krueger F, Grafman J. 2005. The neural basis of human moral cognition. Nat. Rev. Neurosci. 6:799-809.

Morwood M, Brown P, Sutikna T, Saptomo EW, Westaway KE, Due RA, Roberts RG, Maeda T, Wasisto S, Djubiantono T. 2005. Further evidence for small-bodied hominins from the Late Pleistocene of Flores, Indonesia, Nature 437:1012-1017.

Olcott AN, Sessions AL, Corsetti FA, Kaufman AJ, de Oliveira TF. 2005. Biomarker evidence for photosynthesis during neoproterozoic glaciation. Science 310:471-474.

Olsen RM, Loomis WF, 2005. A collection of amino acid replacement matrices derived from clusters of orthologs. J. Mol. Evol. 61:659-665.

Paine J, Shipton CA, Chaggar S, Howells RM, Kennedy MJ, Vernon G, Wright SY, Hinchliffe E, Adams JL, Silverstone AL, Drake R. 2005. Improving the nutritional value of Golden Rice through increased provitamin A content. Nat. Biotechnology 23:482-487.

Pinker S. 1997. Evolutionary biology and the evolution of language. In The origin and evolution of intelligence, ed. A. Schrieber and J. W. Schopf. Boston: Jones and Barlett.

Posfai G, Plunkett GR, Feher T, Frisch D, Keil G, Umenhoffer K, Kolisnychenko V, Stahl B, Sharma S, de Arruda M, Burland V, Harcum S, Blattner F. 2006. Emergent properties of reduced-genome Escherichia coli. Science 312:1044-1046.

Richardson PJ, Boyd RT, Henrich J. 2003. Cultural evolution of human cooperation.   In Genetic and cultural evolution of cooperation, ed. P. Hammerstein, pp. 357-388. Cambridge, MA: MIT Press.

Rilling J, Gutman D, Zeh T, Pagnoni G, Berns G, Kilts C. 2002. A neural basis for social cooperation. Neuron 35:395-405.

Ronshaugen M, McGinnis N, McGinnis W. 2002. Hox protein mutation and macroevolution of the insect body plan. Nature 415:914-917.

Rose S. 1992. The making of memory. New York: Doubleday.

Schnieke A, Kind AJ, Ritchie WA, Mycock K, Scott AR, Ritchie M, Wilmut I, Colman A, Campbell KH. 1997. Human factor IX transgenic sheep produced by transfer of nuclei from transfected fetal fibroblasts. Science 278:2130-2133.

Schroedinger E. 1944. What is life? Cambridge: Cambridge Univ. Press.

Senanayake S, Idriss H. 2006. Photocatalysis and the origin of life: Synthesis of nucleoside bases from formamide on $TiO_2(001)$ single surfaces. Proc. Natl. Acad. Sci. 103:1194-1198.

Seyfarth RM, Cheney DL. 1997. Communication and the minds of monkeys. In The origin and evolution of intelligence, ed. A. Schrieber and J. W. Schopf. Boston: Jones and Barlett.

Shea JB. 2006. Catholic teaching on the human embryo as an object of research. Catholic Insight. December 3, http://catholicinsight.com/online/

bioethics/embryo.shtml, accessed on June 9, 2007.

Shermer M. 2004. The Science of good and evil. New York: Holt and Company.

Shumyatsky G, Malleret G, Shin R, Takizawa S, Tully K, Tsvetkov E, Zakharenko S, Joseph J, Vronskaya S, Yin D, Schubart U, Kandel E, Bolshakov V. 2005. Stathmin, a gene enriched in the amygdala, controls both learned and innate fear. Cell 18:697-709.

Song J, Olsen R, Loomis WF, Shaulsky G, Kuspa A, Sucgang R. 2005. Comparing the Dictyostelium and Entamoeba genomes reveals an ancient split in the Conosa lineage. PLoS Comput. Biol. 1:579-584.

Strassmann JE, Zhu Y, Queller DC. 2000. Altruism and social cheating in the social amoeba Dictyostelium discoideum. Nature 408:965-967.

Taylor AL, Trotter CD. 1967. Revised linkage map of Escherichia coli. Bacteriol. Rev. 31:332-353.

Thomson J, Itskovitz-Eldor J, Shapiro S, Waknitz M, Swiergiel J, Marshall V, Jones J. 1998. Embryonic stem cell lines derived from human blastocysts. Science 303:1674-1677.

Varki A, Altheide TK. 2005. Comparing the human and chimpanzee genomes: Searching for needles in a haystack. Genome Res. 15:1746-1758.

Wakayama T, Perry AC, Zuccotti M, Johnson KR, Yanagimachi R. 1998. Full-term development of mice from enucleated oocytes injected with cumulus cell nuclei. Nature 394:369-374.

Wakayama T, Tabar V, Rodriguez I, Perry AC, Studer L, Mombaerts P. 2001. Differentiation of embryonic stem cell lines generated from adult somatic cells by nuclear transfer. Science 292:740-743.

Weber B, Hoppe C, Faber J, Axmache N, Fliessbach K, Mormann F, Weis S, Ruhlmann J, Elgar CE, Fernandez G. 2006. Association between scalp hair-whorl direction and hemispheric language dominance. Neuroimage 30:539-543.

Wehner R. 1997. Prerational intelligence: how insects and birds find their way. In The origin and evolution of intelligence, ed. A. Schrieber and J. W. Schopf. Boston: Jones and Barlett.

White T, Wolde Gabriel G, Asfaw B, Ambrose S, Beyene Y, Bernor RL, Boisserie JR, Currie B, Gilbert H, Haile-Selassie Y, Hart WK, Hlusko LJ, Howell FC, Kono RT, Lehmann T, Louchart A, Lovejoy CO, Renne PR, Saegusa H, Vrba ES, Wesselman H, Suwa G. 2006. Asa Issie, Aramis, and the origin of Australopithecus. Nature 440:883-889.

Wilmut I, Schnieke A, McWhir J, Kind A, Campbell K. 1997. Viable offspring derived from fetal and adult mammalian cells. Nature 385:810-813.

Wilson EO. 1975. Siciobiology: The new synthesis. Cambridge, MA: Harvard Univ. Press.

Wittlinger M, Wehner R, Wolf H. 2006. The ant odometer: Stepping on stilts and stumps. Science 312:1965-1967.

Xiao D, Houser D. 2005. Emotion expression in human punishment behavior. Proc. Natl. Acad. Sci. 102:7398-7401.

Zhang Y, Lu H, bargmann CI. 2005. Pathogenic bacteria induce aversive olfactory learning in Caenorhabditis elegans. Nature 438:179-184.

Zhao S, Maxwell S, Jimenez-Beristain A, Vives J, Kuehner E, Zjao J, O'Brien C, de Felipe C, Semina E, Li M. 2004. Generation of embryonic stem cells and transgenic mice expressing green fluorescence protein in midbrain dopaminergic neurons. Eur. J. Neurosci. 19:1133-1140.

옮긴이의 말

중학교 2학년 생물 수업의 개구리 해부 실습 시간으로 기억한다. 마취약에 취해 배를 하늘로 드러낸 채 말 그대로 널브러져 있는 개구리를 물끄러미 내려다보며 나는 선생님의 지시를 기다리고 있었다. 시큼한 냄새를 풍기며 누워 있는 개구리는 전혀 살아 있다는 느낌이 들지 않는 모습이었다. 이윽고 핀으로 개구리의 네 다리를 고정한 후 선생님의 지시에 따라 핀셋 등의 도구를 이용해 차근차근 배를 갈랐다. 죽은 것만 같은 외형과는 달리 뭔가 팔딱거리며 뛰는 것이 보였다. 선홍색의 심장이 일정한 간격으로 힘차게 뛰고 있었다. 그 모습을 관찰하며 개구리 심장 뛰는 속도에 맞춰 내 심장도 같이 두근거렸던 기억이 생생하다. 심장과 그 밖의 장기를 확인하며 작은 생명이 그리도 왕성하게 활동한다는 것이 마냥 신기하기만 했다. 해부와 관찰을 마치고 난 후 나는 천천히 손을 들고 생물 선생님에게 여쭈었다.

"선생님, 해부랑 관찰이 다 끝났으니 이제 개구리 배를 다시 꿰매 주나요?"

그 순간 선생님은 잠시 당황스런 표정으로 선뜻 대답을 못 하셨다. 당시 나는 해부를 했던 개구리의 배를 다시 봉합하고 시간이 지나 마취가 풀리면 그 개구리가 다시 전처럼 멀쩡하게 살아날 것이라고 믿었던 것이다. 실습을 끝낸 해부용 개구리는 그대로 폐기되며 다시 살 수 없다는 선생님의 대답에 표현하기는 어려웠지만 머릿속으로 복잡한 생각들이 오갔다. 해부에 희생될 개구리가 너무도 불쌍해서라는 이유만은 아니었지만 왠지 모르게 미안한 감정이 들었다. 유난히 힘차게 펄떡이던 내 실습 개구리의 심장을 보고 난 후, 4인 1조로 실시한 해부 실습에 쓰인, 그리고 그 후로도 사용될 수많은 개구리가 저와 같은 길을 걷게 될 것이라 생각하니 최소한 실습을 하며 그저 내 손바닥만 한 크기의 개구리라도 장난을 하거나 허투루 대해서는 안 될 것 같다는 생각이 들었다.

개구리 심장을 보며 나도 모르는 새 오묘한 생명의 모습에 경도되었던 모양이다. 나에게 개구리 해부 실습은 인간이 아닌 다른 생물의 '생명'의 가치에 대해 나름으로 심각하게 생각해보는 계기가 된 사건이었다.

천성적으로 동물을 좋아하는 나는 길에 지나가는 고양이나 개를 봐도 잠시 멈춰서 참견하거나 쓰다듬어주기를 즐기고 기본적으로 동물이 주인공인 다큐멘터리나 영화를 즐겨본다. 하지만 벌레나 곤충 같이 아주 작은 생물의 목숨은 물론 눈에 보이지 않을 정도로 작은 미생물의 생명과 그 가치에 대해서는 그리 심각하게 생각해본 적이 별로 없었다.

그러다가 이 책을 만났다. '일반 대중을 위한 생물학Biology for the Public Sphere'이라는 부제가 달린 이 책을 처음 접하고는 사뭇 흥미로운 주제를 다루고 있음을 확인했다. 이 책은 '생물학'이라는 딱딱한 원론적 모습을 강조하는 것이 아니라 생물학의 영원한 주제인 '생명'을 심도 있게 다루며, 사회적으로 큰 화제가 되고 있는 다분히 논쟁적이며 자극적인 주제들, 생명복제, 낙태, 안락사, 유전자 조작을 통한 생명 변형과 진화에 개입하려는 인간의 대담한 시도, 환경과 지구의 미래 등에 대해 폭넓게 이야기한다.

총 9개 장 중 전반부인 1장부터 4장까지는 진일보한 생물학으로 인해 야기되는 생명윤리 논란을 주로 다루고 있다. 먼저 1장은 '인간의 생명만이 소중한가'라는 주제를 던지며 모든 생물의 생명의 가치와 인간 생명의 가치를 비교하고 분자 단위에서는 인간을 포함한 모든 생물이 공통의 조상에서 비롯된 존재임을 밝힌다.

2장에서는 인공수정, 배아줄기세포 연구를 둘러싼 논란, 치료 목적 복제에 따르는 사회적 문제 등에 대한 쟁점을 다룬다. 특히 불치병이나 난치병 치료 가능성 여부를 다루면서 핵치환 기술을 이용한 체세포 복제 연구로 한때 우리 사회를 떠들썩하게 만든 황우석 박사의 환자맞춤형 배아줄기세포 연구 스캔들도 환기시킨다.

3장에서는 유전자 조작에 대해 주로 다룬다. 유전자 지도인 인간 게놈 서열 판독에 진전이 있자 유전자 결함으로 야기되는 것으로 알려진 질병에 유전자 치료 요법을 써야 한다는 주장과 이에 반대하는 의견이 팽팽하게 맞서게 되는 상황을 소개한다. 또한 날이 갈수록 유전자 요법 기술이 정교하게 발전하면서 인간이 스스로 진화의 방향을 지시하고 조절하는 세상이 머지않았음을 알린다. 이 부분은 유전자 조작으로 탄생한, 완벽한 유전자를 소유한 사람이 대접받는 미래를 배경으로 열성인자를 가지고 태어난 청년이 신분을 속이고 유전자 정보를 속여 우주비행사의 꿈을 이룬다는 내용의 영화 〈가타카Gattaca〉와 같은 세상에 성큼 다가섰다는 느낌도 준다.

4장은 인간의 게놈 정보를 알게 됨으로써 얻게 되는 이점과 유전자 결함으로 인해 기형이나 치명적인 질병을 가지고 있는 태아를 낙태시켜야 하는지의 논란, 그리고 게놈 정보의 공개로 야기될 수 있는 문제들에 대해 숙고한다.

이어 5장부터는 전반부와는 약간 다른 분위기로 전환된다. 우선 5장에서는 사회적 생물의 협조적인 행동이 유전자를 통해 유전된다는 학설을 소개한다. 6장에서는 뇌의 진화와 발달에 따른 인간 사회의 학습된 행위가 주는 이점에 대해 다루며, 7장에서는 이기심 또는 협동심 같은 사회적 행위와 유전자의 관계에 대해 알아본다. 8장은 생명의 기원에 대한 학설과 인간의 진화에 대해 구체적으로 다루며, 마지막으로 9장은 인간을 포함한 모든 생명이 지속되도록 하려면 우리가 살고 있는 지구와 자연생태에 대해 어떤 태도를 취해야 하는지에 대해 이야기한다.

이 책은 우리가 생활하면서 마땅히 고민하고 논의해야 할, 사태의 심각성에 비해 쉽게 무심해지는 문제들을 정면으로 다룬다. 특히 앞서 언급한 생명윤리 관련 문제는 물론이고 지구와 인류의 관계에 대해 논한 9장은 우리 사회에서 언제나 사람들의 이목을 끄는 개발과 보존 논란, 예를 들면 새만금 간척사업 문제라든가 인구 문제, 지구 온난화로 인한 생태 문제처럼 중요하지만 정작 진지하게 생각해본 적은 드문 쟁점에 대해 좀더 구체적으로 곱씹어보게 한다.

'좋은' 책을 정의하는 기준은 사람마다 다를 것이다. 개인적으로 나는 지적 호기심을 자극하고 이전과는 다른 시선에서 사물이나 현상을 볼 수 있는 계기가 되는 책도 좋은 책의 범주에 든다고 생각한다. 그런 기준에서라면 이 책은 충분히 그 역할을 다한다. 이 책을 읽으면서 독자들도 내가 번역하고 다시 읽으며 느끼고 생각했던 것들을 비슷하게 경험하게 되리라고 믿는다.

번역을 '업'으로 삼겠다고 결심한 후 우리말로 옮겨 내놓은 책이 별로 많지는 않지만 금융, 경영, 문학, 의학 등 나름대로 다양한 분야를 만났다. 각기 다른 분야, 낯설고 어려운 주제를 접할 때마다 어찌 요리해야 할지를 고민하며 힘들어했지만, 한편으로는 그런 기회를 통해 또 하나의 새로운 세계를 만난다는 마음가짐으로 작업에 임해왔다. 그리고 그런 점에서 이번 작업 역시 상당히 의미 있었다.

다뤄보지 않은 영역, 가보지 않은 길을 가게 될 때마다 별도의 준비를 해왔지만 역시 막상 이 방대한 '생명'의 숲 안으로 들어서자마자 처음부터 압도되어 무던히도 애를 먹었다. 이 책을 번역하는 과정에서 처음부터 끝까지 친절한 안내인 역할을 기꺼이 해준 과학 번역가 김정은 선생님에게 깊이 감사드린다.

2010년 7월

조은경

지은이 **윌리엄 F. 루미스**William F. Loomis
미국 샌디에이고 소재 캘리포니아대학 생물학과 교수로 재직 중인 권위 있는 생물학자
다. 매사추세츠공과대학MIT에서 박사학위를 받았으며 미 국립보건원NIH 원로 연구원으
로 활동했다. 미국 암학회 학자로 지명되었으며 발생생물학회Society for Developmental
Biology 회장을 역임했다. 또 미국 과학진흥회American Association for the Advancement for of
Science 특별 선출 회원으로도 활동하고 있다.

옮긴이 **조은경**
성균관대학교 번역/TESOL 대학원 번역학 석사과정을 졸업했으며, 펍헙 번역 그룹 소속
의 전문번역가로 일하고 있다. 번역서로『신화가 된 기업』『포괄적 스트레스 관리』『산탄
데르 은행』『사람이 사람에게』『고객을 떠들게 하라』등이 있다.

생명전쟁

1판 1쇄 2010년 8월 4일
2판 1쇄 2025년 2월 25일

지은이 윌리엄 F. 루미스
옮긴이 조은경
펴낸이 강성민
편집장 이은혜
마케팅 정민호 박치우 한민아 이민경 박진희 황승현
브랜딩 함유지 함근아 박민재 김희숙 이송이 김하연 박다솔 조다현 배진성 이준희
제작 강신은 김동욱 이순호

펴낸곳 (주)글항아리 | 출판등록 2009년 1월 19일 제406-2009-000002호

주소 10881 경기도 파주시 문발로 214-12, 4층
전자우편 bookpot@hanmail.net
전화번호 031-955-2689(마케팅) 031-941-5161(편집부)
팩스 031-941-5163

ISBN 979-11-6909-361-3 03400

잘못된 책은 구입하신 서점에서 교환해드립니다.
기타 교환 문의 031-955-2689, 3580

www.geulhangari.com